汉竹主编●健康爱家系列

700种

第2版

种

王意成 / 编著

多肉植物
原色图鉴

江苏凤凰科学技术出版社

全国百佳图书出版单位

作者简介:

王意成 高级工程师、花卉专家

在江苏省中国科学院植物研究所(南京中山植物园)工作 40 余年间,王意成老师每天和花草树木在一起,调查观赏植物种质资源、引种栽培、繁殖研究,无论是花草树木,还是多肉、仙人掌植物都有精深研究。退休后,便将自己毕生的养花经验记录下来,撰写园林花卉和观赏植物著作 80 余部,撰写花卉科普类文章 300 余篇。其中关于多肉和仙人掌植物的著作有 16 部,备受读者喜爱。

从《仙人掌与多肉植物新品集萃》《轻松学养多肉植物》到近年撰写的《多肉肉多》《新人养多肉零失败》《1200 种多肉植物图鉴》,王老师将多年研究与养护经验倾注在著作里,让更多爱多肉、养多肉的花友在享受种养快乐中快速上手,为多肉植物的迅速普及作出了宝贵贡献。

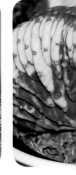

前言

Foreword

本书介绍的多肉植物，以近年来由园艺学家和花卉爱好者通过育种和选种培育的精品和名种为主。它们植株更加奇特诱人，茎部发生"扁化"，呈鸡冠状或山峦状，称之"缀化"或"石化"；茎、叶色彩更加丰富，绿色的植株上部或部分出现不规则的红色、黄色或白色的条纹、斑块，称之"锦"。同时，介绍多肉植物中很多属于国际上一、二级保护植物及珍贵稀有、濒危花卉，它们既新又少，也是许多花卉爱好者喜爱收藏的种类。

全书精选了700种左右多肉植物，以植物的科属归类，简要介绍它们的原产地、生境、形态特征、繁殖方法、养护要点和应用方式。为了让读者更好地识别和栽培多肉植物，扼要地介绍多肉植物特征和特点，并附有彩图说明。在书后，附有中名和学名索引，以便读者更快地进入有趣、迷人的多肉植物世界。

本书自2013年3月出版之后，深受读者们的厚爱，当年在当当网图书林业／农业类畅销书销售排行榜中排名第2位，园艺类排名第1位；而在2014年该网销售排名在林业／农业类图书上升为第1位。并在2013年第八届中国花卉博览会中荣获出版物银奖。同时，该书被凤凰传媒集团评为2013年度十佳图书之一。说明读者对本书的认可，直到2019年2月当当网对本书的评论有6000余条，受到很多读者的好评，推荐率98%。由此，本书先后加印10次之多，被认为是非常实用的多肉植物图鉴。此次升级，把近年来拍摄的一些新的图片加以更新，使多肉植物更具观赏性，也更贴近人们的休闲生活。

本书在编写过程中，厦门的刘文煌先生、南通的刘飞鸣、邬帆高级工程师提供了部分精彩照片，南京的兰宇多浆植物园艺场的郭德文先生提供拍摄照片的方便，谨此一并致谢。

因水平有限，难免有不当或谬误之处，诚盼读者批评指正，将不胜感谢。

王意成

2019年1月

目录

"多肉"植物流行风

多肉植物

"多肉"植物流行风

都市刮起"多肉"旋风

爱"多肉"，有理由

说起"多肉"①两字，其实是花卉爱好者对多肉植物和仙人掌植物的统称和爱称。

不少花卉爱好者选购"多肉"的原因，一是"多肉"适合盆栽观赏，而且种类丰富，有高大的柱状植株，有硕大的球状植株，有开花的藤本植株，还有小型的彩色植株、微型的球叶植株等，可以根据不同的环境和空间选用不同种类。二是"多肉"养护容易，观赏期长，"多肉"可算是"懒人"花卉，不少"多肉"都能忍受恶劣的环境和不适当的管理，就算出差在外几个月不给它浇水、施肥，它照常生长。如果将盆栽植株摆放在光照强一些的位置或阴暗一些的环境，甚至抛弃在垃圾堆旁，"多肉"也能生长。三是"多肉"繁殖容易，挖一个吸芽，剪一段茎节，剥一个子球，削一片球叶，埋一节走茎，都可能很快成为一个新植株，甚至掉落在书桌上的叶片也可能生根，长成一棵小"多肉"。四是"多肉"是很受欢迎的"礼品花卉"，因为其繁殖容易，管理简单，植株不大，造型特殊，只需装入一个有趣的卡通盆，就是一件很受欢迎的小礼品。五是"多肉"有益健康，例如仙人掌植物的茎部气孔是夜间张开的，能释放氧气，吸收空气中的有害气体，使室内空气得到净化，有"空气过滤器"的作用。

注①：仙人掌植物广义上也属于多肉植物，为加以区分，凡包括多肉与仙人掌植物的说法统称为"多肉"。

"多肉"的这些特点使初学者很容易取得成就感，从而培养出长期种植"多肉"的兴趣。另一方面，由于"多肉"种类多，新品种又不断推出，且涉及面更广，这对入门者来说又是新的追求和考验。

用"多肉"装点家居

神奇的"多肉"可以用来装点居室的角落。如盆栽的金琥、假昙花、白毛掌，可以绿饰门厅中的桌台、花架；盆栽的虎尾兰、红雀珊瑚、厚叶龙

舌兰能装饰门厅的墙角；或用"多肉"的组合盆栽来装点家中任意角落，都让来访者入室后有新奇、清新的感觉。

在空间较宽敞的客厅，选择中型盆栽的"多肉"，如白芒柱、巨鹫玉、岩石狮子、龙神冠、金晃等，作为主体陈设，能呈现出热情豪放、微笑迎客的情景。还可充分利用茶几、花架、博古架、壁柜、厅柜、透柜和楼梯转角处等空间，配置一些小型盆栽植物，如在茶几上摆放一盆由绯牡丹、山吹、缩玉锦、月世界等混搭的组合式盆栽，会显得格外亮丽活泼，充满现代气息。在博古架或壁柜上用精巧秀气的小容器栽植株型小巧玲珑的岩牡丹、帝冠、乌羽玉、星球、鸾凤玉和龙凤牡丹等，将它们打造成为一件件有生命的"工艺品"，韵味极浓。圣诞节或春节时在客厅的花架、玄关或楼梯转角处摆放一盆盛开的蟹爪兰，顿时满室生辉，使节日的气氛更为浓厚。

根据"多肉"植物的特点，还可将各色小型"多肉"制作的瓶景或水培"多肉"，摆放在茶几、地柜或专用花架上，也会成为视觉的焦点。

"多肉"玲珑可爱，叶片圆嘟嘟的，放在书桌上，闲暇之余多观赏，疲劳就会一扫而光。

　　餐室主要绿饰餐桌、窗台和墙角，一般以餐桌为中心，可以摆放一盆开花的时尚仙人掌，如蟹爪兰、假昙花、令箭荷花，也可摆放组合盆栽，若盛装的器皿用白色塑料或金属套盆以及藤篮、木雕、玻璃等装饰，更能锦上添花。向阳窗台摆放两三盆姿态不一的仙人掌；墙角处摆放一盆精致的瓶景，可用兜、山吹、绯牡丹、金手指、松霞以及色彩鲜艳的斑锦品种，就能展示出一幅奇特的热带沙漠生境。也可在桌台或窗台上摆放一两盆时尚的水培"多肉"或组合盆栽，这样的餐室极有个性，让你在用餐的同时，还能欣赏来自远方的那些千姿百态的"客人"，把你带进另一个充满奇特与浪漫的世界。

　　卧室中，可在墙角放一些高大的柱状仙人掌，镜前和窗台多摆放中小型的球状、扁状仙人掌或陈设一两盆迷你盆栽，如心叶球兰、不夜城、青峰等，柜顶常装饰茎节悬挂的附生类仙人掌。老人的卧室要选择栽培容易、常年不衰的仙人掌，摆放位置要注意安全。儿童的卧室多用活泼可爱的球形、扁形和有色彩的多肉植物，能培养孩子对大自然的情感和兴趣。

　　书房绿饰，在书桌上可点缀一盆小巧玲珑的球状或扁状仙人掌，如白毛掌、雪光、金琥、鸾凤玉、般若等；如书房有向阳的窗台，还可陈设两三盆外形奇异、富有色彩变化的仙人掌。茶几上摆放一盆用岩石狮子制作的"山石盆景"；书架上穿插摆上一两盆小型硬质的仙人掌，如帝冠、岩牡丹等，或摆放一盆多姿多色的瓶景或水培的多肉植物，书房的气氛会更加雅致舒心。

混搭的多肉盆栽错落有致，配上独特的器皿，别有一番风情。

现今，国内仙人掌植物爱好者充分利用向阳窗台等有限空间来繁殖栽培仙人掌，这已成为一种时尚。强刺球属、金琥属、鹿角柱属、乳突球属等特别喜光，可放在靠近阳台窗口的位置；而乌羽玉属、裸萼球属、多棱球属、岩牡丹属和悬挂性多肉植物、迷你盆栽、水培植株等耐强光程度稍差些，可离窗口远些；许多斑锦类的白色、红色、黄色球种，怕强光直射，可在午间强光时给它们适当遮阴，常见的是给球体戴"纸帽子"。

大多数仙人掌植物喜温暖和干燥环境，为此，我国大部分植物园、公园和私人住宅都以建造展览温室和家庭小温室来放置和栽培仙人掌植物，营造一个形态独特、耐人寻味的室内庭院景观。在我国海南、广东、广西等地，在小庭院的墙角处常见数株叶仙人掌，攀援在院落的围墙上，成为绿墙，每当夏日夜间，淡黄色花朵渐渐开放时，艳丽可爱、香气清幽。在海南和广东地区，有些居民在小庭园的门庭两侧常种植一两株昙花造景，别致美丽。在众多的多肉植物中，有些种类如非洲霸王树、酒瓶兰、虎尾兰、龙舌兰、虎刺梅、沙漠玫瑰、鸡蛋花等，无论配置在什么位置，单株还是群体，都能展现出大自然的一方风采和奥妙。

仙人掌类盆栽喜温暖和干燥环境，好养易活。

风靡都市的"多肉"到底是什么

"多肉"包括多肉植物和仙人掌植物，它们的区别还是非常明显的。多肉植物主要指叶片肉质、不具尖刺的肉质植物，而仙人掌植物则指茎部肉质、具有刺座的仙人掌科植物。它们各具特色，分布和养护上也有一定差别。为此，下面将"多肉"中的仙人掌科植物用"仙人掌植物"，其他科的肉质植物以"多肉植物"两种称呼分别表述。

多肉植物原产于哪里？

多肉植物又称多浆植物，常指茎叶肉质、具有肥厚贮水组织的观赏植物。

多肉植物分布较广，非洲和美洲都有分布。其中非洲南部是多肉植物最为重要的分布区，以南非和纳米比亚南部最为集中。由于南非气候的多样性，此处景天科、百合科、萝藦科、番杏科、马齿苋科、菊科、大戟科等多肉植物的种类极其丰富。纳米比亚有着干旱而冷凉的生态环境，生长着番杏科、百合科、菊科、萝藦科、夹竹桃科等多肉植物。

东非的索马里高温少雨，分布有芦荟属、沙漠玫瑰属、大戟属、鸭跖草科和萝藦科等多肉植物。埃塞俄比亚的高原地带有着丰富的大戟属多肉植物。马达加斯加的西部是热带干湿季气候，主要分布大戟科、萝藦科、夹竹桃科和龙树科等特产多肉植物。

加那利群岛和马德拉群岛是非洲多肉植物的另一个重要分布区。这里气候凉爽干燥、少雨多雾，分布有景天科、萝藦科、大戟科、龙舌兰科等科中的特有种。

美洲的美国西南部和墨西哥是龙舌兰科植物的集中分布区。墨西哥还分布有景天科的多肉植物。美洲也是大戟科多肉植物的另一个重要分布中心。另外，非常风靡的茎干状多肉植物，如龟甲龙、笑布袋、象腿木等，在南美和中美地区也有广泛分布。

用多肉植物制作成的组合盆栽，造型多变，形态万千，制作时还能享受 DIY 的乐趣。

大戟科的晃玉茎部膨大呈球形，圆滚滚的，非常可爱。

怎样欣赏多肉植物？

形态特殊的茎

以姿态万千的茎部为观赏点的多肉植物分为茎多肉植物和茎干状植物两种。

茎多肉植物的肉质部分主要在茎部，常以大戟科和萝藦科的多肉植物为代表。如大戟科的晃玉，茎圆球形，具 8 个宽棱，棱边具褐色小钝齿，表皮灰绿色，有红褐色纵横的条纹。还有茎部布满瘤突的将军阁，茎部球形的万青玉，茎短圆筒形且具纵向排列的长疣突的琉璃晃等。它们的外形似仙人掌植物，是花卉爱好者喜欢收藏的品种。萝藦科的紫龙角，茎 4 棱，棱缘波状，有齿状突起，也非常有特色。

茎干状多肉植物的肉质部分主要在茎的基部，它们的基部膨大成形状不一的肉质块状体或球状体，主要以薯蓣科和葫芦科的多肉植物为代表。常见有薯蓣科的龟甲龙，球状茎表皮龟裂呈多边形瘤块，酷似龟甲，十分有趣。葫芦科的睡

布袋和笑布袋，茎基膨大，呈畸形的球状，表皮光滑，让人感觉很新奇。另外，还有夹竹桃科的惠比须笑，茎干扁平肉质，酷似马铃薯。还有非洲霸王树、白马城等都是花友们喜欢的观茎类多肉植物。

女王花舞笠的植株
呈包菜状。

青峰的茎扁平。

球状叶的生石花。

奇特多变的叶

在多肉植物中，叶高度肉质化，且贮水器官是叶的叶多肉植物占有很大比重，多以景天科、番杏科、百合科和龙舌兰科的多肉植物为代表。

叶多肉植物的叶奇特多变。库珀天锦章的叶披针形，红缘莲花掌的匙形，亚森丹斯树的心形，木立芦荟的剑形，翡翠殿的三角形，翡翠玉的球形，天使的鞍形，筒叶花月的圆筒形，神刀的镰刀形，玉椿的圆头形，夕波的三角柱状，银叶四海波的菱形，卧牛的舌状，大型玉露的棍棒状，扇雀的扇形，小松绿的线形，百岁兰的带状，露美玉的卵球形，特玉莲似船形……可以说数不胜数，千姿百态。

有些叶多肉植物的叶片厚度在植物界也是不多见的，如厚叶草的肉质叶有1~2厘米厚，青鸾叶厚1~1.5厘米，青露叶厚1.8厘米，露美玉叶厚2~2.5厘米，卧牛的叶则厚达3~5厘米。

叶多肉植物的叶色鲜丽多彩，除深浅不一的绿色、青绿色、蓝绿色和灰绿色之外，还有叶片紫黑色的黑法师，黑紫色的黑王子，鲜红色的火祭和红椒草，叶面绿、黄、红色间杂的春梦殿锦和清盛锦，肉质叶冬季在阳光下转橙红色的茜之塔。还有众多肉质叶镶嵌着白色、黄色、红色的斑锦品种。

荒波的花像蒲公英。

马洛夫芦荟开的花像黄色的小牙刷。

大花犀角的花像海星。

形态各异、五彩斑斓的花

多肉植物的种类丰富，涉及的植物科属很多，原产地分布也很广，所以多肉植物的花色形态多种多样。花朵的形状就有很多，如雏菊状的四海波、露草，喇叭状的少将，星状的大花犀角、筒叶花月，坛状的仙女之舞，筒状的不夜城，钟状的紫龙角，杯状的铜绿麒麟，碟状的非洲霸王树，盘状的沙漠玫瑰、白雪姬，灯笼状的斑叶爱之蔓等。

不同种类的多肉植物开出的花朵数目和大小相差十分悬殊，最大的花是萝藦科的大花犀角，花径可达35厘米，而螺旋麒麟的花仅2~3毫米；有的多肉植物如天使，仅开1朵花，而龙舌兰开花时，抽出的花序高达2~3米，着花多达几千朵。

多肉植物的花色五彩斑斓，有红色的沙漠玫瑰，紫红色的露草、紫星光，淡黄色的雷童，金黄色的天女，黄色的惠比须笑，粉红色的重扇，黄绿色的孔雀球，大红的虎刺梅，乳白色的非洲霸王树，白色的火祭、玉扇，橙黄色的短叶雀舌兰，橙红色的索马里芦荟，深褐红色的紫龙角，淡紫褐色的吊金钱，绿色的翡翠阁等。这些花儿要么美艳，要么清新，有高雅、新奇的美感。

什么是仙人掌植物？

仙人掌植物是指"多肉"中属于仙人掌科（Cactaceae）的植物，但"多肉"不一定就是仙人掌。大多数仙人掌植物，叶片已退化成为美丽的刺或毛，茎部非常发达，营养过程也由形态不一的茎部所代替，并形成其特殊的外貌。

怎样欣赏仙人掌植物？

多变的茎棱

仙人掌植物的茎变化最大。比如有单生、不产生分枝的翁柱和不生子球的金琥，有容易长出分枝的蟹爪兰和易长出子球的黑丽球，还有可集生几十个子球的松霞。大多数仙人掌植物是直立生长的，但也有攀援附生、匍匐爬行和下垂悬挂的，如有直立茎高达16米的巨人柱，而量天尺的攀援茎可伸长达20~30米。有茎的直径仅1厘米的松露玉、斑鸠；也有径粗80厘米以上的金琥、翁柱、巨人柱等。常见的茎的形状有柱形的牙买加天轮柱、爱氏南美翁，球形的星球、金琥，扁球

形的乌羽玉、太平球，圆筒形的猩猩球、小町、金晃，指形的鼠尾掌、金毛球、黄金纽，团扇形的黄毛掌、白毛掌等。

不同种类的仙人掌植物棱的数目不同，这是仙人掌植物分类上的一个特征。如叶仙人掌属和丝苇属的部分种类茎部没有棱；昙花属、令箭荷花属和假昙花属等种类的茎扁平如叶，只有2棱。

仙人掌植物棱上的疣状突起，也是仙人掌植物分类的依据。如光山的茎端螺旋状排列的三棱锥状疣突，长达10~12厘米；金星的疣状突起大而长，有3~7厘米，肉质柔软多汁；而小人帽子的疣状突起仅2毫米；帝冠的疣状突起为尖三角形，呈螺旋状排列。

茎面红色的弯凤玉。

金琥的茎呈球形，不会产生子球，周围刺和中刺都是金黄色的。

绯牡丹冠的某些分生组织反常性发育，变成扁平的鸡冠形带状体，品名叫"缀化"或"冠"。

　　茎部最大的变异有两处，一是彩斑（variegation）的变化，又称斑锦。茎部全体或局部丧失了制造叶绿素的功能，而其他色素相对活跃，使茎部表面出现红、黄、白、紫、橙等色或色斑。不规则的色斑分布在茎部又形成了全斑、块状斑、雀斑、阴阳斑、鸳鸯斑、疣斑、散斑、虎纹斑和灯笼斑等。在仙人掌植物品名写法上常用 f.variegata 或 'Variegata'，中文译成"锦"。二是扁化（fasciation）或称带化，实际上是一种不规则的芽变现象。这种畸形的扁化，是某些分生组织细胞反常性发育的结果。至于扁化产生的原因，各国园艺学家众说纷纭，细菌感染、土壤贫瘠、昆虫危害、闪电袭击、缺水重肥、鸟类刺激和核散落物等因素都有可能诱发仙人掌的扁化。在仙人掌植物中这种扁化现象又叫做"缀化"或"冠"，品名的写法上常用 f.cristata 或 'Cristata'。三是畸形（monstrosus）或称"石化"，主要指仙人掌植物的生长锥出现不规则的分生和增殖，造成的棱肋错乱，形似岩石状或山峦重叠状的畸形变异。植物品名的写法上常用 f.monstrosus 或 'Monstosus'。

　　上述茎的彩斑、扁化和畸形 3 种现象，是目前仙人掌植物新品中最突出的"热点"和"视点"，也是本书撰写的"重点"。

多样的刺座

刺座又叫网孔，刺座是仙人掌植物特有的一种器官。其实它是一个短缩枝，是茎上的"节"。刺座上不仅着生刺和毛，而且花朵、子球和分枝也从刺座上长出。刺座是区别不同仙人掌植物的一个重要特征。

根据刺在刺座上的着生位置不同，常分为中刺和周围刺(或称周围刺、侧刺、放射状刺)两种。

中刺一般数目少而变化大。大多数种类中刺有 1~2 厘米长，而少数种类，如强刺球属的琥头中刺长达 12 厘米，其中烈刺玉的中刺长达 22 厘米，是仙人掌植物中最长的刺。

中刺的颜色丰富多彩，如卷云的新刺黄褐色、老刺灰色；御旗的中刺有白、黄、红褐、紫褐等色，使整个球体成为彩色环带；三光球的中刺在温暖季节出白刺，冷凉季节出红刺，十分有趣。

中刺的形状变化亦大，如巨鹫玉的中刺宽而具钩，龙眼球的中刺粗而弯曲，白玉兔的中刺为坚硬针状。

仙人掌植物的周围刺一般数目较多，且较细

雪衣的刺毛美丽如雪。

或较短。如帝冠、昼之弥撒等的周围刺有 1~3 枚，而松霞、红小町等的周围刺都在 40 枚以上。

周围刺的形状变化亦大，如白檀的周围刺为刺毛状，茜球为针状，巨鹫玉为刚毛状，豹之子的周围刺非常短而细，均匀地排列成圈。

仙人掌植物的毛，实际上是刺的变态，常生于刺座上。黄毛掌、红毛掌和白毛掌等，都有醒目漂亮的钩毛。毛柱仙人掌的白掌、白云锦和翁柱等，茎体上密被很长的白色丝状毛；白星、蔷薇球、阳炎等球体密被由白色毛和刺组成的羽状毛，呈辐射形，十分美丽。

仙人掌植物的中刺数量少，但一般长而尖，周围刺则数量偏多。

蟹爪兰能开出红艳的小花,而且多在圣诞节前后开花。

多彩的花朵

　　仙人掌植物的花期大多集中在 3~5 月,而丽花球属、菠萝球属植物,多在夏季开花,岩牡丹属植物常秋天开花,白星、玉翁和蟹爪兰等则在冬季开花。很多仙人掌植物一次性开很多花,但每年只开一季,而星球属、菠萝球属、丽花球属和裸萼球属等植物,一年可开花数次。仙人掌植物单朵花的开放时间通常是 2 天,但有些种类如短毛球的单朵花只开 1 天,更短的像昙花只开几个小时,而雪光的单朵花能开 7~10 天,可算花期最长的了。还有不被人们注意的量天尺,其实它的花远远赛过号称"月下美人"的昙花,它是夜晚开花的仙人掌中最有名望的种类。在美国夏威夷,有一围由量天尺组成的长约 1 千米的篱笆,一夜之内盛开 5000 朵直径为 30 厘米的花,十分壮观,而且芳香扑鼻。南美洲热带森林中的一种附生类型的仙人掌叫蛇鞭柱,开白色的巨型花,直径可达 25 厘米,长 40 厘米,真可谓仙人掌植物的"花王"了。不过,有些种类如乳突球属的大福球、白鸠球、日月球、源平球和满月等,花虽不大,但小型的钟状花围绕球体成圈开放,非常有趣。不少仙人掌的花具有香味,如琴丝的小白花有柠檬的香味,金星的花有强烈的水藻气味,银琥的小黄花有浓厚的水果香味,光山的花具有金银花香味。

　　仙人掌植物的花色艳丽多彩,有纯白、大红、粉红、黄、紫、紫红、黄绿等色,以白、黄及红色者居多。花被片多数,呈喇叭状、漏斗状、钟状、筒状和高脚碟状等。

开紫红色花的大统领。

聊"多肉"别外行——了解点常用术语

濒危植物(endangered plant),指在生物进化历程中濒临灭绝的植物。其种群数目逐渐减少乃至面临绝种,或其生境退化到难以生存的程度。如仙人掌植物中的牡丹属、尤伯球属,多肉植物中的小花龙舌兰、皱叶麒麟、棒槌树等都是濒危植物中的一级保护植物。

信氏花笼也濒临灭绝。

皱叶麒麟是一种濒危植物。

嘴状苦瓜的茎基部膨大成肉质块状体。

多肉植物(succulent plant)又称肉质植物、多浆植物,为茎、叶肉质,具有肥厚贮水组织的观赏植物。茎肉质多浆的如仙人掌科植物,叶肉质多浆的如龙舌兰科、景天科、大戟科等多肉植物。

茎干状多肉植物(caudex succulent)的肉质部分主要在茎的基部,形成膨大而形状不一的肉质块状体或球状体。如京舞妓、椭叶木棉、光堂等。

单生(simple, solitary),指植株茎干单独生长,不产生分枝和不生子球的植物。如仙人掌中的翁柱和金琥。

群生(clustering),指许多密集的新枝或子球生长在一起。如仙人掌中的松霞,多肉植物中的茜之塔等。

软质茎(solf stem),在仙人掌植物中有些种类的茎部肉质比较柔软,含水量较高。如金星、乌羽玉、松霞等。

硬质茎(thick stem),指仙人掌植物中一些株体比较坚硬的种类。如岩牡丹属、帝冠、花笼等。

攀援茎(climbing stem),依靠特殊结构攀援它物而向上生长的茎。如景天科中的极乐鸟,薯蓣科中的龟甲龙等。

直立茎(erect stem),指垂直于地面的茎,是最常见的茎。如非洲霸王树、老乐柱等。

肉质茎(succulent stem),肥大多汁,内贮大量水分和养料的一种变态茎。肉质茎上的叶多退化或形成刺。大多数仙人掌植物为典型的肉质茎。

叶状茎（foliaceous stem），又称叶状枝。外形扁化或呈线状，内部形成绿色组织，具有叶的形态和功能的一种变态茎。叶状茎上的叶常退化为膜质鳞片状、线状或刺状。如仙人掌科中的蟹爪兰、令箭荷花等。

气生根（aerial roots），由地上部茎所长出的根，在昙花、令箭荷花的成年植株上经常可见。

块根（tuberous roots），由侧根或不定根增粗形成，多数呈块状或纺锤状的一种变态根。如多肉植物的惠比须笑、断崖女王等。

棱（rib），又称肋棱或肋状凸起，突出于肉质茎的表面，上下竖向贯通或螺旋状排列。棱数较多的应该是多棱球属（*Echinofossulocactus*）。

疣状突起（tubercle），又称突起、疣粒，是仙人掌植物中某些种类的特征，疣状突起的形状、长短和大小的不同，都是仙人掌植物分类的依据。

葡萄瓮是一种茎干状多肉植物。

具有疣状突起的帝冠。

刺座（areole），又叫网孔。刺座是仙人掌植物特有的一种器官，表面上看为一垫状结构，多数有密集的短毡毛保护，其实它是一个短缩枝，是茎上的"节"。刺座上不仅着生刺和毛，而且花朵、子球和分枝也从刺座上长出。

周围刺（radial spines），或称侧刺、放射状刺。仙人掌植物的周围刺一般数目较多，且较细或短，常紧贴茎部表面。如金晃的周围刺有 20 枚以上，松霞、红小町的周围刺都在 40 枚以上。

中刺（centrals spines），着生在刺座中央的直刺，一般数目少而变化大，中刺的颜色呈周期性交替变化，温暖季节出白刺，冷凉季节出红刺，十分有趣。中刺的形状变化亦大，有粗细、软硬、宽窄和有无钩状之分。

彩斑（variegation），又称斑锦。茎部全体或局部丧失了制造叶绿素的功能，而其他色素相对活跃，使茎部表面出现红、黄、白、紫、橙等色或色斑。是仙人掌科植物和其他科的多肉植物培育新品种的材料。在品名写法上常用 f. *variegata* 或 'Variegata'，中文译成"锦"。

雪晃冠的扁化现象。

高砂的石化现象。

球面布满丛卷毛的恩冢般若。

扁化(fasciation)，称带化，是一种不规则的芽变现象。这种畸形的扁化，是由某些分生组织细胞反常性发育的结果，通常长成鸡冠形或扭曲卷叠的螺旋形。在多肉植物中把这种扁化现象叫作缀化或冠，学名的写法上常用 f. *cristata* 或 'Cristata'。

畸形(monstrosus)，又称"石化"。多肉植物的生长锥出现不规则的分生和增殖，造成棱肋错乱，形似岩石状或山峦重叠状的畸形变异。植物学名的写法上常用 f. *monstrosus* 或 'Monstosus'。

狂刺(tansi)，指刺座上的周围刺和中刺呈不规则的弯曲，使整个植株型似刺猬一样。常发生在仙人掌植物的金琥属植物中。

恩冢(onzuka)，仙人掌球体的表面丛卷毛连成不规则的片，甚至布满整个球体。较多出现在星球属植物中。

琉璃(nudas)，专指仙人掌球体表面绿色、光滑、无星点的种类。常见于星球属植物中。

龟甲(kitukow)，在植株的刺座上方出现横向沟槽，使疣突十分明显。甚至每个刺座四周都有浅沟，其球面外观形似龟背的现象。常发生在仙人掌植物中的牡丹属和星球属植物。

红叶(koyo)，凡仙人掌球体的表面出现棱脊带红晕或通体红色的株体。常见于星球属植物中。

奇严(kigan)，球体的棱沟间发生错乱，形成不规则的重叠现象。常见于星球属植物。

覆隆(hukuriyu)，球体的棱沟间生有不规则的条体隆起。常见于星球属植物中。

黄体(aurea)，凡仙人掌球体的表面出现通体黄色的现象。在仙人掌植物中发生比较普遍，如黄兜、雪溪锦、山吹等。

软质叶（soft leaf），多肉植物中柔嫩多汁、很容易被折断或为病虫所害的有些种类的叶片。一般称其为软质叶系，如十二卷属中的玉露、玉扇等。

硬质叶（thick leaf），指多肉植物中一些叶片肥厚坚硬的种类。一般称其为硬质叶系，如十二卷属中的琉璃殿、条纹十二卷等。

莲座叶丛（rosette），指紧贴地面的短茎上，辐射状丛生多叶的生长形态，其叶片排列的方式形似莲花一样。如景天科的石莲花属和龙舌兰属等。

窗（window），许多多肉植物，如百合科的十二卷属，其叶面顶端有透明或半透明部分，称之为"窗"。其窗面的变化，也是品种的分类依据。

花座（cephalium），专指仙人掌科植物顶部长出密生细刺和绵毛的部分，随着球体的长大、成熟，逐渐形成花座部分，并在花座上开花结果。最典型的花座着生在花座球属。

两性花（hermaphrodite flower），一朵花中，兼有雄蕊群和雌蕊群的花。大多数多肉植物为两性花，开花后都能正常结实。

雌雄异株（heterothallism），指单性花分别着生于不同植株上，由此，出现了雄株和雌株之分。

夏型（summer type），生长期在夏季，而冬季

蓝云顶部的花座呈球形。

呈休眠状态的多肉植物，称之夏型植物或冬眠型植物。

冬型（winter type），这种多肉植物的生长期在冬季，而夏季呈休眠状态，称之冬型植物或夏眠型植物。

子球（offset），从仙人掌植株的刺座上长出的小球，常作为嫁接或扦插的繁殖材料。

玉露叶片顶端的窗晶莹剔透。

叶片呈莲座状的多肉组合盆栽，美观可爱。

片叶插（leaf cutting），将多肉植物叶片的一部分插于基质中，促使生根，长成新的植株的一种繁殖方法。最典型的是虎尾兰，将一片长叶剪成一小段一小段进行扦插。

嫁接（grafting），把母株的茎、疣突或子球接到砧木上使其结合成为新植株的一种繁殖方法。用于嫁接的茎、疣突或子球叫做接穗，承受接穗的植物称为砧木。如绯牡丹嫁接植株，绿色的砧木叫量天尺，嫁接的红球就是接穗。

喷火龙的叶痕白色，椭圆形，排列整齐，是它的重要识别特征。

砧木（stock），又称台木。植物嫁接繁殖时与接穗相接的植株。在仙人掌植物的嫁接中，普遍使用量天尺作砧木，多肉植物则常采用霸王鞭作砧木。

吸芽（absorptive bud）又叫分蘖（niè），是植物地下茎的节上或地上茎的腋芽中产生的芽状体。如长生草、石莲花等母株旁生的小植株。

叶齿（leaf-teeth），常指多肉植物肥厚叶片边缘的肉质刺状物。常见于芦荟属植物。

叶刺（leaf thorn），由叶的一部分或全部转变成的刺状物，叶刺可以减少蒸腾并起到保护作用。如仙人掌科植物的刺就是叶的变态。

芽变（bud mutation），一个植物营养体出现的与原植物不同、可以遗传并可用无性繁殖的方法保存下来的性状。如多肉植物中的许多斑锦和扁化品种。

叶痕（leaf scar），叶脱落后，在茎枝上所留下的叶柄断痕。叶痕的排列顺序与大小，可作为鉴别植物种类的依据。如大戟属中的喷火龙，桑科的巨琉桑，它们的叶痕非常特殊。

冠状（cristate），叶部、茎部或花朵呈鸡冠状生长，又称鸡冠状，如绯牡丹缀化。

黄化（yellowing），指植物由于缺乏光照，造成叶片褪色变黄和茎部过度生长的现象。

更新（renewal），通过修剪手段，包括重剪和剪除老枝等办法，促使新的枝条生长。

休眠（dormancy），植物处于自然生长停顿状态，还会出现落叶或地上部死亡的现象。常发生在冬季和夏季。

突变（mutation），指植物的遗传组成发生突然改变的现象，使植株出现新的特征，且这种新的特征可遗传于子代中。多肉植物还可以通过嫁接方法把新的特征固定下来。

科名（family），植物分类单位的学术用语，凡是花的形态结构接近的一个属或几个属，可以组成植物分类系统的一个科。如仙人掌科由几十个属组成。

属名（genus），植物分类单位的学术用语，每一个植物学名，必须由属名、种名和定名人组成。每一个属下可以包括一种至若干种。例如牡丹属（*Ariocarpus*）下有岩牡丹（*Ariocarpus reutusus*），花牡丹（*Ariocarpus fuefuracens*）等。

种名（species），植物分类单位的学术用语，又叫学名，每一种植物只有一个学名。在属名之后，变种或栽培品种名之前。例如芦荟（*Aloe vera var. chinensis*），其中 *Aloe* 为属名，*vera* 为种名，var. *chinensis* 为变种名。

变种（variety），物种与亚种之下的分类单位。如仙人掌科中的类栉球就是栉刺尤伯球的变种，狂刺金琥是金琥的变种等。

常用土与配土方法

常用土的种类

肥沃园土　指经过改良、施肥和精耕细作的菜园或花园中的肥沃土壤，是一种已去除杂草根、碎石子且无虫卵的，并经过打碎、过筛的微酸性土壤。

腐叶土　以落叶阔叶树林下的腐叶土最好，特别是栎树林下，是由枯枝落叶和腐烂根组成的腐叶土，它具有丰富的腐殖质和良好的物理性能，有利于保肥和排水，土质疏松、偏酸性。其次是针叶树和常绿阔叶树下的叶片腐熟而成的腐叶土。也可堆集落叶堆积发酵腐熟而成。

培养土　培养土的形成是将一层青草、枯叶、打碎的树枝与一层普通园土堆积起来，浇入腐熟饼肥或鸡粪、猪粪等，让其发酵、腐熟后，再打碎过筛。此种土一般理化性能良好，有较好的持水、排水能力。

泥炭土　古代湖沼地带的植物被埋藏在地下，在淹水和缺少空气的条件下，分解为不完全的特殊有机物。泥炭土呈酸性或微酸性，其吸水力强，有机质丰富，较难分解。

沙　主要是直径 2~3 毫米的沙粒，呈中性。沙不含任何营养物质，具有通气和透水作用。

苔藓　是一种白色、又粗又长、耐拉力强的植物性材料，具有疏松、透气和保湿性强等优点。

蛭石　是硅酸盐材料在 800~1100℃ 下加热形成的云母状物质，通气性好、孔隙度大和持水能力强，但长期使用容易致密，影响通气和排水效果。

珍珠岩　是天然的铝硅化合物，是粉碎的岩浆岩加热至 1000℃ 以上所形成的膨胀材料，具有封闭的多孔性结构。材料较轻，通气良好，质地均一，不分解，保湿、保肥较差，易浮于水上。

腐叶土富含腐殖质，保水保肥能力强。

培养土经过了充分腐熟，能直接用于植物的栽培。

蛭石长期使用后通气和排水效果会减弱。

盆栽多肉植物用什么土壤好？

多肉植物的盆栽土壤，多数为配方基质。目前，多肉植物使用较多的盆栽基质有：

园土、泥炭土、粗沙、珍珠岩各 1 份，另加砻糠灰半份，适用于一般多肉植物。

细园土 1 份、粗沙 1 份、椰糠 1 份、砻糠灰少许，适用于生石花类多肉植物。

泥炭土 6 份、珍珠岩 2 份、粗沙 2 份，适用于根比较细的多肉植物。

粗沙 6 份、蛭石 1 份、颗粒土 2 份、泥炭土 1 份，适用于生长较慢、肉质根的多肉植物。

粗沙 2 份、腐叶土 2 份、珍珠岩 1 份、泥炭 1 份，适用于一般多肉植物。

泥炭 2 份、蛭石 1 份、园土 2 份、细砾石 3 份，适用于大戟科多肉植物。

腐叶土 2 份、粗沙 2 份、谷壳炭 1 份，适用于小型叶多肉植物。

腐叶土 2 份，粗沙 2 份，壤土、谷壳炭、碎砖渣各 1 份，适用于茎干状多肉植物。

多肉植物的盆栽基质，一般要求疏松透气、排水要好，含适量的腐殖质，以中性土壤为宜。而少数多肉植物，如虎尾兰属、沙漠玫瑰属、千里光属、亚龙木属、十二卷属等植物需微碱性土壤，番杏科的天女属则喜欢碱性土壤。

多肉植物的栽培用土最好根据植物的不同而特别配制。

盆栽仙人掌植物
用什么土壤好?

仙人掌植物生长的栽培基质非常丰富,可因地制宜,多采用当地最廉价的栽培材料,并进行合理、科学的配制。

我国广东、广西、福建等地,常用碎块的干塘泥。这种基质排水透气性好,且含有一定的有机质。

上海一带用燃烧过的煤灰加腐熟的鸡粪和鸽粪作培养土。

南京多用培养土加沙和干牛粪作基质。

日本常用粗沙加火山灰和少量贝壳粉作培养土。

德国常用轻石砾加多孔玄武岩砾、蛭石、熔岩沙和聚苯乙烯的混合基质。

美国则用沙质肥土加碎砖屑、老灰泥土和沙的混合基质作培养土。

市场上有已配好的仙人掌专用营养土。

目前,栽培金琥、江守玉等球形强刺类仙人掌,常用园土、腐叶土、沙加少量骨粉和干牛粪的混合基质。栽培昙花、令箭荷花、蟹爪兰等附生类仙人掌,用腐叶土或泥炭土、沙加少量骨粉的混合基质。栽培翁锦、山影拳锦等柱状仙人掌,可用培养土、沙和少量骨粉的混合基质。

在使用所有栽培基质之前,均须严格消毒;使用时,在栽培基质上喷水,搅拌均匀,调节好基质湿度后上盆。

珍珠岩具有多孔型结构,通气良好,但保肥力较差。

浇水与肥料

多肉植物如何浇水？

大多数多肉植物生长在干旱地区，不适合潮湿的环境，但太过干燥的环境对多肉植物的生长发育也极为不利。

科学的浇水，首先要了解多肉植物的生态习性和生长情况。什么时候是生长期或快速生长期？什么时候是休眠期或生长缓慢期？一般来说，正确的浇水频度是，在3~9月生长期，每15~20天浇水1次；快速生长期每6~10天浇水1次（夏季休眠的多肉植物除外）；10月至翌年2月，气温在5~8℃时，每20~30天浇水1次（冬季休眠的多肉植物除外）。有些种类叶色发暗红，叶尖及老叶干枯，不能完全认为是植株的缺水现象，其实上述现象多肉植物在阳光暴晒或根部腐烂等情况下也会发生，此时若浇水，对多肉植物不利。因此，科学合理的浇水，首先要学会仔细观察和正确判断。

一般情况下，浇水是气温高时多浇，气温低时少浇，阴雨天一般不浇；夏天清晨浇，冬季晴天午前浇，春秋季早晚都可浇；生长旺盛时多浇，生长缓慢时少浇，休眠期不浇。浇水的水温不宜太低或太高，以接近室内温度为准。

在多肉植物生长季节浇水的同时，可以适当喷水，增加空气湿度。喷用的水必须清洁，不含任何污染或有害物质，忌用含钙、镁离子过多的硬水。冬季低温时停止喷水，以免空气中湿度过高发生冻害。

很多肉友随手给多肉浇水，土壤看着是湿的，但下半部分却是干的，这就是半截水。任何花卉都怕这半截水。大部分新手养不好多肉都是因为这个坏习惯。因为根茎只负责水分养料传导，根须才是水分养料吸收处，如果只是浇半截水，植物根系得不到水的滋养。

给多肉浇水时应将水直接浇在土壤上，而不能向叶片喷水。

仙人掌植物如何浇水?

我国早春气候一般不稳定,仙人掌植株不需要补充太多水分,以早晚浇水为宜。但浇水不能从植株顶部淋水,特别是球体顶部凹陷的种类,被冷水浸淋后,球体会出现斑点或斑块。而具长毛的种类被水淋后,毛黏结一块,难于散开。除浇水外,气温升高时,定期喷水、喷雾,保持一定的空气湿度,对仙人掌植物的生长也极为有利。

夏季仙人掌植物进入快速生长期,加上气温不断升高,对水分的需求量日益增加。此时,浇水以早、晚为宜,能更接近原产地早晚湿度大、中午高温干燥的自然环境。不过,高温时节,许多仙人掌植物生长开始缓慢,被迫进入半休眠状态。这时,浇水多了根部易腐烂,而浇水不足又会影响正常生长。此时,要认真观察仙人掌的生长动态,做到合理浇水,可通过喷水来补充球体对水分的需求。

有毛的仙人掌不能遭水淋。×

入秋不久,仙人掌植物又开始正常生长。此时,对较耐寒的种类浇水应多些,供水必须充足;而对一些不耐寒的种类,浇水应适当控制,以免植株生长过快,茎节或球体过于柔嫩,抗寒能力降低。深秋在长期天晴、气候干燥时,可用喷水或喷雾来提高空气湿度,能有效地控制仙人掌的生长量。

冬季仙人掌植物的生理机能大大减弱,水分消耗极小。盆栽仙人掌在冬季可几个月不浇水。如果进行不适当的浇水,反而容易让球体遭受冻害。但是在北方,室内有暖气,盆栽仙人掌在继续生长或开花时,应根据实际情况及时补充水分。

仙人掌顶部有凹陷,切忌从顶部浇水,否则会使球体生斑或腐烂。

怎样给多肉植物合理施肥？

　　资料表明，多肉植物在生长季节的施肥时间，可以每2~3周施1次，如菱鲛属、沙漠玫瑰属、吊灯花属、天锦章属、莲花掌属、亚龙木属和芦荟属等植物；但大多数为每月施肥1次；少数种类如对叶花属、辣木属为每4~6周施1次，马齿苋树属、厚叶草属则每6~8周施肥1次；而白粉藤属和肉锥花属，只需每年换盆、换新土即行。多数多肉植物喜完全肥或低氮素肥，个别的绵枣儿属喜钾素肥。一般夏季高温时要暂停施肥，晚秋低温时停止施肥。施肥前，盆土应控制为稍干并松土，禁止施用没有发酵的豆浆、牛奶、鱼虾等。

怎样给仙人掌植物合理施肥？

　　合理施肥会使仙人掌植物长得更壮实，球体更有光泽，刺色更鲜艳，开花更繁茂。春季是仙人掌植物结束休眠期转向快速生长期的过渡阶段，施肥对促进仙人掌的生长是有益的。一般每3~4周施肥1次，少数种类每6~8周施肥1次，以低氮素的薄肥或氮、磷、钾完全肥为主，家庭盆栽常用仙人掌专用的复合肥，使用方便、清洁，不污染环境。7~8月盛夏高温期，植株处于半休眠状态，应暂停施肥。刚入秋，气温稍有回落，植株开始恢复生机，可继续施肥，直到秋末停止施肥，以免生长过旺，球体柔嫩，易遭冻害。冬季一般不施肥。

应根据仙人掌或多肉植物的生长特性而合理施肥。

四季养护要点

春季养护指南

盆栽多肉植物的换盆

多肉植物原产地范围广，生长周期也有很大差别。如大戟科的麻疯树属、单腺戟属、大戟属、龙舌兰科、龙树科和夹竹桃科等种类的生长期为春季至秋季，冬季低温时呈休眠状态，夏季一般能正常生长，为"夏型种"，这类植物在春季3月份换盆最好。而生长季节是秋季至翌年春季、夏季明显休眠的多肉植物，即"冬型种"，如番杏科的大部分种类，回欢草属的小叶种，景天科的青锁龙属、银波锦属、瓦松属的部分种类等，它们宜在秋季9月份换盆。其他多肉植物的生长期主要在春季和秋季，夏季高温时，生长稍有停滞，这类多肉植物也以春季换盆为宜。

在换盆过程中，首先把配制的栽培基质进行高温消毒、晾干、喷水，并要调节好基质的含水量。换盆植株在移栽前2~3天停止浇水。除少数有肉质根和高大柱状的种类用深盆以外，大多数多肉植物宜用浅盆。栽植时植株必须摆正位置，一面加土，一面轻提植株，使根系舒展，盆土不宜过满。有的小型多肉植物如生石花、肉锥花等盆栽后，在盆面铺上一层白色小石子，既可降低土温，又能支撑株体，还可提高观赏效果。

一些大戟科、萝藦科的多肉植物，本身根很粗又很少，可以2~3年或更长时间换盆1次，换盆时不需剪根、晾根，尽量少伤根，换盆后立即浇水，放半阴处养护。

虎刺梅等大戟科植物宜在春季3月换盆。

巴等景天科植物宜在秋季9月换盆。

盆栽仙人掌的换盆

仙人掌植物是一种生长慢、寿命较长、适应性强的多肉花卉，也是一种喜阳光、耐干旱、需通风的旱生植物，只有少数种类是喜半阴、喜空气湿度大的附生攀援植物。为此，针对不同的仙人掌种类，采取相应的栽培方法，是养护好仙人掌植物的关键。

盆栽仙人掌与其他盆栽花卉一样，栽培一年以后，盆中养分会趋向耗尽，而且由于经常浇水，栽培基质变得板结，透气和透水性差，根系又充塞盆内。一般在春季4~5月气温到达15℃左右时，植株休眠期刚过、生长旺盛期尚未到来，正是仙人掌植物最佳的换盆时机。

大型球体如金琥等换盆时，由于球体刺多而重，常用绳索对接，打成绳圈，将绳索套在球体基部，勒紧并保持两端对称、平衡，同时用小铲深挖盆土，松动根系，提拉绳索，球体就可顺利脱盆。然后修根，晾干后换上新鲜基质重新盆栽。

中小型球体如雪光、星球等换盆时，可戴上厚质的帆布手套直接操作，避免手被锐刺扎伤。如果根系贴盆壁过紧，可用橡皮锤子敲击盆壁，取出根团，修根晾干后盆栽。

附生类仙人掌如昙花、令箭荷花等换盆时，要先修剪地上部分，剪除过密、交叉、重叠、柔弱和老化的枝条，保持叶状茎挺拔、均匀，并修剪地下根系，剪除老根和过长根系，然后盆栽、压实，喷水后放半阴处恢复。

雅乐之舞的根长出了盆孔，急需换盆使根得以伸展。

夏季养护指南

多肉植物的越夏

　　大多数多肉植物在生长发育阶段均需充足的阳光,属于喜光植物。充足的阳光使茎干粗壮直立,叶片肥厚饱满有光泽,花朵鲜艳诱人。如果光照不足,植株往往生长畸形,茎干柔软下垂,叶色暗淡,刺毛变短、变细、缺乏光泽,还会影响花芽分化和开花,甚至出现落蕾落花现象。但是对光照需求较少的冬型种、斑锦品种,以及布满白色疣点和表皮深色的品种,它们若长时间在强光下暴晒,植株表皮易变红变褐,显得没有生气。因此,稍耐阴的多肉植物,在夏季晴天中午前后要适当遮阴,以避开高温和强光。

　　另外,早春刚萌芽展叶的植株和换盆不久的植株,还是要适当遮阴,有利于株体的生长和恢复。

仙人掌植物的越夏

　　仙人掌植物主要分成两大类:一类生长在热带雨林地带的半阴环境;另一类生长在沙漠或高原地带,喜充足阳光。如果在高温和强光下栽培第一类仙人掌,容易引起茎部萎缩变焦。而对喜光性较强的沙漠型仙人掌,夏季长时间的强光暴晒,也不是理想的生长环境。夏季高温强光时适当遮阴,对这两类仙人掌都十分有利。但如果遮阴时间过长,也会造成仙人掌球体伸长、刺毛稀疏、颜色暗淡,导致丧失观赏价值。

　　还有一类原产于高原地带,喜冷凉气候的仙人掌。夏季高温季节,它们都进入半休眠状态,除遮阴减少光线进入室内之外,开窗通风也非常必要,能起到降温和减少病虫危害的作用。如果通风不良,在干热的环境下,则易受红蜘蛛、介壳虫和粉虱等危害,使被害植株失去观赏价值。

夏季用塑料盖对多肉植物进行遮盖,能起到遮阴防晒的效果。

秋季养护指南

控制浇水，增加空气湿度

进入秋季，气温稍有下降，加之昼夜温差加大，仙人掌植物又恢复了正常生长，可多浇些水。由于仙人掌植物有夜间生长的特性，根据气温的变化，初秋的傍晚及深秋的午后浇水，有利于植株的生长；而阴天少浇水，下雨天则停止浇水。

增加空气湿度对原产在高海拔地区的多肉植物十分有利，在秋季生长期，相对湿度宜保持45%~50%，少数种类可达到70%左右。

合理修剪，优化植株造型

多肉植物多数体形较小，茎、叶多为肉质，进入秋季，生长速度相对加快。对茎叶生长过长的白雪姬、碧雷鼓、吊金钱等，通过摘心，可促使其多分枝，多形成花蕾，多开花，使株型更紧凑、矮化。对沙漠玫瑰、鸡蛋花等进行疏枝，可保持株型外观整齐。植株生长过高的彩云阁、非洲霸王树、红雀珊瑚等，用强剪来控制高度。对生长吸芽过多的红卷绢、子持年华等，除去过多的吸芽，能让株型更美。

秋季正值许多仙人掌植物花后和继续生长的阶段，适时、合理的修剪，不仅可以压低株高，促使分枝，让植株生长更健壮，株型更优美，还能促使其萌生子球，用于扦插或嫁接繁殖。大多数仙人掌植物如果在花后不留种，要及时剪去残花，以免因结实而多消耗养分，不利于新花蕾的形成。对假昙花、锁链掌、隐柱昙花、龙凤牡丹和容易生长子球的仙人掌等，通过疏剪叶状茎和剥除过密的子球，可使株型美观。对初冬开花的蟹爪兰、仙人指等，要及时摘蕾。对柱状的仙人掌如白芒柱、龙神柱等，应适当短截，压低株高，准备过冬。

对红彩云阁进行短截，能促使多分枝。

剪去虎刺梅开败的花序，有利于新花蕾形成。

白雪姬的摘心，能增加分枝，有助株型的美观。

冬季养护指南

多肉植物的防寒

　　大多数多肉植物，原产热带、亚热带地区，冬季温度比我国大部分地区要高。因此，绝大多数种类必须在室内栽培越冬。

　　根据我们日常窗台或封闭阳台的条件，可以栽培的多肉植物名单参考如下：

　　室温在 0~5℃时，可栽培龙舌兰、沙鱼掌、露草、棒叶伽蓝菜等。

　　室温在 5~8℃时，可栽培莲花掌、芦荟、银波锦、神刀、雀舌兰、石莲花、肉黄菊等。

　　室温在 8~12℃时，可栽培酒瓶兰、吊金钱、虎刺梅、光棍树、十二卷、月兔耳、生石花、棒槌树、长寿花、大花犀角、紫龙角、鬼脚掌等。

　　搬入室内的植物，如果空气不流通或者湿度过大，则会引起植株病变。为了避免这种情况，室内需 1~2 天通风 1 次，一般情况下每 2~3 天透气 1 次，但要避免冷风直吹盆栽。

仙人掌植物的防寒

　　我国地域广阔，仙人掌植物在各地的防寒措施也各不相同。华南地区冬季最低温度都在 0℃以上，盆栽仙人掌只要搬进室内就能安全越冬。长江流域地区冬季气温都在 0℃以下，经常出现 −5~−6℃的周期性低温，而一般封闭的室内阳台和窗台的温度在 5~6℃，有时也会出现 0℃左右的低温，平时可采用双层厚的窗帘来保温，遇强寒流侵袭时，可临时搬进室内房间或开启空调加温。华北地区室内阳台和居室中须有加温的暖气设备才能使仙人掌安全越冬。同时仙人掌除了应放在温度 5~10℃以上的地方之外，还应靠近朝南窗台，以保证有充足的阳光。

冬季给仙人掌罩上半个透明塑料瓶，简单易行，并且非常实用。

冬季除了保温，还要给山吹足够光照，否则容易长成尖头。

"虫虫特工队"——常见病虫害的防与治

病虫害的防治应遵循"以防为主、防治结合"的原则。首先要有良好的栽培环境,如清洁的栽培场所,适宜的温度、湿度,良好的通风透光,盆内及周围环境无杂草等;再者,可定期喷洒药物进行预防。一旦发现病虫危害,要及时采取防治措施,做到"早治、彻底"。

多肉植物的病虫防治

多肉植物主要在室内栽培观赏,所以对病虫害的防治相对来说容易控制,不过长期室内栽培,在高温干燥、通风不畅的情况下,也会出现一些"常见病虫"和"多发病虫"。

红蜘蛛　主要危害萝藦科、大戟科、菊科、百合科的多肉植物。该虫以口器吮吸幼嫩茎叶的汁液,被害茎叶出现黄褐色斑痕或枯黄脱落,产生的斑痕永留不退。发生后除加强通风、进行降温措施之外,可用 40% 三氯杀螨醇 1000~1500 倍液喷杀。

介壳虫　常危害叶片排列紧凑的龙舌兰属、十二卷属等植物。该虫吸食茎叶汁液,导致植株生长不良,严重时出现枯萎死亡。危害时除用毛刷驱除外,可用速扑杀 800~1000 倍液喷杀。

粉虱　较多发生在大戟科的彩云阁、虎刺梅、玉麒麟、帝锦等灌木状多肉植物。该虫在叶背刺吸汁液,造成叶片发黄、脱落,同时诱发煤污病,直接影响植株的观赏价值。发生初期可用 40% 氧化乐果乳油 1000~2000 倍喷杀。

蚜虫　多数危害景天科和菊科的多肉植物,常吸吮植株幼嫩部分的汁液,引起株体生长衰弱,其分泌物还招引蚁类的侵害。危害初期用 80% 敌敌畏乳油 1500 倍液喷杀。

神刀感染了锈病,叶片会出现大块锈褐色病斑。

赤腐病 为细菌性病害,是多肉植物的主要病害,常危害具块茎类的多肉植物,从根部伤口侵入,导致块茎出现赤褐色病斑,几天后腐烂死亡。盆栽前要用 70% 托布津可湿性粉剂 1000 倍液喷洒预防,若发现块茎上有伤口,要待晾干后涂敷硫黄粉消毒。

炭疽病 是危害多肉植物的重要病害,属真菌性病害。高温多湿的梅雨季节,染病植株的茎部会产生淡褐色的水渍性病斑,并逐步扩展腐烂。首先要开窗通风,降低室内的空气温度和湿度,再用 70% 甲基硫菌灵可湿性粉剂 1000 倍液喷洒,防止病害继续蔓延。

锈病 常发生在大戟科的多肉植物,其茎干的表皮上出现大块锈褐色病斑,并从茎基部向上扩

展,严重时茎部布满病斑。可结合修剪,将病枝剪除,等待重新萌发新枝,再用 12.5% 烯唑醇可湿性粉剂 2000~3000 倍液喷洒。

生理性病害 若因栽培环境恶劣,如强光暴晒、光照严重不足、突发性低温和长期缺水等因素,造成茎、叶表皮发生灼伤、褐化、生长点徒长、部分组织冻伤、顶端萎缩枯萎等病害,最根本的措施是改善栽培条件。

绯牡丹感染了炭疽病,经常开窗透风能有效预防此病。

仙人掌植物的病虫防治

目前，常见的危害仙人掌植物的主要病虫种类有：

红蜘蛛　以口器吮吸仙人掌汁液，尤其喜欢危害斑锦品种，植株一旦受害，全株就会呈火烧般的黄褐色，完全丧失观赏价值。而附生类仙人掌的蟹爪兰等，受害后茎节会出现黄褐色斑痕，严重时还会脱节。发病初期，可用 40% 氧化乐果乳油 1000~2000 倍液或 40% 三氯杀螨醇乳油 1000~1500 倍液喷杀。

介壳虫和白粉虱　是仙人掌最讨厌的两种害虫，会布满茎或叶状茎的表面，造成植株发黄、枯萎、茎节脱落，并诱发煤烟病。可用 25% 亚胺硫磷乳油 800 倍液或 40% 速扑杀乳剂 2000 倍液喷杀。

柱状仙人掌被介壳虫所害，整个植物发黄枯萎。

腐烂病　是危害仙人掌植物的主要真菌性病害。仙人掌幼苗遇此病，会大量猝倒，萎缩死亡，成株球体则会开始出现褐色病斑，接着内部腐烂，发出臭气，全株软腐死亡。

锈病　出现在仙人掌植物茎部的表皮部分，起初是大块锈褐色病斑，随着病态的发展，向上蔓延，导致植株生长不良，影响观赏性。发病初期用 40% 灭病威 300 倍液或 25% 三唑酮 1500 倍液喷洒。

日灼病　为生理性病害，是非常严重而普遍的病害。受害茎部呈浅红褐色，病斑最初形成明显的轮纹，斑点中心为浅灰褐色且开裂，最终枯萎死亡。要防止日灼病发生，首先是改善栽培环境，少施氮素肥料，土壤不能时干时湿，光照要充足，强光时需遮阴，浇水的水温要适度。

另外，危害仙人掌植物的还有干腐病、腐霉病、枯萎病和炭疽病等。病害发生后一般治疗比较困难，主要以防为主。在仙人掌生长期应定期用 65% 代森锌可湿性粉剂 600 倍液或 50% 多菌灵可湿性粉剂 1000~1500 倍液喷洒进行预防。

超有成就感 ——"多肉"的繁殖方法

多肉植物的繁殖方法

多肉植物最常用的繁殖方法有播种、茎插、根插、嫁接、分株等。

播种 可以一次性得到大量的种苗，特别适合产业化商品生产。同时，通过播种还可以发现没有色素的子叶，俗称"白子"，采用实生苗早期嫁接法，即可得到色彩优美的斑锦品种。常规的杂交育种，也要通过播种育苗，筛选出有价值的栽培品种。

为了提高多肉植物的结实率，可以采用人工授粉的方法，尤其是那些授粉成功率低的多肉植物。人工授粉应在晴天花朵盛开时进行，一般来说，当柱头裂片完全分叉张开，柱头上出现丝毛并分泌黏液时，授粉最佳。为了增加成功机会，可以第一天授粉1次，第二天再授粉1次。

授粉完毕后的植株，可摆放在温暖通风处进行正常管理。待子房部位呈膨胀状时，即表明授粉成功。多肉植物中许多种类的果实都是浆果，成熟后必须把果实洗净，否则会影响种子正常发芽。然后把干燥后的种子用干净的纸袋或深色小玻璃瓶保存，放冷凉干燥处。

许多多肉植物待种子成熟后采下即可播种，也可贮藏于翌年春播。根据作者播种观察，番杏科多肉植物在播种后1周左右开始发芽，如露草属为6~10天，舌叶花属为8~10天，日中花属为7~10天；景天科多肉植物在播种后2周左右开始发芽，在3周左右基本结束发芽，如莲花掌属12~16天，石莲花属20~25天，长生草属10~12天，天锦章属14~21天；凤梨科的雀舌兰属播种后15~20天发芽。其中萝藦科的国章属播种后2天就见发芽，这是所有多肉植物中种子发芽最快的。

当花朵的柱头分叉张开，出现丝毛及黏液时，用软毛笔进行人工授粉。

叶插繁殖。

叶插长出的小植株。

金边虎尾兰的叶插繁殖。

松霞将丛生小球分栽即可繁殖。

茎插　结合修剪整形，可剪取枝条截段作插穗，如沙漠玫瑰、翡翠殿、回欢草等。需注意夹竹桃科、大戟科的多肉植物，在切段的伤口处会流出白色乳汁，必须处理干净，稍晾干后再进行扦插，剪取时流出的汁液要避免接触眼睛，以免造成伤害。其余多肉植物待剪口干燥后扦插，效果更好。

根插　百合科十二卷属中的玉扇、万象等名贵种类的根部十分粗壮、发达，将比较成熟的肉质根切下，埋在沙床中，上部稍露出，保持湿润、明亮的光照环境，可以从根部顶端萌发出新芽，形成完整的小植株。具块根性的大戟科、葫芦科多肉植物，也可采用根插繁殖。

嫁接　多肉植物的嫁接常在大戟科、萝藦科和夹竹桃科等多肉植物上应用。较多用来嫁接繁殖斑锦和缀化品种，如霸王鞭作砧木，嫁接大戟科的玉春峰、春峰锦、玉麒麟、圆锥麒麟、贵青玉等；大花犀角作砧木，嫁接紫龙角等，能使接穗生长更快，观赏效果更好。但是在嫁接过程中，大戟科和夹竹桃科多肉植物的体内含有白色乳液，

落地生根叶缘的不定芽播下即可繁殖。

为此，嫁接操作上力求快速、熟练，才能取得成功。

分株　是繁殖多肉植物中最简便、最安全的方法。只要具有莲座叶丛或群生状的多肉植物都可以通过它们的吸芽、走茎、鳞茎、块茎和小植株进行分株繁殖，如常见的龙舌兰科、凤梨科、百合科、大戟科、萝藦科等多肉植物。当然，多肉植物中，具有斑锦的品种，如金边虎尾兰、王妃雷神锦、花叶寒月夜、不夜城锦、绿玉扇锦等，必须通过分枝繁殖，才能保持其品种的纯正。

仙人掌植物的繁殖方法

仙人掌植物最常用的繁殖方法有播种、扦插、分株和嫁接等。

播种 播种繁殖具有繁殖系数高和速度快的特点。

大多数仙人掌植物的种子细小，主要采用室内盆播。由于仙人掌植物原产于热带的高原或雨林地带，种子的发芽温度白天为25~30℃，夜间为15~20℃，土壤温度为24℃。因此一般以5~6月播种为好，在温室条件下，可提前在3~4月播种，如果是夏秋季采的种子，也可在9~10月播种。

播种前要做好充分准备，播种土壤以培养土最好，或用腐叶土或泥炭土1份加细沙1份均匀拌和，并经高温消毒的基质为播种土。所用播种浅盆或穴盘要干净清洁，最好使用新盆。对坚硬或发芽困难的种子，可先在培养皿或瓷盘内垫入2~3层滤纸或消毒纱布，再注入适量蒸馏水或凉开水，充分浸湿内垫物，然后将种子均匀点播在内垫物上进行催芽。

催芽的种子和普通种子盆播后，要加强管理，早晚喷雾，保持盆土湿润和避开强光暴晒。一般种类播后5~16天相继发芽，少数种类需要20多天或更长时间才能发芽。

仙人掌植物的幼苗十分幼嫩，根系浅，生长慢，管理必须谨慎。播种盆土不能太干也不能太湿，夏季高温多湿或冬季低温多湿对幼苗生长十分不利。幼苗生长过程中，用喷雾湿润土面时，喷雾压力不宜大，水质必须干净清洁，以免受污染或长青苔，影响幼苗生长。

播种法繁殖出来的仙人掌幼苗玲珑剔透，非常可爱。

剪下红毛掌茎节即可进行扦插繁殖。

扦插 扦插也是繁殖仙人掌植物应用最广泛的方法之一。如常见的仙人球属、裸萼球属、乳突球属等仙人掌种类，能从茎部萌生子球，只要掰下子球扦插就能生根成苗。而那些附生类仙人掌如昙花、假昙花、量天尺、蟹爪兰等种类，只要剪下一段茎节扦插，也很容易生根成苗，而且有些种类在叶状茎的基部已长出气生根，可直接盆栽。另外，一些团扇状和柱状仙人掌，如仙人掌属、鼠尾掌属、圆筒仙人掌属等，选取肥厚健壮的变态茎，切取 10~15 厘米一段，在阳光下晾晒 1~2 天后扦插，成活率亦高。团扇状仙人掌还可用切块方法繁殖，每块插穗上只需带上一个刺座即可。

对某些难于生子球的球形种类，如星球属、金琥属、强刺球属、多棱球属等，以及上述的柱状类仙人掌，只需将其茎顶切去一段，破坏它的生长点，不久，从切口下部的刺座上便能萌生出许多子球，待其长大后掰下就可扦插。

由于仙人掌植物的再生能力特别强，扦插成活率亦高，除夏季高温或冬季低温处于半休眠状态外，其余时间都能扦插，但以 5~6 月份更好。

扦插基质可因地制宜，就地取材，常用细沙或泥炭和沙的混合基质，也可用煤灰、椰糠、砻糠灰、木屑、珍珠岩、蛭石等。总之，扦插基质要求疏松、通气和排水性好。

有些附生类仙人掌如昙花、令箭荷花等，还可用水插法繁殖，生根很快，成活率亦高。

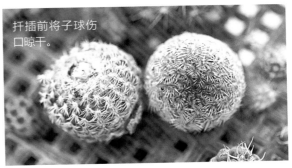

扦插前将子球伤口晾干。

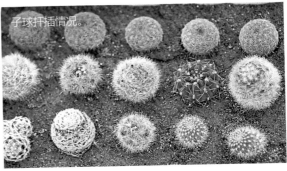

子球扦插情况。

分株 在仙人掌植物中使用分株繁殖的不多,主要用于球体容易孳生子球,球体茎部常长有小根或气生根的种类。及时将旁生子球掰下,分株盆栽,有利于球体的继续生长。分株时间一般以春季4~5月最好,常结合换盆进行。若秋季进行分株繁殖,要注意分株植物的安全过冬。

嫁接 嫁接已成为繁殖仙人掌植物的最主要手段。它具有繁殖快、生长迅速和开花早的特点。特别适用于生长缓慢、根系发育较差以及缺乏叶绿素、自身不能制造养分维持生命的白色、黄色、红色等栽培品种。嫁接还用来繁殖缀化、石化品种,培育新品种和挽救濒危种。

仙人掌植物的接穗主要来源于播种实生苗,比如植株上自然孳生的子球,植株切顶(俗称开刀)萌生的子球,以及附生类仙人掌中的扁平叶状茎节等。所有接穗最好随采随接,若发现球体出现干瘪现象,可用清水浸泡,待茎体吸水饱满后再进行嫁接。

目前,最常见的砧木有:秘鲁天轮柱,柱形砧木,较耐寒,生长势旺盛,髓部较大,适合嫁接大型接穗;卧龙柱,柱形砧木,较耐寒,根系发达,生长后劲足,不易木质化,适合嫁接稀有和新优品种;阿根廷毛花柱,柱形砧木,耐寒,繁殖力强,在欧洲称"万能砧木",适合嫁接新品种;量天尺、三角形柱状砧木,繁殖容易,根系发达,生长健壮,亲和力特强,耐寒性差,是目前国内外应用最普遍的砧木种类,适合嫁接裸萼球属、强刺球属和斑锦、缀化等种类。

常见的耐寒砧木南美天轮,植株在其上嫁接后生长快而健壮。

砧木的选用，还要根据栽培目的而定。以多繁殖子球为目的，应多用柱状砧木，砧木可留长一些，这样嫁接后，后劲比较足，接穗生长快，萌生子球亦多；若以观赏为目的，多采用球形或三角柱状的砧木，要求砧木肥厚充实，株型矮些，便于室内装饰观赏。

等待嫁接或扦插的仙人掌子球。

仙人掌植物嫁接的时间，一般来说，可在3月中旬至10月中旬进行，南方地区可早一点，北方地区稍晚一点。5~9月，室温在20~30℃时，是嫁接仙人掌的最佳季节，嫁接愈合快，成活率高。

嫁接常用的方法有平接、劈接和斜接。根据接穗和砧木的不同情况，灵活采用。平接，常用于嫁接球状、圆筒状和柱状仙人掌，方法简便，成活率高。劈接，又叫嵌接或楔接，常用于蟹爪兰、仙人指、假昙花等茎节扁平的附生类仙人掌。斜接，适合于白檀、山吹、鼠尾掌等指状仙人掌。

嫁接过程中还是有不少窍门的，对组织坚硬、含水量少的岩牡丹、帝冠、光山等这类接穗，除选择肥厚、壮实和含水较多的砧木之外，在嫁接操作上还要快速，也可在嫁接前用不透光的纸或锡纸做成比接穗稍大的纸罩，罩在硬质仙人掌的接穗上20~30天，等接穗呈现嫩绿时再行嫁接，能提高嫁接成活率。

另外对含有白色乳汁的白龙球、白玉兔、白斜子等接穗，要在白色乳汁流出之前完成嫁接操作。

在园艺观赏上，还可采用立体接、重叠接等方法，将多种色彩的球体集于一身，构成多彩的盆栽植物。

切取冠状茎块进行嫁接。

多肉植物

奇形怪状的茎干，奇特多变的叶片，多姿多彩的花朵，正是多肉植物吸引人们眼球的地方。

龙舌兰科

龙舌兰科(Agavaceae)是单子叶植物。本科约有 20 个属 670 种，多原产于热带、亚热带地区。其中属于多肉植物的有 8~10 个属。这些多肉植物叶片革质或多肉质肥厚，常聚生于茎基，叶缘和叶尖常有刺。总状花序或圆锥花序，花序很高。开花结实后，全株枯萎死亡。

龙舌兰属

龙舌兰属(*Agave*)超过 200 种。植株呈莲座状。

原产地：南美、中美、北美的沙漠地区和山区，以及西印度群岛。

形态特征：叶肉质，长短不一，叶缘和叶尖多有硬刺。似伞形花序状的总状花序或圆锥花序，花漏斗状，筒短。大多数种类开花、结实后枯萎死亡。

习性与养护：喜温暖、干燥和阳光充足环境。不耐严寒，冬季温度不低于 5℃。耐半阴和干旱，怕水涝。夏季需充分浇水，每 3~4 周施低氮素肥 1 次；秋季减少浇水；冬季保持干燥。喜肥沃、疏松和排水良好的沙壤土。

繁殖：早春播种，发芽温度 21℃；春季或秋季在母株旁侧有小植物，可分株繁殖。

盆栽摆放：放在窗台、茶几或花架上，翠绿光润，小巧迷人，新奇别致。在南方，点缀在小庭园或山石旁，也十分古朴典雅。

◀金边龙舌兰

(*Agave americana* 'Marginata')

又名黄边龙舌兰，为龙舌兰的栽培品种，常绿亚灌木。株高 2 米，株幅 3 米。叶片基生，披针状，肥厚，灰绿色，边缘黄色，带黄色锐刺，老叶变白色，长 2 米。圆锥花序，长 8 米，小花淡黄绿色，长 9~10 厘米。花期夏季。

💧浇水：耐干旱。生长期盆土稍湿润，夏季稍多浇水，多喷水，冬季减少浇水。

☀光照：全日照。盛夏稍遮阴。

🏺施肥：较喜肥。生长期每月施肥 1 次，入秋停止施肥。

养护难度：★★

◀白心龙舌兰
(Agave americana var. medio-picta 'Alba')

又名华严，为龙舌兰的栽培品种，多年生常绿草本。株高80厘米，株幅1米。叶片基生，披针形，灰绿色，中央为银白色纵条纹，叶缘生有细针刺。圆锥花序，小花淡黄绿色。花期夏季。

💧浇水：耐干旱。生长期盆土稍湿润，夏季稍多浇水、多喷水，冬季减少浇水。

☀光照：全日照。盛夏稍遮阴。

🛒施肥：较喜肥。生长期每月施肥1次，入秋停止施肥。

养护难度：★★★

狭叶龙舌兰▶
(Agave angustifolia)

又名薄叶龙舌兰，原产美洲热带地区，多年生常绿草本。株高50~80厘米，株幅80~100厘米。叶剑形，薄而易下垂，灰绿色，长50~60厘米，基部狭而厚。叶缘有细刺，新叶刺为红色，成熟叶刺为褐色。圆锥花序，花白色。花期夏季。

💧浇水：耐干旱。生长期盆土稍湿润，夏季稍多浇水、多喷水，冬季减少浇水。

☀光照：全日照。盛夏稍遮阴。

🛒施肥：较喜肥。生长期每月施肥1次，入秋停止施肥。

养护难度：★★★

◀狐尾龙舌兰
(Agave attenuata)

又名翡翠盘、初绿，原产墨西哥中部，多年生常绿草本。植株具有粗的茎干，常在基部分枝，叶丛呈莲座状。株高1米，株幅2米。叶卵圆形，较柔软，淡黄绿色或淡灰绿色，叶缘光滑或有细锯齿，叶长50~70厘米。总状花序，高3.5米，小花淡绿白色，长6厘米。花期夏季。

💧浇水：耐干旱。生长期正常浇水，盆土保持湿润；秋季减少浇水；冬季保持干燥。

☀光照：半阴。

🛒施肥：较喜肥。生长期每月施肥1次，休眠期不施肥。

养护难度：★★★

金边狐尾龙舌兰
(Agave attenuate 'Variegata')

又名金边翡翠盘，为翡翠盘的斑锦品种，多年生常绿草本，叶丛呈莲座状。株高70~80厘米，株幅80~90厘米。叶长卵圆形，稍柔软，灰绿色，叶缘黄色。小花绿白色。花期夏季。

💧浇水：耐干旱。生长期正常浇水，盆土保持湿润；秋季减少浇水，冬季保持干燥。
☀光照：半阴。
🛒施肥：较喜肥。生长期每月施肥1次，休眠期不施肥。
养护难度：★★★

龙发▶
(Agave echinoides)

又名龙吐水，多年生常绿草本。株高20~40厘米，株幅30~50厘米。叶宽线形，呈放射状丛生，青绿色，扁平，稍向内弯，叶端尖，深褐色。

💧浇水：耐干旱。生长期盆土稍湿润，夏季稍多浇水、多喷水，冬季减少浇水。
☀光照：全日照。盛夏稍遮阴。
🛒施肥：较喜肥。生长期每月施肥1次，入秋停止施肥。
养护难度：★★★★

◀吉祥天锦
(Agave fuachucensis 'Variegata')

为吉祥天的斑锦品种，多年生常绿草本。株高10~15厘米，株幅20~30厘米。叶广，倒卵形，呈放射状丛生，深绿色，叶边缘有黄白色条斑，叶缘生有褐色短齿。

💧浇水：耐干旱。生长期盆土稍湿润，夏季稍多浇水、多喷水，冬季减少浇水。
☀光照：全日照。盛夏稍遮阴。
🛒施肥：较喜肥。生长期每月施肥1次，入秋停止施肥。
养护难度：★★★★

◀甲蟹
(Agave isthmensis)

多年生常绿草本,植株无茎。株高 10~15 厘米,株幅 20~30 厘米。叶肉质呈莲座状,青绿色,被白粉,新叶表面残存有老叶上硬刺挤压的痕迹,呈蟹壳状,叶缘波状有锐刺,叶先端的刺粗而长,黄褐色至红褐色。

💧浇水:耐干旱。生长期盆土稍湿润,夏季稍多浇水、多喷水,冬季减少浇水。

☀光照:全日照。盛夏稍遮阴。

🏠施肥:较喜肥。生长期每月施肥 1 次,入秋停止施肥。

养护难度:★★★★

五色万代锦▶
(Agave kerchovei var. pectinata 'Variegata')

新品种,植株莲座状。株高 20~25 厘米,株幅 30~40 厘米。叶片披针形,长 15~20 厘米,宽 3~4 厘米,叶面分 5 个条状色带,中间淡绿色,其两侧深绿色,最边缘则为黄色宽条带,叶缘有波状淡褐色齿刺。叶尖淡褐色,尖刺端向外侧弯,叶缘具 6~8 对灰褐色扁钩刺。

💧浇水:耐干旱。生长期盆土稍湿润,夏季稍多浇水、多喷水,冬季减少浇水。

☀光照:全日照。盛夏稍遮阴。

🏠施肥:较喜肥。生长期每月施肥 1 次,入秋停止施肥。

养护难度:★★★★

◀白瓷炉
(Agave lophantha var. poselgeri)

为大美龙的变种,多年生常绿草本。株高 40~60 厘米,株幅 50~80 厘米。叶剑状,细成松散的莲座叶盘,叶长 30~40 厘米,淡绿色,叶缘生有稀疏灰白色的钩刺,叶尖刺褐色。花小,白绿至黄色。花期夏季。

💧浇水:耐干旱。生长期盆土稍湿润,夏季稍多浇水、多喷水,冬季减少浇水。

☀光照:全日照。盛夏稍遮阴。

🏠施肥:较喜肥。生长期每月施肥 1 次,入秋停止施肥。

养护难度:★★★

◀八荒殿
(Agave macroacantha)

又名大刺龙舌兰，原产墨西哥，多年生常绿草本。株高 50~60 厘米，株幅 60~80 厘米。叶坚实而挺立，多而密集，呈莲座状，叶长 30~50 厘米，灰绿色，叶尖刺黑色，长 3 厘米。花小，红色。花期夏季。

💧浇水：耐干旱。春、秋季浇透水，保持盆土稍湿润；夏季早晚可向叶面喷水。

☀光照：全日照。夏季不需遮阴。

🛒施肥：较喜肥。春、秋季每半月施肥 1 次。

养护难度：★★★★

褐刺龙舌兰▶
(Agave parrasana)

原产墨西哥，植株莲座状。株高 40~60 厘米，株幅 50~80 厘米。叶坚实展开，灰绿色，宽椭圆形，成年植株叶长 40 厘米，宽 15 厘米，顶端具深褐色尖刺，长 2~2.5 厘米。花茎高 3~5 米，花淡白色。花期夏季。

💧浇水：耐干旱。生长期盆土稍湿润，夏季稍多浇水、多喷水，冬季减少浇水。

☀光照：全日照。盛夏稍遮阴。

🛒施肥：较喜肥。生长期每月施肥 1 次，入秋停止施肥。

养护难度：★★★★

◀雷神
(Agave potatorum var. verschaffeltii)

又名棱叶龙舌兰，原产墨西哥中南部，多年生肉质植物。株高 15~20 厘米，株幅 15~20 厘米。叶片基生呈莲座状，倒卵状匙形，长 20~30 厘米，基部窄而厚，灰绿色，叶端急尖，长有红褐色尖刺，叶缘有浅波状齿。总状花序，长 2~3 米，花黄绿色。花期夏季。

💧浇水：耐干旱。生长期每浇 1 次透水后待干透再浇，秋季保持盆土干燥。

☀光照：半阴。

🛒施肥：较喜肥。生长期每月施肥 1 次，冬季停止施肥。

养护难度：★★★

◀ 王妃雷神
(Agave potatorum var. verschaffeltii 'Compacta')

又名姬雷神,为雷神的栽培品种。株高6~8厘米,株幅8~10厘米。叶片短而宽,质薄而软,倒卵状匙形,似蟹壳形,青灰绿色,披淡薄白粉,密集丛生呈莲座状,叶长3~3.5厘米,宽3.5~4厘米,叶缘有稀疏肉齿,齿端生红褐色短刺,尖端具1枚短刺。总状花序,花黄绿色。花期夏季。

💧浇水:耐干旱。生长期每浇1次透水后待干透再浇,秋季保持盆土干燥。

☀光照:半阴。

🏺施肥:较喜肥。生长期每月施肥1次,冬季停止施肥。

养护难度:★★★

黄中斑王妃雷神 ▶
(Agave potatorum var. verschaffeltii 'Medio-picta')

又名吉祥冠,为雷神的斑锦品种,植株矮小。株高6~8厘米,株幅6~8厘米。叶片短而宽,倒卵状匙形,顶端尖,叶缘具稀疏肉齿,绿色,中央具黄色宽条斑,十分醒目。总状花序,花黄绿色。花期夏季。

💧浇水:耐干旱。生长期每浇1次透水后待干透再浇,秋季保持盆土干燥。

☀光照:半阴。

🏺施肥:较喜肥。生长期每月施肥1次,冬季停止施肥。

养护难度:★★★★

◀ 王妃雷神锦
(Agave potatorum var. verschaffeltii 'Variegata')

为王妃雷神的斑锦品种,植株矮小。株高6~8厘米,株幅6~8厘米。叶片短而宽,倒卵状匙形,似蟹壳形,青灰绿色,中央镶嵌白色宽条斑,叶先端具1枚褐色短刺,叶缘有稀疏肉刺或褐色短刺。总状花序,花黄绿色。花期夏季。

💧浇水:耐干旱。生长期每浇1次透水后待干透再浇,秋季保持盆土干燥。

☀光照:半阴。

🏺施肥:较喜肥。生长期每月施肥1次,冬季停止施肥。

养护难度:★★★★

◀吉祥冠
(Agave pumila)

多年生肉质植物。株高 15~20 厘米，株幅 15~20 厘米。叶片基生呈莲座状，短而宽，近菱形，坚硬，淡绿色。总状花序，花淡黄色。花期夏季。

💧 浇水：耐干旱。生长期盆土稍湿润。
☀ 光照：全日照。
🏺 施肥：较喜肥。生长期每月施肥 1 次。
养护难度：★★★

吉祥冠锦▶
(Agave pumila 'Variegata')

又名姬龙舌兰锦，为吉祥冠的斑锦品种。株高、株幅均为 15~20 厘米。叶片基生呈莲座状，短而宽，近菱形，坚硬，淡绿色，两边有淡黄色纵向带状条纹。总状花序，花淡黄色。花期夏季。

浇水、光照、施肥同吉祥冠。
养护难度：★★★★

◀泷之白丝
(Agave schidigera)

原产墨西哥，多年生肉质植物。株高 50~70 厘米，株幅 70~100 厘米。叶盘大，叶片硬而厚直，基部宽而厚，上部细而长，叶长 50 厘米，叶尖具硬刺。叶缘角质，生有不规则的卷曲白丝。花小，红褐色。花期夏季。

💧 浇水：耐干旱。生长期盆土稍湿润，冬季减少浇水。
☀ 光照：全日照。
🏺 施肥：较喜肥。生长期每月施肥 1 次。
养护难度：★★★

王妃白丝中斑▶
(Agave schidigera 'Variegata')

为泷之白丝的斑锦品种。株高 30~40 厘米，株幅 40~50 厘米。叶盘比泷之白丝稍小，叶丛密集，叶片比泷之白丝略窄，除叶缘绿色外，均为白色，卷曲白丝明显。

浇水、光照、施肥同泷之白丝。
养护难度：★★★★

◀吹上
(Agave stricta)

原产墨西哥东南部，多年生肉质植物。株高25~50厘米，株幅25~50厘米。茎短，丛生细长。坚硬的线状披针形叶，表面平坦，背面隆起，中绿色，长35厘米，呈莲座状排列。花红色或紫红色，长2厘米。花期夏季。

💧浇水：耐干旱。生长期盆土稍湿润，夏季稍多浇水、多喷水，冬季减少浇水。

☀光照：全日照。盛夏稍遮阴。

🛒施肥：较喜肥。生长期每月施肥1次，入秋停止施肥。

养护难度：★★★

树冰▶
(Agave tomeyana spp. bella)

多年生肉质植物。株高15~20厘米，株幅20~30厘米。叶片窄披针形至线形，硬而厚直，基部宽而厚，上部细而尖，叶尖具硬刺，叶面有细密的白色绒毛，叶缘裂生白色细长纤维。

💧浇水：耐干旱。生长期盆土稍湿润，夏季稍多浇水、多喷水，冬季减少浇水。

☀光照：全日照。盛夏稍遮阴。

🛒施肥：较喜肥。生长期每月施肥1次，入秋停止施肥。

养护难度：★★★★

◀仁王冠
(Agave titanota)

又名严流，植株莲座状。株高20~25厘米，株幅30~40厘米。叶片宽厚矮短，似菱形，构成莲座状叶盘。叶缘着生稀疏的肉质齿，红褐色，叶尖有1枚深褐色锐刺。花黄绿色。花期夏季。

💧浇水：耐干旱。生长期盆土稍湿润，夏季稍多浇水、多喷水，冬季减少浇水。

☀光照：全日照。盛夏稍遮阴。

🛒施肥：较喜肥。生长期每月施肥1次，入秋停止施肥。

养护难度：★★★

◀蓝刺仁王冠
(Agave titanota 'Blueispinus')

为仁王冠的栽培品种。植株形状似仁王冠，叶面蓝绿色，其叶缘的肉质齿和叶尖的锐刺为蓝色。

💧浇水：耐干旱。生长期盆土稍湿润，夏季稍多浇水、多喷水，冬季减少浇水。

☀光照：全日照。盛夏稍遮阴。

🛒施肥：较喜肥。生长期每月施肥 1 次，入秋停止施肥。

养护难度：★★★★

仁王冠锦▶
(Agave titanota 'Variegata')

为仁王冠的斑锦品种，植株莲座状。株高20~25 厘米，株幅 30~40 厘米。叶片宽厚矮短，似菱形，构成莲座状叶盘，叶面青绿色，叶缘两侧有宽的黄绿色纵条斑。

💧浇水：耐干旱。生长期盆土稍湿润，夏季稍多浇水、多喷水，冬季减少浇水。

☀光照：全日照。盛夏稍遮阴。

🛒施肥：较喜肥。生长期每月施肥 1 次，入秋停止施肥。

养护难度：★★★★

◀曲刺妖炎
(Agave utahensis 'Eborispina')

原产墨西哥，多年生肉质植物。株高 25~30 厘米，株幅不限定。叶片窄披针形，灰绿色，长 30 厘米，放射状生长，顶尖既尖又长，弯曲向上 5~6 厘米，上半段叶缘与顶刺自成一体，灰褐色。

💧浇水：耐干旱。生长期盆土稍湿润，夏季稍多浇水、多喷水，冬季减少浇水。

☀光照：全日照。盛夏稍遮阴。

🛒施肥：较喜肥。生长期每月施肥 1 次，入秋停止施肥。

养护难度：★★★★

◀笹之雪
(Agave victoriae-reginae)

又名鬼脚掌、厚叶龙舌兰，原产美国、墨西哥，多年生肉质植物。株高 50 厘米，株幅 50 厘米。叶片三角状长圆形，厚质，深绿色，具白色斑纹，长 15~30 厘米，叶尖圆，顶端具棕色刺。总状花序，长 4 米，花米白色，长 5 厘米。花期夏季。

💧浇水：耐干旱。生长期保持盆土稍湿润，夏季定期向叶面喷水，冬季盆土保持稍干燥。

☀光照：全日照。生长期需充足阳光，夏季强光时适当遮阴。

🛒施肥：较喜肥。生长期每半月施肥 1 次。

养护难度：★★★

小型笹之雪▶
(Agave victoriae-reginae 'Micro Form')

又名小型鬼脚掌，为笹之雪的栽培品种，植株莲座状。株高 10~15 厘米，株幅 12~18 厘米。叶片三角状长圆形，厚质，深绿色，具白色斑纹，叶尖圆，顶端着生棕色刺。

💧浇水：耐干旱。生长期保持盆土稍湿润，夏季定期向叶面喷水，冬季盆土保持稍干燥。

☀光照：全日照。生长期需充足阳光，夏季强光时适当遮阴。

🛒施肥：较喜肥。生长期每半月施肥 1 次。

养护难度：★★★★

◀笹之雪锦
(Agave victoriae-reginae 'Variegata')

又名鬼脚掌锦，为笹之雪的斑锦品种，植株莲座状。株高 20~25 厘米，株幅 30 厘米。叶片三角状长圆形，长 15~30 厘米，厚质，深绿色，叶边具纵向橘黄色斑纹，叶尖圆，顶生棕色刺。总状花序，花米白色，长 5 厘米，有时具紫晕。花期夏季。

💧浇水：耐干旱。生长期保持盆土稍湿润，夏季定期向叶面喷水，冬季盆土保持稍干燥。

☀光照：全日照。生长期需光照充足，夏季强光时应遮阴。

🛒施肥：较喜肥。生长期每半月施肥 1 次。

养护难度：★★★

万年麻属

万年麻属（*Furcraea*）有 12 种。

原产地：西印度群岛、中美和南美北部类似沙漠的地区。

习性与养护：喜温暖、干燥和阳光充足的环境。不耐寒，耐干旱和半阴，怕水湿。宜肥沃、疏松和排水良好的沙壤土。

繁殖：春季播种，发芽适温 15~24℃；或夏季取旁生萌蘖芽或花梗上的吸芽分株。

盆栽摆放：幼苗盆栽摆放在居室的门庭或走廊，十分清新典雅。

黄纹巨麻▶
(*Furcraea foetida* 'Mediopicta')

又名金心缝线麻，原产西印度群岛、巴西，多年生肉质草本。株高 1~1.2 米，株幅 2~2.5 米。叶片宽披针形，呈莲座状，肉质，叶面中绿色，具米白色和乳黄色纵条纹，边缘具锯齿。圆锥花序，高 6~12 米，花白色，外瓣绿色，长 5~6 厘米。花期夏季。

💧浇水：耐干旱。生长期保持盆土稍湿润，夏季定期向叶面喷水，冬季盆土保持稍干燥。

☀光照：半阴。

🛒施肥：较喜肥。每半月施肥 1 次，冬季停止施肥。

养护难度：★★★

◀金边巨麻
(*Furcraea selloa* var. *marginata*)

又名金边缝线麻，原产墨西哥、哥伦比亚、厄瓜多尔，多年生肉质草本。株高 1.5 米，株幅 2 米。叶片窄披针形，呈莲座状，中绿色，边缘黄色，具锯齿，长 1.2 米。圆锥花序，高 5 米，花白色，外瓣绿色，长 6~7 厘米。花期夏季。

💧浇水：耐干旱。生长期保持盆土稍湿润，夏季定期叶面喷水，冬季保持稍干燥。

☀光照：半阴。

🛒施肥：较喜肥。每半月施肥 1 次，冬季停止施肥。

养护难度：★★★

酒瓶兰属

酒瓶兰属(*Nolina*) 约有 24 种。常绿灌木或小树。

原产地：美国南部和危地马拉的半沙漠和灌丛中。

习性与养护：喜温暖、干燥和阳光充足环境。不耐严寒，耐干旱和半阴，忌水湿。宜肥沃、疏松和排水良好的沙壤土。

繁殖：春季播种，发芽适温 19~24℃；也可取蘖生侧枝扦插。

盆栽摆放：盆栽株型青翠，形似酒瓶，可点缀居室客厅、书房或儿童室，显得珍奇雅致。

酒瓶兰 ▼
(*Nolina recurvata*)

又名象腿树，原产墨西哥，常绿乔木。株高 4~8 米，株幅 2~4 米。叶片簇生于茎干顶部，线形，粗糙，中绿或深绿色，长 1.8 米。圆锥花序，长 1 米，花小，乳白色。花期夏季。

💧浇水：耐干旱。4~10 月生长期充分浇水；夏季向植株喷水，稍减少浇水。

☀光照：全日照。

🛒施肥：较喜肥。每半月施肥 1 次。

养护难度：★★★

▼ 斑叶酒瓶兰
(*Nolina recurvata* 'Variegata')

又名白边酒瓶兰，为酒瓶兰的斑锦品种，常绿乔木。株高 3~6 米，株幅 2~4 米。叶片簇生于茎干顶部，线形，粗糙，中绿或深绿色，边缘白色，长 1.5 米。圆锥花序，长 1 米，花小，乳白色。花期夏季。

💧浇水：耐干旱。4~10 月生长期充分浇水；夏季向植株喷水，稍减少浇水。

☀光照：全日照。

🛒施肥：较喜肥。每半月施肥 1 次。

养护难度：★★★

▲ 酒瓶兰缀化
(*Nolina recurvata* 'Cristata')

为酒瓶兰的缀化品种，常绿灌木。株高 80~100 厘米，株幅 50~80 厘米。茎部顶端发生扁化，呈鸡冠状。叶片细而密，中绿或深绿色，长 50~80 厘米。花小，乳白色。花期夏季。

💧浇水：耐干旱。4~10 月生长期充分浇水；夏季向植株喷水，稍减少浇水。

☀光照：全日照。

🛒施肥：较喜肥。每半月施肥 1 次。

养护难度：★★★

虎尾兰属

虎尾兰属(Sansevieria) 约有 60 种。通常无茎，有匍匐的根状茎，常绿多年生草本。

原产地：非洲、印度和印度尼西亚热带、亚热带干燥岩石之中。

形态特征：叶多纤维、肉质，直立或旋叠在基部，扁平或圆柱状，常有绿色的横带。总状花序或圆锥花序，花较小，筒状，绿白色，芳香。

习性与养护：喜温暖、干燥和阳光充足环境。不耐寒，冬季温度不低于 8℃。耐半阴，怕水湿。宜肥沃、疏松和排水良好的沙壤土。生长期适度浇水，冬季稍湿润。生长期每月施肥 1 次。

繁殖：斑叶品种春季分株，绿叶种类春、秋季叶插繁殖。

盆栽摆放：置于窗台、茶几或书桌上，青翠挺拔，使居室环境顿觉明净素雅。

圆叶虎尾兰 ▶
(Sansevieria cylindrica)

又名筒叶虎尾兰、棒叶虎尾兰，原产安哥拉，多年生肉质草本。株高 1~1.5 米，株幅 50~60 厘米。茎极短，叶片直立，圆筒形，稍扁平，叶端尖细，长 1 米，粗 2~3 厘米，深绿色，有灰绿色条纹。总状花序，花小，筒状，粉红或白色。花期夏季。

💧浇水：耐干旱。移栽幼苗时不宜浇水过多，生长期盆土稍湿润，冬季控制浇水。

☀光照：半阴。夏季稍加遮阴。

🛒施肥：较喜肥。生长期每月施肥 1 次。

养护难度：★★★

◀广叶虎尾兰
(Sansevieria thyrisiflora)

又名扇叶虎尾兰，原产南非，多年生肉质草本。株高 45~60 厘米，株幅 30~60 厘米。叶片宽而扁平，呈扇形，深灰绿色，两面具浅绿色虎纹斑，叶缘有红褐细边。总状花序，花筒状，绿白色。花期夏季。

💧浇水：耐干旱。移栽幼苗时不宜浇水过多，生长期盆土稍湿润，冬季控制浇水。

☀光照：半阴。夏季稍加遮阴。

🛒施肥：较喜肥。生长期每月施肥 1 次。

养护难度：★★★★

◀虎尾兰
(Sansevieria trifasciata)

又名虎皮掌、虎耳兰、虎皮兰,原产热带非洲西部,多年生肉质草本。株高 1~1.2 米,株幅40 厘米。叶片中绿至深绿色,有横向银灰色虎纹斑,长45 厘米。总状花序,长 30~50 厘米,花筒状,绿色或绿白色。花期春季。

💧浇水:耐干旱。移栽幼苗时不宜浇水过多,生长期盆土稍湿润,冬季控制浇水。

☀光照:半阴。夏季稍加遮阴。

🏺施肥:较喜肥。生长期每月施肥 1 次。

养护难度:★★

雪纹虎尾兰▶
(Sansevieria trifasciata 'Bantel's Sensation')

又名银脉虎尾兰,为虎尾兰的斑锦品种。植株剑状,细长,稍螺旋。株高 40~60 厘米,株幅20~30 厘米。叶深绿色,中间具有宽窄不等的银白色条纹。总状花序,花筒状,绿白色。花期春季。

💧浇水:耐干旱。移栽幼苗时不宜浇水过多,生长期盆土稍湿润,冬季控制浇水。

☀光照:半阴。夏季稍加遮阴。

🏺施肥:较喜肥。生长期每月施肥 1 次。

养护难度:★★★

◀金边短叶虎尾兰
(Sansevieria trifasciata 'Golden Hahnii')

又名金边矮生虎尾兰,为虎尾兰的斑锦品种,植株矮小。株高 12 厘米,株幅 12 厘米。叶片短而宽,回旋重叠,呈莲座状,长 20 厘米,叶面深绿色,叶缘两侧有较宽的黄色纵条纹。总状花序,花筒状,绿白色。花期春季。

💧浇水:较喜水。幼苗盆栽后不宜多浇水,夏季长出新株后可多浇些。

☀光照:半阴。夏季适当遮阴。

🏺施肥:较喜肥。每月施肥 1 次,秋季停止施肥。

养护难度:★★★

◀ 灰叶虎尾兰
(Sansevieria trifasciata 'Gray Leaf')

为虎尾兰的栽培品种，多年生肉质草本。株高 20~30 厘米，株幅 15~25 厘米。外形很像美叶虎尾兰，叶片稍薄，长 20~30 厘米，叶面浅灰白色。总状花序，花筒状，绿白色。花期春季。

💧 浇水：耐干旱。移栽幼苗时不宜浇水过多，生长期盆土稍湿润，冬季控制浇水。
☀ 光照：半阴。夏季稍加遮阴。
🧺 施肥：较喜肥。生长期每月施肥 1 次。

养护难度：★★

金边虎尾兰 ▶
(Sansevieria trifasciata 'Laurentii')

为虎尾兰的栽培品种，多年生肉质草本。株高 1~1.2 米，株幅 40 厘米。叶片中绿至深绿色，有横向银灰色虎纹斑，叶缘两侧有宽的黄色斑纹，长 45 厘米。总状花序，长 30~50 厘米，花筒状，绿色或绿白色。花期春季。

浇水、光照、施肥同灰叶虎尾兰。

养护难度：★★

银短叶虎尾兰 ▼
(Sansevieria trifasciata 'Silver Frost')

为虎尾兰的栽培品种，多年生肉质草本。株高 15~20 厘米，株幅 15~20 厘米。外形很像短叶虎尾兰，叶片稍窄，长 15~20 厘米，叶面银灰绿色，叶缘浅黄色。

浇水、光照、施肥同灰叶虎尾兰。

养护难度：★★

◀ 美叶虎尾兰
(Sansevieria trifasciata 'Laurentii Compacta')

为虎尾兰的斑锦品种，多年生肉质草本。株高 20~30 厘米，株幅 15~25 厘米。植株比金边短叶虎尾兰稍高。叶片宽阔，长 20~30 厘米，叶面深绿色，叶缘两侧有较宽的黄色纵条纹。总状花序，花筒状，绿白色。花期春季。

浇水、光照、施肥同灰叶虎尾兰。

养护难度：★★

番杏科

番杏科 (Aizoaceae) 为双子叶植物。全科有 100 属约 2000 种, 所有种类的叶都有不同程度的肉质化, 本科是叶多肉植物的代表。原产南非与纳米比亚。草本或小灌木, 叶互生或对生, 全缘或有齿。花单生, 雏菊状, 花有黄色、红色和白色等。

菱鲛属

菱鲛属 (*Aloinopsis*) 有 10~15 种。植株矮小, 丛生。

原产地: 南非。

形态特征: 有肥大的块根, 几乎无茎。大多数种类的肉质叶呈莲座状, 叶表皮粗糙。花单生, 雏菊状, 午后或傍晚开花。花期秋末。

习性与养护: 喜温暖和阳光充足的环境, 怕高温多湿。不耐寒, 冬季温度不低于 10℃。生长期适度浇水, 冬季保持干燥。生长期每 2~3 周施肥 1 次。

繁殖: 早春播种, 发芽温度 21℃; 春末或初夏也可茎插或叶插繁殖。

唐扇 ▲
(*Aloinopsis schoonesii*)

原产南非, 植株小型。株高 2 厘米, 株幅不限定。具块状根, 无茎。叶匙形, 先端钝圆, 8~10 枚排列呈莲座状, 深绿色, 长 1.5 厘米, 表皮密生深色舌苔状小疣突。花单生, 雏菊状, 花径 1 厘米。花期秋末。

💧 浇水: 耐干旱。生长期适度浇水, 冬季保持干燥。

☀ 光照: 全日照。

🛒 施肥: 较喜肥。生长期每 2~3 周施肥 1 次, 冬季停止施肥。

养护难度: ★★★

露草属

露草属（*Aptenia*）有2种，多年生肉质草本。

原产地：南非地区。

形态特征：茎蔓生，多分枝。叶对生，披针形或心形，肉质。花小，单生，雏菊状，红色。花期夏季和秋季。

习性与养护：喜温暖和阳光充足环境，夏季怕高温多湿。不耐寒，冬季温度不低于6℃。生长期和开花期需充足水分，冬季保持干燥。早春施1次低氮素肥。

繁殖：早春播种，发芽温度20~25℃；或早春取茎扦插繁殖。

盆栽摆放：适合垂吊、篮式栽培或作地被植物。

露草▶
(*Aptenia cordifolia*)

又名花蔓草、露花，植株匍匐状。株高5厘米，株幅不限定。茎圆柱形，淡灰绿色，长60厘米。叶宽卵形，亮绿色，长2.5厘米。花单生，紫红色，花径1.5厘米。花期夏季或秋季。

💧浇水：耐干旱。生长期和开花期需充足水分，冬季保持干燥。

☀光照：全日照。

🏺施肥：较喜肥。早春施1次低氮素肥。

养护难度：★★★

照波属

照波属（*Bergeranthus*）约有10种。

原产地：非洲南部。

形态特征：植株矮小，群生。肉质叶短锥状。

习性与养护：喜温暖、干燥和阳光充足环境。不耐寒，耐干旱和半阴，忌水湿和强光。宜肥沃、疏松和排水良好的沙壤土。

繁殖：早春播种，发芽适温20~25℃；也可早春分株或春秋季取带茎部的叶片扦插。

盆栽摆放：置于茶几、博古架或窗台，清雅别致，使整个居室显得清新典雅，赏心悦目。

◀照波
(*Bergeranthus multiceps*)

又名仙女花，原产南非，多年生肉质草本。株高5厘米，株幅10厘米。叶片放射状丛生，叶三棱形，肉质，叶面平，背面龙骨突起，深绿色，密生白色小斑点。花单生，黄色。花期夏季。

💧浇水：耐干旱。

☀光照：半阴。

🏺施肥：较喜肥。生长期施肥2~3次。

养护难度：★★★

肉锥花属

肉锥花属(*Conophytum*)有290种。植株矮生,生长慢,为丛生状多年生肉质草本。

原产地:南非和纳米比亚。

形态特征:体型小,球形或倒圆锥形,顶面有裂缝,深浅不一。花小,单生,雏菊状,花后老叶逐渐萎缩成叶鞘,夏末从叶鞘中长出新叶和花。

习性与养护:喜温暖、低湿和阳光充足环境,夏季怕高温多湿。不耐寒,冬季温度不低于10℃。春末至初冬要控制浇水,盛夏保持干燥。

繁殖:冬末播种,发芽温度20~25℃;也可夏末分株繁殖。

少将▶
(Conophytum bilobum)

原产南非西北部,多年生肉质草本。成年植株分枝呈丛生状。株高5厘米,株幅15厘米。叶肥厚,心形,淡灰绿色,顶部鞍形,中缝深,先端钝圆。花单生,雏菊状,黄色,花径3厘米。花期夏末。

💧浇水:耐干旱。春末至初冬要控制浇水,盛夏保持干燥。

☀光照:半阴。

🛒施肥:较喜肥。生长期每月施肥1次,冬季停止施肥。

养护难度:★★★

◀翡翠玉
(Conophytum calculus)

原产南非,多年生肉质草本。株高2~3厘米,株幅2~3厘米。叶肉质,球形,顶端平坦,中部小裂似唇,表面灰绿色,具绿色小斑点。花单生,橘黄色,花径1.5厘米。花期夏末。

💧浇水:耐干旱。生长期盆土保湿稍湿润,夏季少浇水;秋凉后保持稍湿润;冬季保持稍干燥。

☀光照:半阴,夏季适当遮阴。

🛒施肥:较喜肥。生长期每月施肥1次,冬季不施肥。

养护难度:★★★

◀天使
(Conophytum ectypum)

原产南非，多年生小型肉质草本。成年植株易群生。株高2~3厘米，株幅3~5厘米。叶对生，肉质，顶部中央裂如唇，浅绿，有深绿色斑点。花单生，雏菊状，粉红色，花径2~3厘米。花期夏末。

💧浇水：耐干旱。春末至初冬要控制浇水。

☀光照：半阴。

🏠施肥：较喜肥。生长期每月施肥1次，冬季不施肥。

养护难度：★★★★

藤车▶
(Conophytum hybrida)

为肉锥花中的栽培品种，多年生小型肉质草本。株高1~1.5厘米，株幅1~1.5厘米。叶球形，肉质，小而圆，叶面淡绿色，具深色暗点。花单生，粉红色。花期夏末。

💧浇水：耐干旱。春末至初冬要控制浇水。

☀光照：半阴。

🏠施肥：较喜肥。生长期每月施肥1次，冬季不施肥。

养护难度：★★★★

◀清姬
(Conophytum minimum)

原产南非，多年生小型肉质草本。株高1.5~2厘米，株幅2~3厘米。叶球形，肉质，顶端平坦，中心有一小裂如唇，淡灰绿色，具褐色花纹。花单生，小型，白色，夜间开花，有香味。花期夏末。

💧浇水：耐干旱。春末至初冬要控制浇水。

☀光照：半阴。

🏠施肥：较喜肥。生长期每月施肥1次，冬季不施肥。

养护难度：★★★★

群碧玉▶
(Conophytum minutum)

又名凤雏玉，原产南非，多年生小型肉质草本，球形。株高1~1.5厘米，株幅1.5~2厘米。成年植株顶端平坦，黄绿色，中央有一小浅的裂缝。花从中缝开出，雏菊状，花径2厘米。花期夏末。

💧浇水：耐干旱。春末至初冬要控制浇水。

☀光照：半阴。

🏠施肥：较喜肥。生长期每月施肥1次，冬季不施肥。

养护难度：★★★★

露子花属

露子花属(*Delosperma*) 约有 150 种。常绿或半常绿, 肉质灌木或丛生状多年生草本。

原产地: 南非南部、东部和中部的丘陵低地。

形态特征: 茎细长, 多分枝。肉质叶对生。花小, 单生, 雏菊状, 花色多样。

习性与养护: 喜温暖和阳光充足环境。不耐寒, 冬季温度不低于 5℃。生长期适度浇水, 其余时间保持干燥。生长期每 3 周施肥 1 次。

繁殖: 春夏播种, 发芽温度 21℃, 或取茎扦插繁殖。

夕波▶
(*Delosperma lehmannii*)

又名鹿角海棠, 原产南非, 多年生肉质草本。株高 10~20 厘米, 株幅 20 厘米。叶片对生, 三角柱状, 先端稍尖, 背钝圆, 灰绿色或蓝绿色, 长 2 厘米, 基部联合。花单生, 雏菊状, 淡黄色, 花径 3 厘米。花期夏季。

💧 浇水: 耐干旱。生长期适度浇水, 其余时间保持干燥。

☀ 光照: 全日照。

🏺 施肥: 较喜肥。生长期每 3 周施肥 1 次, 冬季停止施肥。

养护难度: ★★★

◀雷童
(*Delosperma pruinosum*)

又名刺叶露子花、花笠, 原产南非, 多年生肉质草本。株高 30 厘米, 株幅 30 厘米。叶片对生, 长椭圆形或卵形, 肉质, 长 1.5 厘米, 深绿色, 表面密生白色肉质刺疣。花单生, 小型, 白色, 中心黄色。花期夏季。

💧 浇水: 耐干旱。生长期适度浇水, 其余时间保持干燥。

☀ 光照: 全日照。

🏺 施肥: 较喜肥。生长期每 3 周施肥 1 次, 冬季停止施肥。

养护难度: ★★★

肉黄菊属

肉黄菊属（*Faucaria*）有 30 种以上。植株密集丛生，为几乎无茎的多年生肉质植物。

原产地：南非的半沙漠地区。

形态特征：叶肥厚，十字交互对生，叶缘有凸出肉刺像牙齿一样，基部联合，先端三角形。花大，雏菊状，有粉红色、黄色或白色等，午后开放。花期夏末至中秋。

习性与养护：喜温暖、干燥和阳光充足环境。不耐寒，冬季温度不低于 7℃。耐干旱和半阴，忌水湿和强光，夏季高温强光时需适当遮阴。宜肥沃、疏松和排水良好的沙壤土。生长期适度浇水，冬季保持湿润。生长期每月施低氮素肥 1 次。

繁殖：秋季或春季播种，或夏季取茎扦插繁殖。

盆栽摆放：置于窗台、案头或博古架，青翠光亮，似一件"翡翠工艺品"，十分赏心悦目。

波头▶
(Faucaria bosscheana var. haagei)

又名银边四海波，原产南非，高度肉质化的低矮草本。株高 3~4 厘米，株幅 6~10 厘米。叶片菱形，肉质，绿色，正面平，背面稍龙骨突，叶缘有银白色条纹，每边有 2~3 个向后弯曲的肉质齿。花大，黄色，无花梗，花径 3 厘米。花期秋季。

💧 浇水：耐干旱。生长期每 2 周浇水 1 次；空气干燥时适量喷水；冬季每 6 周浇水 1 次，保持干燥。

☀ 光照：半阴。夏季适当遮阴。

🛒 施肥：较喜肥。生长期每月施肥 1 次。

养护难度：★★★

◀群波
(Faucaria gratiae)

原产南非，多年生肉质草本。株高 4~5 厘米，株幅 6~10 厘米。叶片对生，肉质，倒披针形，绿色，叶缘具肉质细齿，叶面平展，叶背浑圆。花大，似雏菊花，黄色。花期秋季。

💧 浇水：耐干旱。生长期每 2 周浇水 1 次；空气干燥时适量喷水；冬季每 6 周浇水 1 次，保持干燥。

☀ 光照：半阴。夏季适当遮阴。

🛒 施肥：较喜肥。生长期每月施肥 1 次。

养护难度：★★★

◀ 四海波
(Faucaria tigrina)

又名虎颚、虎钳草,原产南非,多年生肉质草本。株高8~10厘米,株幅15~20厘米。叶片交互对生,肉质,先端菱形,叶面扁平,叶背突起,灰绿色,叶缘有4~6对向后弯曲的肉齿。花大,黄色,花径5厘米。花期秋季。

💧浇水:耐干旱。生长期保持盆土稍湿润,夏季高温时减少浇水量。

☀光照:全日照。夏季适当遮阴。

🧺施肥:较喜肥。生长期每月施肥1次,夏季暂停。

养护难度:★★★

荒波 ▶
(Faucaria tuberculosa)

原产南非,多年生肉质草本。株高4~5厘米,株幅8~10厘米。叶片交互对生,肉质,倒披针形,绿色,先端背部隆起,叶缘具肉质细齿6~7对,具灰白色倒须,叶面有瘤状突起4~6枚。花黄色。花期秋季。

💧浇水:耐干旱。春、秋生长期保持盆土稍湿润,夏季高温时减少浇水量。

☀光照:全日照。夏季适当遮阴。

🧺施肥:较喜肥。生长期每月施肥1次,夏季暂停。

养护难度:★★★

◀ 狮子波
(Faucaria tuberculosa 'Hybrid')

以荒波为亲本的杂交品种,又名怒涛、狂澜怒诗,高度肉质化的低矮草本。株高4~5厘米,株幅6~10厘米。叶片对生,肉质,三角形,淡灰绿色,叶缘有肉齿10对左右,附倒须,叶正面肉瘤疙瘩多且突出。花黄色。花期秋季。

💧浇水:耐干旱。生长期保持盆土稍湿润,夏季高温时减少浇水量。

☀光照:全日照。夏季适当遮阴。

🧺施肥:较喜肥。生长期每月施肥1次,夏季暂停。

养护难度:★★★

棒叶花属

棒叶花属（*Fenestraria*）有 1~2 种。植株非常矮，无茎，密集群生的肉质植物。

原产地：纳米比亚的半沙漠地区。

形态特征：叶小，棒形，直立，光滑。花雏菊状，淡橙黄色或白色。花期夏末至秋季。

习性与养护：喜温暖、低湿和阳光充足环境。不耐寒，冬季温度不低于 7℃。生长期适度浇水，冬季保持干燥。生长期每月施低氮素肥 1 次。

繁殖：秋季或春季播种，发芽温度 15~21℃；或于春季或夏季分株繁殖。

◀五十铃玉
(*Fenestraria aurantiaca*)

又名橙黄棒叶花，原产纳米比亚，植株密集群生。株高 5 厘米，株幅 30 厘米。叶对生，棍棒形，叶长 2~3 厘米，灰绿色，顶端透明。花金黄色，花径 3~7 厘米。花期夏末至秋季。

💧 浇水：耐干旱。生长期适度浇水，冬季保持干燥。

☀ 光照：全日照。夏季适当遮阴。

🛒 施肥：较喜肥。生长期每月施低氮素肥 1 次。

养护难度：★★★★

舌叶花属

舌叶花属（*Glottiphyllum*）约有 60 种。多年生肉质草本。

原产地：南非的半沙漠地区。

形态特征：株形较大，叶高度肉质化，对生叶排成两列，水平状展开，表皮薄。花单生，黄色。

习性与养护：喜温暖、湿润和半阴环境。不耐寒，怕高温，忌烈日暴晒。耐干旱，怕水湿。以肥沃、疏松、通气的沙壤土为宜。

繁殖：常用播种和扦插繁殖。栽培 3~4 年的植株易老化，需更新。

宝绿▶
(*Glottiphyllum linguiforme*)

又名舌叶花，原产南非，多年生肉质草本。株高 6 厘米，株幅 30 厘米。肉质叶舌状，对生 2 列，斜面突出，叶端略向外反转，切面呈三角形，光滑透明，鲜绿色。秋冬开花，花大，金黄色。花期秋季至冬季。

💧 浇水：较喜水。

☀ 光照：半阴。

🛒 施肥：较喜肥，生长期应施肥 2~3 次。

养护难度：★★★★

生石花属

生石花属(*Lithops*)约有40种。矮生，几乎无茎的多年生肉质草本。

原产地：纳米比亚和南非的岩缝中和半沙漠地区。

形态特征：有肥厚、柔软的根状茎，着生球果状的"躯体"。有一对联在一起的肉质叶，叶表皮较硬，色彩多变，有深色的花纹和斑点，顶部平坦，中央有裂缝，裂缝中开花。花单生，雏菊状，花径2~3厘米。花期盛夏至中秋。

习性与养护：喜温暖和阳光充足环境。不耐寒，冬季温度不低于12℃。从初夏至秋末，充分浇水，其余时间保持干燥。生长期每月施肥1次。

繁殖：春季或初夏播种，发芽温度19~24℃；或于初夏用分株法繁殖。

日轮玉 ▲
(*Lithops aucampiae*)

原产南非，植株球果状，群生。株高3厘米，株幅10厘米。叶卵状，对生，淡红色至褐色或黄褐色，顶面具深色斑纹。花雏菊状，黄色。花期夏末至中秋。

💧 浇水：较喜水。从初夏至秋末充分浇水，其余时间保持干燥。

☀ 光照：全日照。

🏺 施肥：较喜肥。生长期每月施肥1次。

养护难度：★★★★

◀福寿玉
(Lithops eberlanzii)

原产南非，植株群生。株高 2 厘米，株幅 1~2 厘米。叶卵状，对生，淡青灰色，顶面紫褐色，有树枝状下凹的红褐色斑纹。花雏菊状，白色。花期夏末至中秋。

💧浇水：较喜水。从初夏至秋末充分浇水，其余时间保持干燥。

☀光照：全日照。

🛒施肥：较喜肥。生长期每月施肥 1 次。

养护难度：★★★★

黄微纹玉▶
(Lithops fulviceps 'Aurea')

为微纹玉的栽培品种，植株群生。株高 2~2.5 厘米，株幅 3~4 厘米。叶卵状，对生，肉质，黄绿色，顶面有灰绿色凸起的小点。花单生，雏菊状，黄色，花径 3.5 厘米。花期夏末至初秋。

💧浇水：较喜水。从初夏至秋末充分浇水，其余时间保持干燥。

☀光照：全日照。

🛒施肥：较喜肥。生长期每月施肥 1 次。

养护难度：★★★★

◀露美玉
(Lithops hookeri)

又名富贵玉，原产南非，植株群生。株高 2~2.5 厘米，株幅 2~4 厘米。叶卵状，对生，肉质，棕色或灰色，顶面镶嵌深褐色凹纹。花单生，雏菊状，黄色。花期夏末至初秋。也用 *Lithops turbiniformis* 的学名。

💧浇水：较喜水。从初夏至秋末充分浇水，其余时间保持干燥。

☀光照：全日照。

🛒施肥：较喜肥。生长期每月施肥 1 次。

养护难度：★★★★

◀花纹玉
(*Lithops karasmontana*)

原产纳米比亚、南非,植株群生。株高 3~4 厘米,株幅不限定。叶卵状,对生,银灰色或灰绿色,顶面平头具深褐色下凹线纹。花单生,雏菊状,白色,花径 2.5~4 厘米。花期夏末至初秋。

💧浇水:较喜水。从初夏至秋末充分浇水,其余时间保持干燥。

☀光照:全日照。

🛒施肥:较喜肥。生长期每月施肥 1 次。

养护难度:★★★★

朱弦玉▶
(*Lithops lericheana*)

原产纳米比亚,植株群生。株高 1~2 厘米,株幅 2~2.5 厘米。叶卵状,对生,灰绿色,顶面平头具淡绿至粉红色凹凸不平的端面,镶有深绿色暗斑。花雏菊状,白色。花期夏末至初秋。

💧浇水:较喜水。从初夏至秋末充分浇水,其余时间保持干燥。

☀光照:全日照。

🛒施肥:较喜肥。生长期每月施肥 1 次。

养护难度:★★★★

◀白花紫勋
(*Lithops lesliei* var. *lesliei* 'Albinica')

为紫勋的栽培品种,植株群生。株高 3~4 厘米,株幅 4~5 厘米。叶球果状,对生,灰绿色或浅黄绿色,平头,顶面有深绿色花纹。花雏菊状,白色。花期夏末至中秋。

💧浇水:较喜水。从初夏至秋末充分浇水,其余时间保持干燥。

☀光照:全日照。

🛒施肥:较喜肥。生长期每月施肥 1 次。

养护难度:★★★★

◀ 弁天玉
(*Lithops lesliei* var. *venteri*)

又名辨天玉，为紫勋的变种，植株群生。株高3.5~4厘米，株幅4.5~5厘米。叶球果状，对生，浅灰色，平头，密布深绿色斑纹。花雏菊状，黄色。花期夏末至中秋。

💧浇水：较喜水。从初夏至秋末充分浇水，其余时间保持干燥。

☀光照：全日照。

🛒施肥：较喜肥。生长期每月施肥1次。

养护难度：★★★★

红菊水玉 ▶
(*Lithops meyeri* 'Hammer Ruby')

为菊水玉的栽培品种，植株群生。株高2~2.5厘米，株幅2~2.5厘米。叶卵状，对生，肉质，通体紫红色，叶面不透明，沟深，两叶有时不对称。花黄色。花期夏末至初秋。

💧浇水：较喜水。从初夏至秋末充分浇水，其余时间保持干燥。

☀光照：全日照。

🛒施肥：较喜肥。生长期每月施肥1次。

养护难度：★★★★

◀ 李夫人
(*Lithops salicola*)

原产南非，植株群生。株高2.5~3厘米，株幅2~3厘米。叶球果状，对生，浅紫色平头顶面有下凹深褐色花纹。花雏菊状，白色。花期夏末至中秋。

💧浇水：较喜水。从初夏至秋末充分浇水，其余时间保持干燥。

☀光照：全日照。

🛒施肥：较喜肥。生长期每月施肥1次。

养护难度：★★★★

对叶花属

对叶花属(*Pleiospilos*)约有35种。单生或群生，为无茎多年生肉质植物。

原产地：南非干旱地区。

形态特征：植株有肥厚肉质的大元宝状叶，叶端三角形或卵圆形，表皮淡灰色、淡黄绿色、褐色至红色，具有不同色彩的小圆点。花雏菊状，黄色或橙色。花期夏末和初秋。

习性与养护：喜温暖和阳光充足环境。不耐寒，冬季温度不低于12℃。从初夏至秋末，适度浇水，其余时间保持干燥。生长期每4~6周施低氮素肥1次。

繁殖：春末至夏季播种，发芽温度19~24℃；也可分株繁殖。

亲鸾▶

(Pleiospilos magnipunutatus)

又名凤翼，原产南非，植株元宝状。株高5厘米，株幅7厘米。叶对生，肉质，灰绿色或褐绿色，表面密生深色小圆点，长3~7厘米。花单生，雏菊状。黄色，花径4.5~5厘米。花期夏季。

💧浇水：耐干旱。春秋生长期盆土保持湿润，夏季控制浇水。
☀光照：半阴。
🛒施肥：较喜肥。生长期每月施肥1次。
养护难度：★★★★

◀帝玉

(Pleiospilos nelii)

原产南非，似元宝。株高7厘米，株幅12厘米。叶片对生，表皮淡灰绿色，长4~8厘米，表面平，背面圆凸，密生深色小圆点。花单生，雏菊状，橙粉色，花径7厘米。花期夏末和初秋。

💧浇水：耐干旱。春秋生长期盆土保持湿润，夏季控制浇水。
☀光照：半阴。
🛒施肥：较喜肥。生长期每月施肥1次。
养护难度：★★★★

红帝玉▶

(Pleiospilos nelii 'Rubra')

帝玉的栽培品种，植株元宝状。株高7厘米，株幅12厘米。叶对生，肉质，表皮灰绿色，带红晕，密被深绿色小圆点。花单生，雏菊状，紫红色，花径6~7厘米。花期夏末和初秋。

💧浇水：耐干旱。春秋生长期盆土保持湿润，夏季控制浇水。
☀光照：半阴。
🛒施肥：较喜肥。生长期每月施肥1次。
养护难度：★★★★

◀青鸾
(Pleiospilos simulans)

原产南非，植株宽厚，舌状，元宝形。株高10厘米，株幅30厘米。无茎，叶1~2对交互对生，肉质，平伸，基部联合稍窄，长5~8厘米，宽5~6厘米，厚1~1.5厘米，表皮淡红色、淡黄色或淡褐绿色，密被深绿色小圆点。花雏菊状，黄色或橙色，花径6厘米。花期夏末至初秋。

💧浇水：耐干旱。春秋生长期盆土保持湿润；夏季控制浇水，盆土稍干燥。

☀光照：半阴。

🛒施肥：较喜肥。生长期每月施肥1次。

养护难度：★★★★

快刀乱麻属

快刀乱麻属（*Rhombophyllum*）有3种，为密集丛生的多年生肉质植物。

原产地：南非的丘陵边缘和低地。

形态特征：叶对生，肉质，线状或半圆柱状，呈镰刀形，顶端有分叉，中灰绿色至深灰绿色，具有白色或透明斑点，叶边有1~2个短齿。花雏菊状，金黄色，白天开花。花期夏季。

习性与养护：喜温暖、低湿和阳光充足环境。不耐寒，冬季温度不低于7℃。夏季适度浇水，每月施低氮素肥1次。

繁殖：春季播种，发芽温度19~24℃；或分株、扦插繁殖。

◀快刀乱麻
(Rhombophyllum nelii)

原产南非，植株多分枝的镰刀状。株高20~30厘米，株幅15~30厘米。叶片对生，侧扁，先端2裂，呈龙骨状，淡绿至深灰绿色，长2.5~5厘米。花单生，金黄色，花瓣背面有红晕，花径3厘米。花期夏季。

💧浇水：耐干旱。夏季适度浇水。

☀光照：全日照。

🛒施肥：较喜肥。生长期每月施氮素肥1次。

养护难度：★★★

天女属

天女属(*Titanopsis*)有5~6种。为具短茎、肉质根的多年生肉质植物,常密集群生。

原产地:纳米比亚和南非的半沙漠地区。

形态特征:叶匙状至三角形,肉质肥厚,叶末端变宽呈扇形,灰褐色,表面布满粗粒疣突,基部排列呈莲座状。花单生,雏菊状,黄色或橙色。花期夏末至初春。

习性与养护:喜温暖、低湿和阳光充足环境。不耐寒,冬季温度不低于10℃。怕高温多湿。春季至夏末适度浇水,每3~4周施肥1次,适合碱性土壤。

繁殖:春季或初夏播种,发芽温度21℃。

天女▶
(Titanopsis calcarea)

原产南非,植株由匙形叶片组成莲座状,常群生。株高3厘米,株幅10厘米。叶片淡蓝绿色,有时具白色晕,无茎,长6~8厘米,先端宽厚,着生淡红色或淡灰白色疣点。花雏菊状,金黄色或橙色,花径2厘米。花期夏末至秋季。

💧浇水:耐干旱。春季至夏末适度浇水。

☀光照:全日照。

🏮施肥:较喜肥。春季至夏末每3~4周施肥1次。

养护难度:★★★★

◀天女簪
(Titanopsis fulleri)

原产纳米比亚,植株由匙形叶片组成莲座状。株高4厘米,株幅10~12厘米。叶肉质稍薄,先端较扁平,淡蓝绿色,具灰白色疣点。花雏菊状,橙色,花径3厘米。花期夏末至秋季。

💧浇水:耐干旱。春季至夏末适度浇水。

☀光照:全日照。

🏮施肥:较喜肥。春季至夏末每3~4周施肥1次。

养护难度:★★★★

仙宝属

　　仙宝属（*Trichodiadema*）约 30 种。主要是具块茎、须根或基部木质化的小型肉质亚灌木，多年生肉质草本。

　　原产地：纳米比亚、南非和埃塞俄比亚的丘陵干旱地区。

　　形态特征：叶纺锤形，表皮灰绿色，先端簇生白色毛刺。花单生，雏菊状，有白、红、紫红等色。花期春季至秋季。

　　习性与养护：喜温暖、低湿和阳光充足环境。不耐寒，冬季温度不低于 7℃。生长期适度浇水，其余时间保持干燥。生长期每 3~4 周施低氮素肥 1 次。

　　繁殖：春季或夏季播种，发芽温度 19~24℃；或取茎扦插繁殖。

小松波 ▶
(*Trichodiadema bulbosum*)

又名姬红小松，原产南非，植株灌木状且茎基部膨大呈块根状。株高 15~25 厘米，株幅 20 厘米。茎干肥厚多肉，多分枝，粗糙，黄褐色。顶端丛生纺锤形肉质小叶，淡绿色，长 1~2 厘米，顶端簇生细短白毛。花顶生，雏菊状，桃红色。花期夏季。

💧 浇水：耐干旱。生长期适度浇水，其余时间保持干燥。
☀ 光照：全日照。
🪴 施肥：较喜肥。生长期每 3~4 周施低氮素肥 1 次。
养护难度：★★★

◀ 紫星光
(*Trichodiadema densum*)

又名仙宝、迷你沙漠玫瑰，原产南非，植株丛生。株高 15 厘米，株幅 20 厘米。茎绿色，肉质。叶圆柱形，淡绿色，长 1~2 厘米，顶端簇生白色刚毛。花顶生，雏菊状，紫红色，花径 3~5 厘米。花期夏季。

💧 浇水：耐干旱。生长期适度浇水，其余时间保持干燥。
☀ 光照：全日照。
🪴 施肥：较喜肥。生长期每 3~4 周施低氮素肥 1 次。
养护难度：★★★

夹竹桃科

夹竹桃科(Apocynaceae) 有 150 余属，约 1000 个种。植株含乳状液，常有毒。叶缘光滑。花丛生，稀单生。主要分布于热带和亚热带地区。其中多肉植物有沙漠玫瑰属 (*Adenium*) 和棒槌树属 (*Pachypodium*)。多原产非洲，为茎形奇特的肉质植物。

沙漠玫瑰属

沙漠玫瑰属(*Adenium*) 仅 1 种。过去曾记载有 5~6 种，现已合并为 1 种。

原产地：东非、西南非、阿拉伯半岛。

形态特征：具肥大的块茎，有膨大的茎干和全缘的披针形叶，在寒冷地区冬季落叶，叶液有毒。有美丽的高脚碟状花。

习性与养护：喜高温、干燥和阳光充足环境。不耐寒，冬季温度不低于 15℃。生长期充足浇水，冬季适度浇水。生长期每 3~4 周施肥 1 次。

繁殖：夏季播种，发芽温度 21℃；或扦插繁殖。

沙漠玫瑰的花艳丽多姿，呈高脚碟状。

◀沙漠玫瑰
(Adenium obesum)

又名仙宝花、亚当花，原产东非、西南非、阿拉伯半岛，多年生肉质植物。株高 1.5~2 米，株幅 1 米。茎粗壮，呈瓶状，淡灰褐色。叶片卵圆形，肥厚，灰绿色，长 10 厘米。伞房花序，花高脚碟状，红色、粉色或白色，花径 4~6 厘米。花期夏季。也用 Adenium arabicum 的学名。

💧 浇水：生长期宜干不宜湿，平时 2~3 天浇 1 次，夏季每天 1 次。

☀ 光照：全日照。

🛒 施肥：较喜肥。生长期每 3~4 周施肥 1 次。

养护难度：★★★

斑叶沙漠玫瑰▶
(Adenium obesum 'Variegata')

为沙漠玫瑰的斑叶品种，多年生肉质植物。株高 1~1.5 米，株幅 60~80 厘米。茎粗壮，呈瓶状，淡灰褐色。叶片长卵圆形，肥厚，灰绿色，带黄色斑纹，长 12 厘米。花高脚碟状，红色。花期夏季。

💧 浇水：生长期宜干不宜湿，平时 2~3 天浇 1 次，夏季每天 1 次。

☀ 光照：全日照。

🛒 施肥：较喜肥。生长期每 3~4 周施肥 1 次。

养护难度：★★★

◀皱叶沙漠玫瑰
(Adenium obesum 'Crispifolia')

为沙漠玫瑰的栽培品种，多年生肉质植物。株高 1~1.5 米，株幅 60~80 厘米。茎粗壮，呈瓶状，淡灰褐色。叶片长卵圆形，叶面皱褶状，深绿色，长 12 厘米。花高脚碟状，红色。花期夏季。

💧 浇水：生长期宜干不宜湿，平时 2~3 天浇 1 次，夏季每天 1 次。

☀ 光照：全日照。

🛒 施肥：较喜肥。生长期每 3~4 周施肥 1 次。

养护难度：★★★

棒槌树属

棒槌树属(*Pachypodium*)有13种。乔木状或灌木状,多年生肉质植物。

原产地:纳米比亚、南非、马达加斯加的干旱地区。

形态特征:叶大,多簇生于茎端,有椭圆形、披针形或线形,休眠期落叶。花高脚碟状至漏斗状或钟状,昼开夜闭,花期夏季。

习性与养护:喜温暖和阳光充足的环境。不耐寒,生长适温为15~24℃,冬季温度不低于15℃。春末至初秋生长期适度浇水,每4~5周施低氮素肥1次。

繁殖:春末播种,发芽温度19~24℃;也可用顶茎扦插繁殖。

惠比须笑▶
(*Pachypodium brevicaule*)

又名短茎棒槌树,原产安哥拉、纳米比亚、马达加斯加。茎基部膨大呈块状茎,似马铃薯,银灰色。叶长椭圆形,全缘,深绿色,叶脉绿白色。花单生,漏斗状,黄色。花期夏季。

💧浇水:耐干旱。生长期适当多浇水,夏季减少浇水。

☀光照:全日照。夏季遮阴。

🛒施肥:较喜肥。生长期施肥1~2次。

养护难度:★★★

非洲霸王树▼
(*Pachypodium lamerei*)

又名马达加斯加棕榈,乔木状肉质植物。株高4~6米,株幅1~2米。茎干密生3枚一簇的硬刺。叶片集生茎干顶部,长25~40厘米。花高脚碟状,乳白色,花径11厘米。花期夏季。

💧浇水:耐干旱。刚栽时少浇水,生长期盆土稍湿润,冬季保持稍干燥。

☀光照:全日照。

🛒施肥:喜肥。生长期每月施肥1次,休眠期不施肥。

养护难度:★★

◀密花瓶干
(*Pachypodium densiflorum*)

原产马达加斯加,一种生长慢的茎干状肉质植物。株高40~45厘米,株幅10~20厘米。茎干短,表皮银白色,散生棘刺,灰褐色。叶中绿至深绿色,背面灰绿色,簇生茎端。花黄色。花期夏季。

💧浇水:耐干旱。生长期适当多浇水,夏季减少浇水。

☀光照:全日照。生长期需充足阳光。

🛒施肥:较喜肥。生长期施肥1~2次。

养护难度:★★★

◀非洲霸王树缀化
(Pachypodium lamerei f. cristata)

为非洲霸王树的缀化品种，植株冠状。株高 30~40 厘米，株幅 50~60 厘米。茎扁化呈鸡冠状，粗壮，肥厚，褐绿色，密生 3 枚一簇的硬刺。叶片集生于冠状茎顶部，线形至披针形，深绿色，长 20~25 厘米。花高脚碟状，乳白色，喉部黄色。花期夏季。

💧浇水：耐干旱。刚栽时少浇水，生长期盆土稍湿润，冬季控制浇水，保持稍干燥。

☀光照：全日照。

🛒施肥：较喜肥。生长期每月施肥 1 次，休眠期不施肥。

养护难度：★★★

光堂▶
(Pachypodium namaquanum)

又名棒槌树，原产纳米比亚、南非，植株为乔木状肉质植物。株高 2.5 米，株幅 1.5 米。茎干圆柱形，肉质，肥大，密生长刺，褐色，长 3~5 厘米。叶片簇生于茎干顶端，披针形，呈莲座状，淡绿色，叶缘波曲状，长 12 厘米。花筒状，黄绿色或紫红色，里面有黄色条纹。花期夏季。

💧浇水：耐干旱。生长期 2~3 周浇水 1 次，盆土稍湿润即可，冬季不浇水，保持干燥。

☀光照：全日照。夏季注意遮阴。

🛒施肥：较喜肥。生长期每月施肥 1 次，休眠期不施肥。

养护难度：★★★

◀白马城
(Pachypodium saundersii)

原产南非、津巴布韦，植株的块茎酒瓶状。株高 1.5~2 米，株幅 1 米。茎干基部膨大，上粗下细，表皮银白色，散生长刺，灰褐色刺 3 枚一簇。叶宽椭圆形，长 5~6 厘米，宽 3 厘米，簇生茎端似伞状。花高脚碟状，白色或淡红色，花瓣中间有红色条纹。花期夏季。

💧浇水：耐干旱。生长期 2~3 周浇水 1 次，盆土稍湿润即可，冬季不浇水，保持干燥。

☀光照：全日照。夏季注意遮阴。

🛒施肥：较喜肥。生长期每 4~5 周施肥 1 次。

养护难度：★★★

鸡蛋花属

鸡蛋花属（Plumeria）有 7~8 种植物。落叶或半常绿灌木或小乔木，具有多肉的茎和非常肥大的分枝。

原产地：美洲的热带和亚热带。

习性与养护：喜温暖、湿润和阳光充足的环境。生长适温 25~30℃，冬季温度不低于 5℃。不耐寒，耐干旱，不怕高温、强光，怕水涝。宜肥沃、疏松和排水良好的微酸性沙壤土。春、秋季充分浇水，冬季控制浇水。生长期每月施肥 1 次。

繁殖：春、秋季剪枝扦插繁殖。

盆栽摆放：幼株盆栽适合窗台、阳台和庭院点缀，开花时十分热闹，落叶后多肉的茎干又似盆景，十分耐观。

白花鸡蛋花▶
(Plumeria alba)

又名西印度缅栀，原产波多黎各，落叶灌木或乔木。株高 5~6 米，株幅 2~4 米。茎干分枝粗壮，肥大。叶披针形，深绿色，长 30 厘米。花高脚碟状，白色黄心，花径 6 厘米。花期夏秋季。

💧浇水：耐干旱。生长期保持土壤湿润，花后休眠期保持干燥。

☀光照：全日照。

🪴施肥：喜肥。生长期每月施肥 1 次。

养护难度：★★★

◀红花鸡蛋花
(Plumeria rabra)

又名普通缅栀，原产墨西哥、巴拿马，落叶灌木或乔木。株高 3~4 米，株幅 2~3 米。茎干分枝粗壮，肥大。叶椭圆形或长圆形，中绿色，长 20~40 厘米。花高脚碟状，玫红色，有时红色或黄色，花径 7~10 厘米。花期夏秋季。

💧浇水：耐干旱。生长期保持土壤湿润，花后休眠期保持干燥。

☀光照：全日照。

🪴施肥：喜肥。生长期每月施肥 1 次。

养护难度：★★★

萝藦科

萝藦科 (Asclepiadaceae) 属双子叶植物。本科约有 180 属 2200 多种，分布于热带地区。多数为草本、藤本或灌木，体内含有乳汁。花为 5 瓣，常呈星形，一般有臭味，常见的多肉植物约 10 属。

水牛角属

水牛角属 (*Caralluma*) 有 80~100 种。群生。

原产地：地中海地区、非洲、阿拉伯半岛及印度、缅甸。

形态特征：株茎肉质，匍匐，4~5 棱，蓝灰色或蓝绿色，有明显的肉刺。花钟状，顶生或侧生。

习性与养护：喜温暖、干燥和阳光充足环境。不耐寒，冬季温度不低于 10℃。怕高温多湿，生长期适度浇水，冬季控制浇水。生长期每月施低氮素肥 1 次。

繁殖：春末初夏播种，发芽温度 18~21℃；或春季取茎扦插繁殖。

紫龙角▶
(Caralluma hesperidum)

原产非洲西南部，多年生肉质草本。株高 10~12 厘米，株幅 20 厘米。茎无叶，4 棱，长 12~15 厘米，侧生分枝呈半直立状或匍匐状，表面灰绿色，棱缘波状，有齿状突起。花小，开展的钟形，深褐红色，被白色浓毛。花期夏季。

💧浇水：耐干旱。刚栽苗株不需多浇水，夏、冬季盆土保持稍干燥。

☀光照：全日照。盛夏强光时适当遮阴。

🍚施肥：耐贫瘠。生长期施肥 3~4 次。

养护难度：★★★

◀美丽水牛角
(Caralluma speciosa)

原产摩洛哥、加那利群岛，多年生无叶肉质草本。株高 10~14 厘米，株幅 15~20 厘米。茎无叶，4 棱，粗 1~1.5 厘米，表面灰绿色，棱缘着生稀疏肉刺。伞形花序，花小，黄色，边缘淡红褐色。花期夏季。

💧浇水：耐干旱。刚栽苗株不需多浇水；夏、冬季盆土保持稍干燥。

☀光照：全日照。盛夏强光时适当遮阴。

🍚施肥：耐贫瘠。生长期施肥 3~4 次。

养护难度：★★★

吊灯花属

　　吊灯花属(*Ceropegia*)有200多种。常绿或半常绿,直立、下垂或攀援的多年生草本。其中许多种类为多肉植物。

　　原产地:非洲、亚洲、加那利群岛、澳大利亚的热带和亚热带干旱或雨林地区。

　　形态特征:叶对生,呈卵状心形至披针形或线形。花细长,筒状或灯笼状。

　　习性与养护:喜温暖、干燥和阳光充足的环境。不耐寒,冬季温度不低于10℃,生长适温为15~25℃。盆栽用肥沃园土、腐叶土和粗沙的混合基质。生长季节每月浇水2~3次,冬季20~30天浇水1次。每年施肥3~4次;避开强光直射。每隔3~4年换盆1次。

　　繁殖:早春播种,发芽温度19~24℃,或春季剪取茎节扦插繁殖。

　　盆栽摆放:盆栽或吊盆栽培,摆放于案头、书桌或悬挂窗台、门庭,看起来轻盈别致。

◀叉状吊灯花
(Ceropegia fusca)

原产南非,多年生肉质植物。株高1~1.5米,株幅50~80厘米。块根圆形,灰绿色。茎直立,细柱状,有分枝,具节间,青绿色。叶小,早脱落。花生于茎节处,漏斗状,花瓣反曲,白色有褐斑。花期秋季。

💧浇水:较耐旱。生长期充分浇水,夏季减少浇水,秋季保持盆土湿润,冬季每3周浇水1次。

☀光照:全日照。夏季适当遮阴。

🪣施肥:较喜肥。生长期每月施肥1次,夏、冬季停止施肥。

养护难度:★★★★

◀ 爱之蔓
(Ceropegia woodii)

又名吊金钱、一寸心，原产南非、津巴布韦，多年生蔓生草本。株高10厘米，株幅不限定。叶片心形，肉质，长1.5厘米，中绿色，具灰绿色或紫色斑纹，背面紫色。花筒状，像灯笼，淡紫褐色，具紫色毛，长1~2厘米。花期夏季。

💧浇水：耐干旱。生长期充分浇水，夏季减少浇水，秋季保持盆土湿润，冬季每3周浇水1次。

☀光照：全日照。夏季适当遮阴。

🛒施肥：较喜肥。生长期每月施肥1次，夏、冬季停止施肥。

养护难度：★★★

◀ 斑叶爱之蔓
(Ceropegia woodii f. variegata)

又名吊金钱锦，为爱之蔓的斑锦品种，蔓藤植物。株高10厘米，株幅不限定。叶对生，肉质，心形，长1.5厘米，中绿色具灰绿色或紫色斑纹，背面紫色，叶缘橘黄色。花筒状，像灯笼，淡紫褐色，具紫色毛，长1~2厘米。花期夏季。

💧浇水：耐干旱。生长期充分浇水，夏季减少浇水，秋季保持盆土湿润，冬季每3周浇水1次。

☀光照：全日照。夏季适当遮阴。

🛒施肥：较喜肥。生长期每月施肥1次，夏、冬季停止施肥。

养护难度：★★★

眼树莲属

眼树莲属(*Dischidia*)有 3 种多肉植物。

原产地：印度、澳大利亚及菲律宾。

形态特征：茎细长蔓生，叶小型蜡质，有时出现中空的变态叶，形似荷包。花小优美。

习性与养护：喜温暖、低湿和半阴环境。不耐寒，冬季温度不低于 10℃。怕强光暴晒和高温多湿。生长期适度浇水，其余时间保持稍干燥。生长期每 2~3 周施低氮素肥 1 次。

繁殖：初夏茎扦插或压条繁殖。

盆栽摆放：适合盆栽或吊盆栽培。

纽扣玉藤▶
(Dischidia nummularia)

又名圆叶眼树莲，原产中国及东南亚，植株吊悬。株高 30~50 厘米，株幅 30~40 厘米。茎细长，茎节易生根。叶对生，阔椭圆形或阔卵形，先端突尖，肥厚，肉质，银绿色，形似"纽扣"。花小，红色。花期夏季。

💧浇水：耐干旱。生长期适度浇水，其余时间保持稍干燥。
☀光照：半阴。
🛒施肥：较喜肥。生长期每 2~3 周施低氮素肥 1 次。
养护难度：★★★

◀爱元果
(Dischidia pectinoides)

又名玉荷色、青蛙堡、巴西之吻，原产菲律宾，植株为常绿藤本。株高 70~100 厘米，株幅 20~30 厘米。叶片对生，肉质，淡绿色至黄绿色，倒披针形至椭圆形，变态叶长成贝状小囊，表面浅，凹凸不平。花序腋生于叶腋，花小，红色。花期夏季。

💧浇水：耐干旱。生长期适度浇水，其余时间保持稍干燥。
☀光照：半阴。
🛒施肥：较喜肥。生长期每 2~3 周施低氮素肥 1 次。
养护难度：★★★

火星人属

　　火星人属（*Fockea*）约 10 种。雌雄异株植物，主要是落叶的多年生茎基肉质植物。

　　原产地：安哥拉、南非和津巴布韦的干旱地区和草原。

　　形态特征：茎粗，肉质，有时茎粗达 3 米，有分枝，缠绕或半直立，通常含白色乳汁。叶对生，长圆形至广椭圆形，扁平或边缘波状。花单生或几个密集群生成海星状。花期夏末至秋季。

　　习性与养护：喜温暖、低湿和明亮阳光。不耐寒，冬季温度不低于 10℃。当叶片生长成熟时，可适度浇水，两次浇水之间土壤稍干燥，休眠期保持干燥。生长期每月施低氮素肥 1 次。

　　繁殖：种子成熟后即播，发芽温度 19~24℃。

▼ 京舞妓
(*Fockea crispa*)

又名波叶火星人，原产南非，植株块根状。株高 1 米，株幅 50~60 厘米。茎基膨大，卵圆形，表面青灰绿色，光滑，具深色纵条纹，嫩茎绿色。叶片对生，椭圆形或长圆形，深绿色，长 2~3 厘米。花海星状，淡灰绿色，花径 4 厘米，具褐色小斑。花期秋季。

💧浇水：耐干旱。当叶片生长成熟时，可适度浇水，两次浇水之间土壤可稍干燥；休眠期保持干燥。

☀光照：全日照。

🛒施肥：较喜肥。生长期每月施低氮素肥 1 次。

养护难度：★★★

球兰属

球兰属 (*Hoya*) 有 200 多种。常绿藤本或多年生亚灌木,有些为附生植物。

原产地:亚洲、澳大利亚和太平洋群岛的温暖热带雨林地区。

形态特征:叶对生,肉质,有时革质。花星形,色彩多样。

习性与养护:喜高温、多湿和半阴环境。不耐寒,冬季温度不低于 10℃。怕强光,忌过湿。宜肥沃、疏松和排水良好的沙壤土。生长期适度浇水,保持较高空气湿度,冬季保持湿润。生长期每月施肥 1 次。攀援种类应设置支撑物。

繁殖:春季播种,发芽温度 19~24℃;或夏末取半成熟枝扦插;春季或夏季用压条也可繁殖。

盆栽摆放:供悬吊观赏,飘逸潇洒的藤蔓,宛如绿帘,十分优雅。

球兰▶
(*Hoya carnosa*)

又名腊兰、腊泉花、瓷花,原产印度、中国南部、缅甸,常绿肉质藤本。株高 1~2 米,株幅 40~50 厘米。叶厚质,卵状椭圆形,全缘,深绿色。伞形花序,花小,星状,乳白色,中心紫红色。花期夏季。

💧浇水:较喜水。生长期适度浇水,忌用钙质水;夏季每周喷水 2 次,忌向花序喷水;冬季保持稍湿润。

☀光照:喜明亮光照,稍耐阴。

🏺施肥:较喜肥。生长期每月施肥 1 次,多施钾肥更好。

养护难度:★★★

◀卷叶球兰
(*Hoya carnosa* 'Compacta')

为球兰的栽培品种,常绿肉质藤本。株高 2 米,株幅 20~30 厘米。叶片对生,叶变态成褶叠皱缩形,密生,深绿色。花星状,白色,中心红色。花期春末至秋季。

💧浇水:较喜水。生长期适度浇水,忌用钙质水;夏季每周喷水 2 次,忌向花序喷水;冬季保持稍湿润。

☀光照:喜明亮光照,稍耐阴。

🏺施肥:较喜肥。生长期每月施肥 1 次,多施钾肥更好。

养护难度:★★★

◀斑叶球兰
(Hoya carnosa 'Variegata')

为球兰的栽培品种，又名镶边球兰、斑叶蜡兰，常绿肉质藤本。株高2~6米，株幅40~50厘米。叶片对生，卵状椭圆形，长8厘米，全缘，叶面深绿色，边缘具白色至粉红色条纹。伞形花序，20余朵星状小花聚生呈半球形，花白色，中心红色。花期春末至秋季。

💧浇水：较喜水。生长期适度浇水，忌用钙质水；夏季每周喷水2次，忌向花序喷水。

☀光照：喜明亮光照，稍耐阴。

🏠施肥：较喜肥。生长期每半月施肥1次，多施钾肥更好。

养护难度：★★★★

心叶球兰▶
(Hoya kerrii)

又名凹叶球兰、团扇叶球兰，原产泰国、老挝，常绿肉质藤本。株高3米，株幅15~20厘米。叶心形，对生，厚实，肉质，深绿色，长10~15厘米，密生细白毛，背面灰白色。花星状，乳白色，后变褐色，花径1厘米，稍有香气。花期夏季。

💧浇水：较喜水。生长期适度浇水，忌用钙质水；夏季每周喷水2次，忌向花序喷水。

☀光照：喜明亮光照，稍耐阴。

🏠施肥：较喜肥。生长期每半月施肥1次，多施钾肥更好。

养护难度：★★★

◀心叶球兰锦
(Hoya kerrii 'Variegata')

为心叶球兰的斑锦品种，又名凹叶球兰锦、团扇叶球兰锦，常绿肉质藤本。株高3米，株幅15~20厘米。叶心形，对生，厚实，肉质，深绿色，边缘黄色，长10~15厘米。花星状，白色。花期夏季。

💧浇水：较喜水。生长期适度浇水，忌用钙质水；夏季每周喷水2次，忌向花序喷水。

☀光照：喜明亮光照，稍耐阴。

🏠施肥：较喜肥。生长期每半月施肥1次，多施钾肥更好。

养护难度：★★★

拟蹄玉属

拟蹄玉属(*Pseudolithos*)有 4~5 种。为小型的多年生肉质植物。

原产地：非洲东部和南部。

形态特征：茎部肉质化，表面高低不平，无叶，无刺，属特殊的一群。

习性与养护：喜温暖、干燥和阳光充足环境。不耐寒，耐干旱和半阴，不耐水湿。

繁殖：春季播种，发芽适温 18~21℃；也可春夏季取茎段扦插。

拟蹄玉▶
(Pseudolithos migiurtinus)

原产索马里，多年生肉质草本。株高 6~8 厘米，株幅 4~6 厘米。茎球形，肉质，直径 4~6 厘米。表面布满不规则圆球形的瘤块，似玉米粒，灰白色至灰绿色。花星状，深红色，花径 3~4 厘米。花期夏季。为多肉植物中的精品。

💧浇水：耐干旱。

☀光照：全日照。强光时需遮阴。

🛒施肥：较喜肥。

养护难度：★★★★

国章属

国章属(*Stapelia*)约有 45 种。为多年生肉质草本。

原产地：非洲南部热带地区的丘陵岩石中。

习性与养护：夏季喜温暖、湿润，冬季宜温暖、干燥和阳光充足环境。宜肥沃、疏松和排水良好的沙壤土。

繁殖：春季播种，发芽适温 18~21℃；也可春夏季取茎段扦插。

盆栽摆放：用于点缀窗台、阳台或客室，碧绿嫩茎，十分雅致。

◀大花犀角
(Stapelia gigantea)

又名臭肉花，原产南非，多年生肉质草本。株高 30 厘米，株幅不限定。无叶，茎粗，四角棱状，有齿状突起，灰绿色。花大，五裂张开，星状，淡黄色，具淡紫黑色横斑纹，边缘密生细毛，有臭味。花期夏季。

💧浇水：耐干旱。刚栽苗株不需多浇水，长出新株后可多些；生长期保持湿润；冬季减少浇水，保持稍干燥。

☀光照：全日照。

🛒施肥：较喜肥。生长期每半月施肥 1 次。

养护难度：★★★

丽钟角属

丽钟角属（*Tavaresia*）有 5 种。

原产地：非洲南部地区。

形态特征：矮性丛生状，茎有 6~12 棱，肉质柔软，棱缘整齐排列着齿状突起，先端有 3 根棘刺。花着生于茎基，漏斗状。

习性与养护：喜温暖、干燥和阳光充足环境。不耐寒，耐干旱和半阴，不耐水湿。宜肥沃、疏松和排水良好的沙壤土。

繁殖：春季播种，发芽适温 18~21℃；也可春夏季取茎段扦插或嫁接。

盆栽摆放：用于点缀窗台、书桌或几架，碧绿嫩茎，十分耐观。

◀丽钟角
(*Tavaresia barklyi*)

又名丽钟阁，原产南非，多年生肉质草本。株高 15~20 厘米，株幅不限定。无叶，茎圆柱状，肉质，深绿色，具棱 10~14 条，棱上密生白色刺状硬毛，呈八字状。花大，钟状，花筒长 9~14 厘米，直径 4~5 厘米，黄绿色，具红褐色斑纹。花期夏季。

💧浇水：耐干旱。

☀光照：喜明亮光照，也耐半阴。

🛒施肥：较喜肥。

养护难度：★★★★

木棉科

木棉科 (Bombacaceae) 有 27 属，以乔木或灌木为主，是热带植物的代表科。花通常大而美丽。本科中的木棉属 (Bombax) 较为著名，其中椭叶木棉就是一种新颖并受热捧的多肉植物。

木棉属

木棉属 (Bombax) 有 8 种。以落叶的大树为主。

原产地：非洲、亚洲和澳大利亚湿潮的热带森林中。

形态特征：叶对生，掌状，3~7 深裂，具小叶柄。花单生，5 瓣。花期春季。

习性与养护：喜高温、干燥和阳光充足环境。不耐寒，冬季温度不低于 13℃。春、夏季充分浇水，每月施肥 1 次，落叶后保持盆土干燥。

繁殖：春季播种，发芽温度 21~25℃；或夏季取半成熟枝扦插繁殖。

◀椭叶木棉
(Bombax ellipticum)

又名足球树，原产墨西哥，植株茎基膨大呈球形，具绿色条纹，宛如足球。株高 1~1.5 米，株幅 20~30 厘米。茎干表面有很多瘤块，瘤块上可以看到年轮，生长期从瘤块中心抽出短枝，着生椭圆形叶片，叶长 8~15 厘米，冬季休眠落叶。花单生,5 瓣,紫色。花期春季。

💧浇水：耐干旱。春、夏季充分浇水，落叶后保持干燥。

☀光照：全日照。

🎒施肥：较喜肥。生长期每月施肥1次。

养护难度：★★★

凤梨科

凤梨科（Bromeliaceae）为单子叶植物，种类繁多，以观叶植物居多，多肉植物很少，仅有雀舌兰属（Dyckia）中的几个代表种，如短叶雀舌兰等。

雀舌兰属

雀舌兰属（Dyckia）有 100 种以上，但作为多肉植物收集的仅有几种，多数用于观叶欣赏。

原产地：美洲南部的沿海岸和海拔 2000 米的岩石地区。

形态特征：叶片密集，线状或披针状，呈莲座状，肥厚坚硬，叶缘具小锯状刺。穗状花序，花茎高，开硫黄色或橙色小花，易结实。

习性与养护：喜温暖、湿润和阳光充足环境。不耐寒，耐干旱，忌水湿。宜肥沃、疏松的沙壤土。

繁殖：早春播种，发芽适温 27℃；也可于春末或初夏分株。

短叶雀舌兰▶
(Dyckia brevifolia)

又名剑山缟，原产巴西、阿根廷，多年生肉质草本。株高 15~20 厘米，株幅 15~20 厘米。叶片基生，淡灰绿，叶背淡绿，叶缘有皮刺。总状花序，长 30~40 厘米，花筒状，橙黄色。花期春末。

💧 浇水：耐干旱。

☀ 光照：全日照。

🎒 施肥：较喜肥。

养护难度：★★★

◀道森雀舌兰
(Dyckia dawsonii)

又名锯状雀舌兰，原产巴西，多年生肉质草本。株高 15~20 厘米，株幅 20~25 厘米。叶缘具皮刺，灰褐色。花序直立，小花浅橙色。花期春末。

浇水、光照、施肥同短叶雀舌兰。

养护难度：★★★

银叶雀舌兰▶
(Dyckia montana)

原产巴西，多年生肉质草本。株高 15~20 厘米，株幅 20~30 厘米。叶片基生呈莲座状，短剑形，肉质坚硬，银紫色，叶缘具银色皮刺。花序直立，小花深棕色。花期春末。

浇水、光照、施肥同短叶雀舌兰。

养护难度：★★★

鸭跖草科

鸭跖草科 (Commelinaceae) 有 38 属近 700 种, 其中在庭园及室内可作观赏的植物中, 仅水竹草属 (Tradescantia) 就有几种重要的多肉植物。

水竹草属

水竹草属 (*Tradescantia*) 约有 65 种, 又称紫露草属。多为常绿多年生草本植物。

原产地：美洲北部、中部和南部的林地、灌丛或湿地。

习性与养护：喜温暖、湿润和阳光充足环境。大多数种类不耐寒, 冬季温度不应低于 10℃。生长期需充足浇水, 每 4 周施肥 1 次。

繁殖：春、秋季分株繁殖, 全年均能扦插繁殖。

重扇▶
(Tradescantia navicularis)

又名叠叶草, 原产墨西哥东北部, 多年生肉质植物。株高 10 厘米, 株幅 30 厘米。茎短而密集, 呈匍匐性生长。叶片三角形, 二侧互生呈折叠状, 淡褐紫色, 长 2.5 厘米。花紫红色, 花径 1.5~2 厘米, 花期夏至秋季。

💧浇水：较喜水。生长期盆土保持湿润, 冬季盆土稍干。

☀光照：全日照。夏季稍加遮阴。

🪣施肥：较喜肥。生长期每月施肥 1 次, 但量不宜多。

养护难度：★★★

◀白雪姬
(Tradescantia sillamontana)

又名白娟草、雪绢, 原产墨西哥北部, 多年生蔓性草本。株高 30 厘米, 株幅 45 厘米。茎开始直立, 后伸展, 具丝状毛。叶片卵圆形, 肉质, 灰绿色, 被白色丝状毛, 长 4~6 厘米。聚伞花序, 花顶生, 粉红色。花期夏季。

💧浇水：耐干旱。生长期盆土保持湿润, 浇水时切忌淋到叶片上; 冬季减少浇水, 保持稍干燥。

☀光照：半阴。

🪣施肥：较喜肥。生长期每月施肥 1 次。

养护难度：★★★★

菊科

菊科 (Compositae) 约有 1000 属 30000 种，广布于全球，为种子植物中最大的一科。一年生或多年生草本，很少为乔木，有时为藤本，有些种类有乳汁。我国有 200 余属，2000 余种，但多肉植物仅占一部分，常见栽培的有厚敦菊属 (Othonna) 和千里光属 (Senecio)，它们主要分布在非洲。多年生草本或矮灌木，具肉质茎或肉质叶，叶和少数种类的茎被白粉。头状花序。

厚敦菊属

厚敦菊属 (Othonna) 植物约有 150 种。有常绿和落叶的灌木、小灌木以及多肉植物。

原产地：突尼斯、安哥拉、纳米比亚和南非的干燥丘陵地区。

形态特征：草本或小灌木状，有的具块根，叶棒状、线状或扇形，簇生或交互对生，全缘或具浅裂。头状花序，花黄色或白色。

习性与养护：喜温暖和明亮光照的环境。不耐寒，冬季温度不低于 10℃，生长适温为 18~24℃。生长季节适度浇水，冬季保持稍湿润。夏、秋季施肥 3~4 次。

繁殖：春季播种，发芽适温 18~21℃；或初夏剪取嫩枝扦插，夏末取基部半成熟枝扦插。

◀棒叶厚敦菊
(Othonna clavifolia)

又名非洲千里光，原产安哥拉、南非、纳米比亚，灌木状多肉植物。株高 20~40 厘米，株幅 15~25 厘米。茎肉质，呈低矮不规则分枝状，表皮灰绿色，茎粗 1~2 厘米。茎部有多处圆疣状生长点，每个生长点上生有棍棒状肉质叶，灰绿色，长 3~4 厘米。顶生头状花序，花雏菊状，柠檬黄色。花期夏季。

💧 浇水：耐干旱。生长期适度浇水，冬季保持稍湿润。

☀ 光照：全日照。

🌱 施肥：较喜肥。夏、秋季施肥 3~4 次。

养护难度：★★★★

千里光属

千里光属(*Senecio*)有1000余种。有一二年草本、多年生草本、藤本、灌木和小乔木等。

原产地：南非、非洲北部、印度中部和墨西哥。

形态特征：直立或匍匐的草本，大多数种类株高不足30厘米，茎多少有些肉质。叶形状很多，大多肉质。头状花序，花色以黄色、白色、红色、紫色多见。

习性与养护：喜温暖、干燥和阳光充足环境。不耐寒，耐半阴和干旱，忌水湿和高温。宜肥沃、疏松和排水良好的沙壤土。大多数种类夏季休眠。

繁殖：春季播种，发芽温度19~24℃；或初夏取软枝扦插或分株，夏末用半成熟枝扦插。

七宝树▶
(Senecio articulatus)

又名仙人笔。株高60厘米，株幅不限定。茎圆筒形，直立，分枝，灰绿色，表皮有深色纵向花纹。叶片卵圆形，3~5裂，肉质，蓝绿色，具粉红或乳白色斑纹，长5厘米。头状花，黄色，花径1厘米。花期春季至秋季。

💧 浇水：耐干旱。刚栽苗株不需多浇水；生长期每周浇水1次；夏季每2周浇水1次，保持稍干燥。

☀️ 光照：全日照。

🪴 施肥：较喜肥。生长期施肥3~4次。

养护难度：★★★

◀紫章
(Senecio crassissimus)

又名紫龙、鱼尾冠、鱼尾菊，原产马达加斯加，多年生肉质植物。株高50~80厘米，株幅30厘米。茎丛生，绿色。叶片倒卵形，肉质，青绿色，叶缘紫色，稍被白粉，长5~10厘米。头状花序，花小，红色。花期春季。

💧 浇水：耐干旱。刚栽苗株不需多浇水；生长期每周浇水1次；夏季每2周浇水1次，保持稍干燥。

☀️ 光照：全日照。

🪴 施肥：较喜肥。生长期施肥3~4次。

养护难度：★★★

◀大弦月城
(Senecio herreianus)

又名亥利仙年菊，原产非洲南部，多年生肉质草本。株高 8~10 厘米，株幅 15~30 厘米。茎蔓状匍匐，下垂。叶片卵圆形，肉质，绿色，长 1.5 厘米，叶表有多条透明纵线。头状花序，花灰白色。花期春季。

💧 浇水：耐干旱。刚栽苗株不需多浇水；生长期每周浇水 1 次；夏季每 2 周浇水 1 次，保持稍干燥。

☀ 光照：全日照。

🛒 施肥：较喜肥。生长期施肥 3~4 次。

养护难度：★★★

天龙▶
(Senecio kleinia)

为铁锡杖的变种，原产南非，肉质灌木。株高 20~30 厘米，株幅 20~30 厘米。茎细长，直立，呈 4 棱状，棱上具齿状突起，深蓝绿色。叶片灰绿色，长 8~12 厘米，后变成棘刺。头状花序，花红色或橙红色，长 4 厘米，花柄长。花期夏季。也用 *S.stapeliiformis var. minor* 的学名。

💧 浇水：耐干旱。刚栽苗株不需多浇水；生长期每周浇水 1 次；夏季半休眠每 2 周浇水 1 次，保持稍干燥。

☀ 光照：半阴。

🛒 施肥：较喜肥。生长期施肥 3~4 次。

养护难度：★★★

◀地龙
(Senecio pendulus)

又名泥鳅掌、初鹰，原产也门、埃塞俄比亚，肉质灌木。株高 20~30 厘米，株幅 20~30 厘米。茎具节，圆筒形，两头略尖，长 20~30 厘米，粗 1.5~2 厘米，灰绿色，有青色纵向线纹。茎上宿存退化小叶，线形，灰绿色，易脱落。头状花序，花红色。花期夏季。

💧 浇水：耐干旱。刚栽苗株不需多浇水；生长期每周浇水 1 次；夏季每 2 周浇水 1 次，保持稍干燥。

☀ 光照：全日照。

🛒 施肥：较喜肥。生长期施肥 3~4 次。

养护难度：★★★

◀弦月
(Senecio radicans)

又名菱角掌，原产非洲南部，多年生肉质草本。株高 8~10 厘米，株幅 15~30 厘米。叶片圆筒形，肉质，弯曲如月，中绿色，长 2.5 厘米，每个球叶上有一条较深的条纹。头状花序，花白色。花期全年。

💧浇水：耐干旱。刚栽苗株不需多浇水；生长期每周浇水 1 次；夏季每 2 周浇水 1 次，保持稍干燥。

☀光照：全日照。

🛒施肥：较喜肥。生长期施肥 3~4 次。

养护难度：★★★

绿之铃▶
(Senecio rowleyanus)

又名念珠掌、翡翠珠，原产非洲西南部，多年生肉质草本。株高 60 厘米，株幅不定。叶片圆球形，肉质，中绿色，有一条半透明的纵线，直径 1 厘米。头状花序，花小，白色，长 1 厘米。花期夏季。

💧浇水：耐干旱。刚栽后不宜多浇水，生长期土壤稍湿润，夏季严格控水。

☀光照：半阴。夏季适当遮阴。

🛒施肥：较喜肥。生长期每月施肥 1 次。

养护难度：★★★

◀绿之铃锦
(Senecio rowleyanus 'Variegata')

为绿之铃的斑锦品种，多年生肉质草本。株高 60 厘米，株幅不定。茎细长，蔓状，黄绿色，匍匐下垂。叶片圆球形，肉质，中绿色，有一条半透明的纵线，部分叶呈白色或表面带粉红晕，直径 1 厘米。头状花序，花小，红色，长 1 厘米。花期夏季。

💧浇水：耐干旱。刚栽后不宜多浇水，生长期土壤稍湿润，夏季严格控水。

☀光照：半阴。夏季适当遮阴。

🛒施肥：较喜肥。生长期每月施肥 1 次。

养护难度：★★★★

◀普西莉菊
(Senecio saginata)

原产南非，肉质亚灌木。株高20厘米，株幅10厘米。茎柱形，节段状，肉质，灰绿色，间嵌深绿色条纹，强光下茎皮转深紫色。叶片披针形，肥厚，数枚生于茎端。花红色。花期夏季。

💧浇水：耐干旱。刚栽后不宜多浇水，生长期土壤稍湿润，夏季严格控水。

☀光照：全日照。夏季适当遮阴。

🛒施肥：较喜肥。生长期每月施肥1次。

养护难度：★★★

新月▶
(Senecio scaposus)

又名筒叶菊，原产南非，肉质亚灌木。株高10厘米，株幅10厘米。茎短，基生叶呈莲座状，细圆筒形，长7~9厘米。新叶银白色，被蜘蛛丝状柔毛，成熟叶绿色，光滑。头状花序，花小，黄色。花期夏季。

💧浇水：耐干旱。刚栽后不宜多浇水，生长期土壤稍湿润，夏季严格控水。

☀光照：全日照。夏季适当遮阴。

🛒施肥：较喜肥。生长期每月施肥1次。

养护难度：★★★

◀万宝
(Senecio serpens)

又名蓝松，原产南非，肉质亚灌木。株高30厘米，株幅30厘米。茎直立或半直立。叶半圆棒状形，顶端尖，浅蓝灰色，表面具多条线沟，长3厘米。头状花序，花小，浅黄白色，长1厘米。花期夏季。

💧浇水：耐干旱。刚栽后不宜多浇水，生长期土壤稍湿润，夏季严格控水。

☀光照：全日照。夏季适当遮阴。

🛒施肥：较喜肥。生长期每月施肥1次。

养护难度：★★★

景天科

景天科 (Crassulaceae) 约有 30 个属 1500 余种植物，多年生低矮灌木，有时为藤本，是多肉植物中一个重要的科。原产于温暖干燥地区。叶互生、对生或轮生，高度肉质化，其形状和色彩的变化，是观赏的重点。

天锦章属

天锦章属 (*Adromischus*) 约有 30 种。为无茎或短茎的多年生肉质植物。

原产地：非洲南部的半干旱地区。

形态特征：叶片肉质，厚实，簇生或旋生排列。穗状的聚伞花序，花小，管状。花期夏季。

习性与养护：喜温暖、干燥和阳光充足环境。不耐严寒，耐干旱和半阴，怕强光和水湿。宜肥沃、疏松和排水良好的沙壤土。

繁殖：春季播种，发芽温度 19~24℃；或夏季取茎或叶片扦插。

盆栽摆放：用于点缀窗台、博古架或隔断，美丽肉质的叶片，形似精致的"工艺品"，十分引人注目。

库珀天锦章▶
(Adromischus cooperi)

又名绣边圆瓶草、锦铃殿，原产南非，多年生肉质植物。株高 10 厘米，株幅 15 厘米。叶片披针形，肉质，具紫色斑点，末端波状，长 5 厘米。聚伞花序，花筒状，绿色或红色，长 1.5 厘米。花期夏季。

💧浇水：耐干旱。生长期可充分浇水；夏季减少浇水，适当喷雾；冬季盆土保持稍干燥。

☀光照：喜明亮光照，也耐半阴。

🌼施肥：较喜肥。生长期每月施肥 1 次。

养护难度：★★★

◀银之卵
(Adromischus alveolatus)

原产南非，多年生肉质植物，植株有块根。株高 6~10 厘米，株幅 8~12 厘米。叶片肉质，纺锤形，呈放射状生长，表皮灰绿色至黄绿色，皮色随季节而变化，表面覆盖白色细绒毛。花钟形，绿色。花期夏季。是多肉植物中的精品。

💧浇水：耐干旱。生长期可充分浇水；夏季减少浇水，适当喷雾；冬季盆土保持稍干燥。

☀光照：喜明亮光照，也耐半阴。

🌼施肥：较喜肥。生长期每月施肥 1 次。

养护难度：★★★★

◀天章
(Adromischus cristatus)

原产南非，多年生肉质植物。株高 10 厘米，株幅不定。茎半直立，具许多气生根。叶对生，椭圆形至扇形，肉质，上缘波状，表面灰绿色，密被细白毛，无斑点，长 4 厘米。聚伞花序，花筒状，淡绿红色，长 1.5 厘米。花期夏季。

💧 浇水：耐干旱。生长期可充分浇水；夏季减少浇水，适当喷雾；冬季盆土保持稍干燥。

☀ 光照：喜明亮光照，也耐半阴。

🏺 施肥：较喜肥。生长期每月施肥 1 次。

养护难度：★★★

翠绿石▶
(Adromischus herrei)

又名太平乐，原产南非，多年生肉质植物。株高 7~10 厘米，株幅 8~12 厘米。叶片肉质，纺锤形，呈放射状生长，表面橄榄绿色，非常粗糙，表皮密布小疣突，形似苦瓜，有光泽。花钟形，绿色。花期夏季。是多肉植物中的精品。

💧 浇水：耐干旱。生长期可充分浇水；夏季减少浇水，适当喷雾；冬季盆土保持稍干燥。

☀ 光照：喜明亮光照，也耐半阴。

🏺 施肥：较喜肥。生长期每月施肥 1 次。

养护难度：★★★★

◀御所锦
(Adromischus maculatus)

又名褐斑天锦章，原产南非，多年生肉质植物。株高 5~10 厘米，株幅 12 厘米。叶互生，圆形或倒卵形，表面绿色，密布褐红色斑点，叶缘较薄。聚伞花序，花筒状，白色，先端红色。花期夏季。

💧 浇水：耐干旱。生长期盆土保持稍湿润。

☀ 光照：全日照。

🏺 施肥：较喜肥。生长期每月施肥 1 次。

养护难度：★★★

莲花掌属

莲花掌属(*Aeonium*)约有 30 种。为常绿多年生肉质植物,少数为二年生。

原产地:加那利群岛、非洲、北美和地中海地区。

形态特征:叶片肉质,在茎的顶端排列成莲座状。顶生聚伞花序、圆锥花序或总状花序,花星状,花径 8~15 毫米。有些种类开花结实后植株死亡。花期春季至夏季。

习性与养护:喜温暖、干燥和阳光充足环境。不耐寒,耐干旱和半阴,怕高温和多湿,忌强光。宜肥沃、疏松和排水良好的沙壤土。生长期适度浇水,必须待土壤干燥后再浇水。

繁殖:春季播种,发芽温度 19~24℃;或于初夏取莲座状体扦插。

盆栽摆放:摆放在客厅茶几、窗台或镜前。

黑法师▶
(*Aeonium arboreum* var. *atropurpureum*)

原产摩洛哥,直立的肉质亚灌木。株高 1~2 米,株幅 1~2 米。茎圆筒形,浅褐色,呈不规则分枝。叶倒卵形,紫黑色,叶缘细齿状,在光照不足时,中心叶呈深绿色,长 6~7 厘米,排列紧密成莲座状,直径可达 12~15 厘米。圆锥花序,长 15 厘米,花黄色。花期春末。

💧浇水:耐干旱。生长期保持盆土有潮气,不需多浇水;夏、冬季浇水不宜多,保持稍干燥。

☀光照:喜明亮光照,也耐半阴。

🏠施肥:较喜肥。生长期每月施肥 1 次。

养护难度:★★★

◀清盛锦
(*Aeonium decorum* f. *variegata*)

又名夕映、花叶雅宴曲,多年生肉质植物。株高 10~15 厘米,株幅 10~15 厘米。叶片倒卵圆形,呈莲座状排列,新叶杏黄色,后转为黄绿至绿色,叶缘红色。总状花序,生于莲座叶丛中心,花白色。花期初夏。

💧浇水:耐干旱。生长期保持盆土有潮气,不需多浇水;夏、冬季浇水不宜多,保持稍干燥。

☀光照:喜明亮光照,也耐半阴。

🏠施肥:较喜肥。生长期每月施肥 1 次。

养护难度:★★★

◀红缘莲花掌
(Aeonium haworthii)

又名红缘长生草，原产加那利群岛，肉质亚灌木。茎圆筒形，有分枝。叶片匙形组成莲座状，宽 6~15 厘米，淡蓝绿色，边缘红色，锯齿状，长 8 厘米。圆锥花序，长 10~15 厘米，花淡黄色至淡粉白色。花期春季。

💧浇水：耐干旱。生长期保持盆土有潮气，不需多浇水；夏、冬季浇水不宜多，保持稍干燥。

☀️光照：喜明亮光照，也耐半阴。

🛒施肥：较喜肥。生长期每月施肥 1 次。

养护难度：★★★

王妃君美丽▶
(Aeonium holochrysum 'Compact')

为君美丽的栽培品种。株高 15~25 厘米，株幅 20~30 厘米。茎圆筒形，青绿色。叶小，匙形，排列成莲座状，绿色，中间有一纵向红线，长 3~5 厘米。圆锥花序，花黄色。花期春季。

💧浇水：耐干旱。生长期保持盆土有潮气，不需多浇水；夏、冬季浇水不宜多，保持稍干燥。

☀️光照：喜明亮光照，也耐半阴。

🛒施肥：较喜肥。生长期每月施肥 1 次。

养护难度：★★★

◀毛叶莲花掌
(Aeonium simsii)

原产加那利群岛，常绿亚灌木。株高 40~50 厘米，株幅 30~40 厘米。叶片匙形，肉质，呈莲座状，浅绿色，叶缘浅红有白毛。圆锥花序顶生，花金黄色。花期夏季。

💧浇水：耐干旱。生长期盆土保持湿润，但浇水不宜多，切忌积水和雨淋。

☀️光照：全日照。

🛒施肥：较喜肥。生长旺盛期每月施肥 1 次。

养护难度：★★★

◀花叶寒月夜
(Aeonium subplanum 'Variegata')

为莲花掌的斑锦品种,多年生常绿草本。株高20厘米,株幅20~25厘米。叶片舌状,肉质,呈莲座状,叶盘直径15~20厘米,新叶绿色,叶缘两侧黄白色,成熟叶先端和叶缘有红晕,叶缘有细锯齿。圆锥花序,长10~12厘米,花淡黄色。花期春季。

💧浇水:耐干旱。生长期保持盆土有潮气,不需多浇水;夏、冬季浇水不宜多,保持稍干燥。

☀光照:喜明亮光照,也耐半阴。

🏺施肥:较喜肥。生长期每月施肥1次。

养护难度:★★★

◀诱芳乐
(Aeonium undulatum)

多年生常绿草本。株高15~20厘米,株幅15~20厘米。叶片舌状,肉质,呈螺旋状排列,叶盘直径15~20厘米,新叶绿色,叶端有紫红色斑痕,叶缘有刚毛状细刺。花黄色。花期春季。

💧浇水:耐干旱。生长期保持盆土有潮气,不需多浇水;夏、冬季浇水不宜多,保持稍干燥。

☀光照:喜明亮光照,也耐半阴。

🏺施肥:较喜肥。生长期每月施肥1次。

养护难度:★★★

银波锦属

银波锦属（*Cotyledon*）有 9 种。常呈群生状，多年生肉质草本和常绿亚灌木。常作为观叶和观花植物栽培。

原产地：非洲东部、南部的沙漠或阴地和阿拉伯半岛。

形态特征：叶肉质丛生或交互对生，大多数种类被白粉。顶生圆锥花序，花管状或钟状，通常下垂，有红色、黄色或橙色。花期夏末。

习性与养护：喜温暖、干燥和阳光充足环境。不耐寒，夏季需凉爽。耐干旱，怕水湿和强光暴晒。宜肥沃、疏松和排水良好的沙壤土。

繁殖：春季播种，发芽温度 19~24℃；或取顶茎扦插繁殖。

盆栽摆放：用于点缀窗台、书桌或儿童室，显得翠绿可爱，新奇别致，使整个居室环境充满亲切感。

福娘▶
(Cotyledon orbiculata var. dinteri)

又名丁氏轮回，原产安哥拉、纳米比亚和南非，肉质灌木。株高 60~100 厘米，株幅 50 厘米。茎圆筒形，灰绿色。叶片扁棒状，对生，肉质，灰绿色，表面被白粉，叶尖和边缘紫红色，长 4~4.5 厘米，宽 2 厘米。花管状，红色或淡黄红色，长 1.5~2 厘米。花期夏末至秋季。

💧浇水：耐干旱。春、秋季生长期盆土保持湿润，夏季休眠期减少浇水。

☀光照：全日照。生长期需充足阳光，夏季强光需遮阴。

🛒施肥：较喜肥。生长期每月施肥 1 次。

养护难度：★★★

◀熊童子
(Cotyledon tomentosa)

原产南非，多年生肉质草本。株高 30 厘米，株幅 12 厘米。叶厚，倒卵球形，灰绿色，长 5 厘米，密生细短白毛，顶端叶缘具缺刻。圆锥花序，长 20 厘米，花筒状，下垂，红色，长 1.5 厘米，具长而下弯的浅裂。花期夏末至秋季。

💧浇水：耐干旱。生长期保持盆土稍湿润，不需多浇水；夏季向周围喷雾；冬季保持干燥。

☀光照：喜明亮光照，也耐半阴。

🛒施肥：较喜肥。生长期每月施肥 1 次。

养护难度：★★★

◀熊童子锦
(Cotyledon tomentosa f. vaviegata)

为熊童子的斑锦品种，多年生肉质植物，基部木质化，茎圆柱形。株高 15~30 厘米，株幅 12~15 厘米。叶厚，倒卵球形，灰绿色，镶嵌黄色斑块，长 4~5 厘米，密生细短白毛，顶端叶缘具缺刻。圆锥花序，长 20 厘米，花管状，红色，长 1.5 厘米。花期夏末至秋季。是多肉植物中的精品。

💧浇水：耐干旱。生长期保持盆土稍湿润，不需多浇水；夏季向周围喷雾；冬季保持干燥。

☀光照：喜明亮光照，也耐半阴。

🛒施肥：较喜肥。生长期每月施肥 1 次。

养护难度：★★★★

银波锦▶
(Cotyledon undulata)

原产安哥拉、纳米比亚、南非，常绿亚灌木。茎直立，粗壮。株高 50 厘米，株幅 50 厘米。叶卵形，绿色，密被白色蜡质，顶端扁平，波状。花筒状，橙色或淡红黄色。花期秋季。

💧浇水：耐干旱。生长期保持盆土稍湿润，不需多浇水；夏季向周围喷雾；冬季保持干燥。

☀光照：喜明亮光照，也耐半阴。

🛒施肥：较喜肥。生长期每月施肥 1 次。

养护难度：★★★

◀旭波之光
(Cotyledon undulata 'Hybrid')

为银波锦与其他种类的杂交品种，常绿亚灌木。茎直立，粗壮。株高 30 厘米，株幅 25 厘米。叶卵形，中央绿色，周边间杂纵向白色斑纹，披白粉。花筒状，橙色。花期秋季。

💧浇水：耐干旱。生长期保持盆土稍湿润，不需多浇水；夏季向周围喷雾；冬季保持干燥。

☀光照：喜明亮光照，也耐半阴。

🛒施肥：较喜肥。生长期每月施肥 1 次。

养护难度：★★★

青锁龙属

青锁龙属 (*Crassula*) 约有 150 种。包括一年生、多年生肉质植物，常绿肉质灌木和亚灌木。

原产地：非洲、马达加斯加、亚洲的干旱地区至湿地、高山至低地均有分布，但大多数分布在南非。

形态特征：通常叶片肉质，呈莲座状，但形状、大小和质地变化较大。花有筒状、星状或钟状。

习性与养护：喜温暖、干燥和半阴环境。不耐寒，冬季温度不低于 5℃。耐干旱，怕水积，忌强光。宜肥沃、疏松和排水良好的沙壤土。春季至秋季适度浇水，冬季控制浇水。生长期每月施肥 1 次。

繁殖：早春播种，发芽温度 15~18℃；或春夏季取茎或叶片扦插繁殖。

盆栽摆放：用于点缀窗台、书桌或茶几，青翠典雅，十分诱人。

筒叶花月 ▶
(Crassula argentea 'Gollum')

为花月的栽培品种，小型肉质灌木。株高 1~2 米，株幅 50~100 厘米。茎粗壮，圆柱形，灰褐色，易分枝。叶片圆筒形，簇生枝顶，长 2~5 厘米，粗 6~8 毫米，绿色，有光泽，叶缘有时具红晕。花星状，白色至淡粉色。花期秋季。夏型种。

💧浇水：耐干旱。生长期保持盆土稍湿润，不需多浇水；夏季适当喷雾降温；冬季盆土稍干燥。

☀光照：稍耐阴。

🛍施肥：较喜肥。生长期每月施肥 1 次。

养护难度：★★★

◀ 三色花月锦
(Crassula argentea 'Tricolor Jade')

为花月的斑锦品种，小型肉质灌木。株高 50~60 厘米，株幅 40~50 厘米。茎粗壮，圆柱形，灰褐色，易分枝。叶卵圆形，肉质，深绿色，嵌有红、黄、白三色叶斑。花星状，白色。花期秋季。

💧浇水：耐干旱。生长期保持盆土稍湿润，不需多浇水；夏季适当喷雾降温；冬季盆土稍干燥。

☀光照：稍耐阴。

🛍施肥：较喜肥。生长期每月施肥 1 次。

养护难度：★★★

◀月光
(Crassula barbata)

原产南非,多年生肉质草本。株高 2~3 厘米,株幅 5~8 厘米。叶片半圆形,呈十字形叠生,浅绿色,叶缘着生白色绵毛。花白色。花期春季。属多肉植物中的精品。

💧浇水:耐干旱。生长期保持盆土稍湿润,不需多浇水;夏季适当喷雾降温;冬季盆土稍干燥。

☀光照:稍耐阴。

🧺施肥:较喜肥。生长期每月施肥 1 次。

养护难度:★★★★

半球星乙女▶
(Crassula brevifolia)

原产南非,多年生肉质植物。株高 20~30 厘米,株幅 10~12 厘米。叶片卵圆状三角形,肉质,交互对生,叶面平展,背面似半球形,灰绿色,无叶柄,幼叶上下叠生。花小,筒状,白色或黄色。冬型种。

💧浇水:耐干旱。生长期保持盆土稍湿润,不需多浇水;夏季适当喷雾降温;冬季盆土稍干燥。

☀光照:稍耐阴。

🧺施肥:较喜肥。生长期每月施肥 1 次。

养护难度:★★★

◀绿珠玉
(Crassula 'Buddhas Temple')

为绿塔和神刀的杂交品种,多年生肉质植物。株高 10~12 厘米,株幅 4~6 厘米。叶片广三角形,内弯,交互对生,紧密排列如塔形,灰绿色,密被白色小绒毛。花小,白色,具香味。花期春季。

💧浇水:耐干旱。生长期保持盆土稍湿润,不需多浇水;夏季适当喷雾降温;冬季盆土稍干燥。

☀光照:稍耐阴。

🧺施肥:较喜肥。生长期每月施肥 1 次。

养护难度:★★★★

◀ 火祭
(Crassula capitella 'Campfire')

又名秋火莲，为头状青锁龙的栽培品种，多年生匍匐性肉质草本。株高 20 厘米，株幅 15 厘米。茎圆柱形，淡红色。叶片对生，卵圆形至线状披针形，排列紧密，灰绿色，夏季在冷凉、强光下，叶片转红色，长 3~7 厘米。花星状，白色。花期秋季。夏型种。

💧浇水：耐干旱。生长期保持盆土潮湿，不需多浇水；保持盆土潮湿；夏、冬季浇水不宜多，保持稍干燥。

☀光照：喜明亮光照，也耐半阴。

🍱施肥：较喜肥。生长期每月施肥 1 次。

养护难度：★★

神刀 ▶
(Crassula falcata)

又名尖刀，原产南非，多年生肉质草本。株高 80~100 厘米，株幅 50~75 厘米。叶片互生，镰刀状，肉质，灰绿色，长 10 厘米。聚伞花序，花橘红色。花期夏末。夏型种。

💧浇水：耐干旱。生长期保持盆土潮湿，不需多浇水；冬季保持盆土干燥。

☀光照：喜明亮光照，也耐半阴。夏季遮阴。

🍱施肥：较喜肥。生长期每月施肥 1 次。

养护难度：★★★

◀ 神刀锦
(Crassula falcate 'Variegata')

为神刀的斑锦品种，多年生肉质草本。株高 60~80 厘米，株幅 40~60 厘米。叶片互生，镰刀状，肉质，灰绿色，镶嵌黄白色斑纹，长 10 厘米。聚伞花序，花橘红色。花期夏末。夏型种，是多肉植物中的精品。

💧浇水：耐干旱。生长期保持盆土潮湿，不需多浇水；冬季保持盆土干燥。

☀光照：喜明亮光照，也耐半阴。夏季遮阴。

🍱施肥：较喜肥。生长期每月施肥 1 次。

养护难度：★★★★

◀巴
(Crassula hemisphaerica)

原产南非，具短茎的多年生肉质草本。株高5~15厘米，株幅18厘米。叶片半圆形，末端渐尖如桃形，灰绿色，交互对生，长1.5~2厘米，宽1.5~2.5厘米，上下叠接呈十字形排列，全缘，具白色纤毛。花管状，白色。冬型种。

💧浇水：耐干旱。生长期保持盆土潮湿，不需多浇水；冬季保持盆土干燥。

☀光照：喜明亮光照，也耐半阴。夏季遮阴。

🏺施肥：较喜肥。生长期每月施肥1次。

养护难度：★★★

青锁龙▶
(Crassula lycopodioides var. pseudolycopodioides)

又名鼠尾景天，原产南非，多年生肉质草本。株高10~30厘米，株幅20厘米。叶片鳞片状，小而紧密排成4列，三角状卵形，中绿色，具黄色、灰色或棕色晕。花小，着生叶腋部，筒状，淡黄绿色。花期春季。

💧浇水：耐干旱。生长期保持盆土潮湿，不需多浇水；冬季保持盆土干燥。

☀光照：喜明亮光照，也耐半阴。夏季遮阴。

🏺施肥：较喜肥。生长期每月施肥1次。

养护难度：★★

◀纪之川
(Crassula 'Moorglow')

为青锁龙属中神刀和稚儿姿的杂交品种，多年生肉质草本。株高10厘米，株幅2~4厘米。叶片三角形，交互对生，肉质，呈方塔形，灰绿色，被稠密绒毛。花筒状，淡黄或粉红色。冬型种。

💧浇水：耐干旱。生长期保持盆土潮湿，不需多浇水；夏季高温时浇水也不宜多。

☀光照：全日照。

🏺施肥：较喜肥。生长期每月施肥1次。

养护难度：★★★★

◀吕千绘
(Crassula 'Morgan Beauty')

为青锁龙属中神刀与都星的杂交品种，多年生肉质草本。株高 10~15 厘米，株幅 10~15 厘米。叶片圆形，肉质，灰绿色，紧密交互对生呈十字形，表面被白粉。花小筒状，红色。花期春季。

💧浇水：耐干旱。生长期保持盆土潮湿，不需多浇水；夏季高温时浇水也不宜多。

☀光照：全日照。

🛒施肥：较喜肥。生长期每月施肥 1 次。

养护难度：★★★★

星乙女▶
(Crassula perforata)

又名串线景天，原产南非，多年生肉质植物。株高 20~30 厘米，株幅 10~12 厘米。叶片卵圆状三角形，肉质，交互对生，浅绿色，叶缘具红色，无叶柄，幼叶上下叠生，成年植株叶间稍有空隙。花筒状，白色。冬型种。

💧浇水：耐干旱。生长期保持盆土有潮气，不需多浇水；夏季适当喷雾；冬季减少浇水，保持稍干燥。

☀光照：全日照。夏季强光时适当遮阴。

🛒施肥：较喜肥。生长期每月施肥 1 次。

养护难度：★★★

◀茜之塔
(Crassula tabularis)

原产南非，多年生肉质植物。株高 5~8 厘米，株幅 8~12 厘米。叶片无柄，对生，长三角形，叶密排成 4 列，整齐，由基部向上渐趋变小，堆砌呈塔形，深绿色，冬季阳光下呈橙红色。聚伞花序，长 30 厘米，花小，白色。花期秋季。

💧浇水：耐干旱。春、秋季生长期盆土保持湿润，夏季休眠期减少浇水。

☀光照：全日照。

🛒施肥：较喜肥。生长期每半月施肥 1 次。

养护难度：★★★

龙宫城▶
(Crassula tecta x Crassula deceptor)

为小夜衣和稚儿姿的杂交品种，多年生肉质草本。株高 10~12 厘米，株幅 6~8 厘米。叶片卵圆三角形，交互对生，呈十字排列，两侧边缘稍内卷，灰绿色，表面密生白色细小疣点。花筒状，粉红色。花期春季。

💧浇水：耐干旱。春、秋季生长期盆土保持湿润，夏季休眠期减少浇水。

☀光照：全日照。

🛒施肥：较喜肥。生长期每半月施肥 1 次。

养护难度：★★★★

◀苏珊乃
(Crassula susannae)

原产南非，多年生肉质植物。株高 10~15 厘米，株幅 8~12 厘米。叶片无柄，交互对生，淡绿色。叶片顶端似被刀切过一样，呈现平整的"V"字形，顶端被很细的白色小突起。聚伞花序，长 15~20 厘米，花小，白色。花期春季。

💧浇水：耐干旱。春、秋季生长期盆土保持湿润，夏季休眠期减少浇水。

☀光照：全日照。

🛒施肥：较喜肥。生长期每半月施肥 1 次。

养护难度：★★★★

◀玉椿
(Crassula teres)

原产南非，多年生肉质草本。株高 4~5 厘米，株幅 1~2 厘米。叶片圆头形或碗状，肉质，交互对生，上下层层紧密排列，看不到茎，形似肉质柱，灰绿色，边缘灰白色。花小，白色，有芳香。花期春季。冬型种。

💧浇水：耐干旱。春、秋季生长期盆土保持湿润，夏季休眠期减少浇水。

☀光照：全日照。

🛒施肥：较喜肥。生长期每半月施肥 1 次。

养护难度：★★★★

石莲花属

石莲花属（*Echeveria*）约有 150 种。常绿多年生肉质植物，偶有落叶亚灌木。

原产地：美国、墨西哥、中美和安第斯山地区。

形态特征：叶片肉质多彩，呈莲座状，叶面有毛或白粉。夏末秋初抽出总状花序、聚伞花序和圆锥花序。

习性与养护：喜温暖、干燥和阳光充足环境。不耐寒，冬季温度不低于 7℃。耐干旱和半阴，忌积水。宜肥沃、疏松和排水良好的沙壤土。生长期适度浇水，冬季保持干燥。生长期每月施肥 1 次。

繁殖：种子成熟即播种，发芽温度 16~19℃；或春末取茎或叶片扦插；或春季分株繁殖。

盆栽摆放：用于点缀窗台、书桌或案头，非常可爱有趣。也适用于瓶景、框景或作为插花装饰。

黑王子▶
(*Echeveria* 'Black Prince')

为石莲花的栽培品种，多年生肉质草本。株高 10~12 厘米，株幅 20~25 厘米。叶匙形，排列成莲座状，先端急尖，表皮紫黑色，在光线不足或生长旺盛时，中心叶片呈深绿色。聚伞花序，花小，紫色。花期夏季。

💧浇水：耐干旱。生长期适度浇水，冬季保持干燥。

☀光照：喜明亮光照，也耐半阴。夏季遮阴。

🏺施肥：较喜肥。生长期每月施肥 1 次。

养护难度：★★★

◀雪闪冠
(*Echeveria* 'Bombycina' f. *cristata*)

又名白闪冠，为锦司晃的缀化品种，植株冠状。株高 5~8 厘米，株幅 15~20 厘米。茎扁化呈鸡冠状。叶片倒卵形，肥厚，密集丛生，表皮中绿色，被浓厚白色绢毛，冬季叶尖红色。聚伞花序，花小，坛状，红色，顶部黄色，长 1 厘米。花期春末至夏季。

💧浇水：耐干旱。生长期适度浇水，冬季保持干燥。

☀光照：喜明亮光照，也耐半阴。夏季遮阴。

🏺施肥：较喜肥。生长期每月施肥 1 次。

养护难度：★★★★

◀吉娃莲
(Echeveria chihuahuaensis)

又名吉娃娃,多年生肉质草本。株高 4~5 厘米,
株幅 20~25 厘米。叶宽匙形,排列成莲座状,蓝
绿色,被白霜,先端急尖,叶缘和叶尖红色。聚
伞花序,长 25 厘米,花钟形,红色。花期春末至
夏季。

💧浇水:耐干旱。生长期适度浇水,冬季保持湿润。
☀️光照:喜明亮光照,也耐半阴。夏季遮阴。
🛒施肥:较喜肥。生长期每月施肥 1 次。
养护难度:★★★

玉蝶▶
(Echeveria glauca)

又名石莲花,原产墨西哥,多年生肉质草本。株
高 20~30 厘米,株幅 10~15 厘米。短茎,30~50
枚匙形叶片组成莲座状叶盘。叶片淡灰色,先
端有一小尖,被白粉。总状花序,长 20~30 厘米,
花小,外红内黄。花期春季。

💧浇水:耐干旱。生长期以干燥为好,冬季也需保持干燥。
☀️光照:喜明亮光照,也耐半阴。夏季遮阴。
🛒施肥:较喜肥。生长期每月施肥 1 次。
养护难度:★★★

◀银星
(Echeveria x graptoveria 'Silver Star')

为石莲花属与风车草属的属间杂交品种,多年
生肉质草本。株高 5~10 厘米,株幅 8~10 厘米。
叶片长卵形,肥厚,肉质,密集组成莲座状叶盘,
叶面灰绿色,有光泽,顶端尾尖呈红色。花期
春季。

💧浇水:耐干旱。生长期适度浇水,冬季保持湿润。
☀️光照:喜明亮光照,也耐半阴。夏季遮阴。
🛒施肥:较喜肥。生长期每月施肥 1 次。
养护难度:★★★

◀雪莲
(Echeveria laui)

多年生肉质草本。株高 5~8 厘米，株幅 10~15 厘米。叶片圆匙形，肥厚，长 2~3 厘米，宽 1~1.5 厘米，淡红色，布满白粉，呈莲座状排列。总状花序，长 20 厘米，花卵球形，淡红白色。花期初夏至秋季。

💧浇水：耐干旱。生长期适度浇水，冬季保持湿润。
☀光照：喜明亮光照，也耐半阴。夏季遮阴。
🛒施肥：较喜肥。生长期每月施肥 1 次。

养护难度：★★★★

女王花舞笠▶
(Echeveria 'Meridian')

又名扇贝石莲花，为石莲花的栽培品种，花包菜状。株高 20~30 厘米，株幅 30~50 厘米。叶片倒卵状菱形，排列成莲座状，淡绿色，长 30 厘米，宽 10~20 厘米，肥厚，叶缘波状，具红色或红褐色。聚伞花序，长 50~100 厘米，花卵球形，淡黄红色，长 1.5 厘米，外层黄色。花期初夏至冬季。

💧浇水：耐干旱。生长期每周浇水 1 次，切忌过湿，空气干燥时向盆器周围喷水，不要向叶面喷水。
☀光照：喜明亮光照，也耐半阴。
🛒施肥：较喜肥。生长期每月施肥 1 次。

养护难度：★★★★

◀铁石莲花
(Echeveria metallica)

多年生肉质草本。株高 6~10 厘米，株幅 15~25 厘米。叶片宽匙形，叶面凹陷，先端渐尖，排列成莲座状，淡紫红色，长 10~15 厘米，宽 2~3 厘米，肥厚，全缘。聚伞花序，花卵球形，红色带微蓝。花期初夏至冬季。

💧浇水：耐干旱。生长期适度浇水，冬季保持湿润。
☀光照：喜明亮光照，也耐半阴。夏季遮阴。
🛒施肥：较喜肥。生长期每月施肥 1 次。

养护难度：★★★

◀圆叶红司
(Echeveria nodulosa 'Rotundifolia')

为红司的栽培品种,多年生肉质草本。株高10~20厘米,株幅20~30厘米。叶片卵圆形,肥厚,长5厘米,灰绿白色,呈莲座状排列,叶背、叶缘和叶面均有红褐色的线条或斑纹。总状花序,长30厘米,花卵球形,淡红白色,内面黄色,长1.5厘米。花期初夏至秋季。

💧浇水:耐干旱。生长期以干燥为好,冬季也需保持干燥。

☀光照:喜明亮光照,也耐半阴。夏季遮阴。

🛒施肥:较喜肥。生长期每月施肥1次。

养护难度:★★★★

花月夜▶
(Echeveria pulidonis)

又名红边石莲花,多年生肉质草本,植株群生。株高10~15厘米,株幅15~20厘米。叶匙形,肉质,呈莲座状,叶面浅绿色,被白粉,全缘,椭圆顶,小尖,红色,叶缘有红细边。花小,黄色。花期春季至初夏。

💧浇水:耐干旱。生长期适度浇水,冬季保持湿润。

☀光照:喜明亮阳光,也耐半阴。夏季遮阴。

🛒施肥:较喜肥。生长期每月施肥1次。

养护难度:★★★

◀绒毛掌
(Echeveria pulvinata)

又名锦晃星,原产墨西哥,多年生灌木状草本。株高30厘米,株幅50厘米。松散的莲座状,全株被满棕色绒毛。叶倒卵状匙形,肥厚,中绿色,具白毛,秋季叶缘转红色,长2.5~6厘米。圆锥花序,长20~30厘米,花卵球形至坛状,黄色,中肋红色或黄红色,长2厘米。花期初夏至秋季。

💧浇水:耐干旱。生长期适度浇水,冬季保持湿润。

☀光照:喜明亮光照,也耐半阴。夏季遮阴。

🛒施肥:较喜肥。生长期每月施肥1次。

养护难度:★★★

◀ 大和锦
(*Echeveria purpusorum*)

原产墨西哥，多年生肉质草本。株高 5~10 厘米，株幅 10~15 厘米。叶互生，三角状卵形，全缘，先端急尖，呈莲座状，叶面灰绿色，有红褐色斑点。总状花序，长 30 厘米，花小，红色，上部黄色。花期春季至初夏。

💧浇水：耐干旱。生长期以干燥为好，冬季也要保持盆土干燥。

☀光照：喜明亮光照，也耐半阴。

🏺施肥：较喜肥。生长期每月施肥 1 次。

养护难度：★★★

◀ 特玉莲
(*Echeveria runyonii* 'Topsy Turvy')

又名特叶玉蝶，为鲁氏石莲花的栽培品种。株高 5~10 厘米，株幅 10~12 厘米。叶片匙形，长 5~7 厘米，叶缘向下反卷，似船形，先端有一小尖，肉质，蓝绿色至灰白色，被白粉，排列呈莲座状。总状花序，花小，黄色。花期春季至初夏。

💧浇水：耐干旱。生长期适度浇水，冬季保持湿润。

☀光照：喜明亮光照，也耐半阴。夏季遮阴。

🏺施肥：较喜肥。生长期每月施肥 1 次。

养护难度：★★★

伽蓝菜属

伽蓝菜属(*Kalanchoe*)约有130种。包括一二年和多年生肉质灌木、藤本和小乔木。

原产地：亚洲、非洲中南部及马达加斯加、美洲热带的半沙漠或多荫地区以及阿拉伯、苏丹、也门、澳大利亚。

形态特征：茎肉质，叶轮生或交互对生，光滑或有毛，全缘或有缺刻。圆锥花序，花钟状、坛状或管状，4浅裂。

习性与养护：喜温暖、干燥和阳光充足环境。不耐寒，冬季温度不低于10℃。耐干旱，不耐水湿。宜肥沃、疏松和排水良好的沙壤土。生长季节适度浇水，冬季保持稍湿润。生长期每3~4周施肥1次。

繁殖：早春播种，发芽温度21℃；或于春季或夏季取茎部扦插繁殖。

盆栽摆放：置于窗台、案头或书桌，显得十分活泼、可爱。

极乐鸟▲
(*Kalanchoe beauverdii*)

又名卷叶落地生根，原产马达加斯加，攀援性肉质植物。株高1~1.5米，株幅50~80厘米。茎细长，叶细长，十字交叉对生，肉质，先端向下卷，并长有不定芽，落叶后即成苗。花紫色有斑点。花期夏季。

💧 浇水：耐干旱。生长期每周浇水1~2次，冬季每月浇水1~2次。

☀ 光照：喜明亮光照，也耐半阴。

🪴 施肥：较喜肥。生长期每月施肥1次。

养护难度：★★★

◀仙女之舞
(Kalanchoe beharensis)

又名贝哈伽蓝菜，原产马达加斯加，灌木状肉质植物。株高 1 米，株幅 1 米。叶片对生，广卵形至披针形，肉质，灰绿色至褐色，背面银灰色，叶面微凹，密被银色或金色细毛，边缘具稀锯齿。圆锥花序，花坛状，黄绿色，长 7 厘米。花期冬末。

💧浇水：耐干旱。生长期每周浇水 1~2 次，不能积水；冬季每月浇水 1~2 次。

☀️光照：喜明亮光照，也耐半阴。

🛒施肥：较喜肥。生长期每月施肥 1 次。

养护难度：★★★

大叶落地生根▶
(Kalanchoe daigremontiana)

又名墨西哥斗笠、花蝴蝶、不死鸟，多年生肉质草本。株高 1 米，株幅 30 厘米。叶片披针形，肉质，绿色，具淡红褐色斑点，长 15~20 厘米，边缘锯齿状，着生不定芽。聚伞状圆锥花序，花宽钟形，下垂，淡灰紫色，长 2 厘米。花期冬季。

💧浇水：耐干旱。生长期浇水稍多，保持盆土湿润，但不能积水；秋、冬季减少浇水。

☀️光照：全日照。

🛒施肥：较喜肥。生长期每月施肥 1 次。

养护难度：★★

◀玉吊钟锦
(Kalanchoe fedtschenkoi 'Variegata')

蝴蝶之舞的斑锦品种，多年生肉质草本。株高 50 厘米，株幅 50 厘米。叶片倒卵形至长圆形，肉质，蓝绿色，边缘乳白色，有齿，具不规则粉红和黄色斑纹。伞房状圆锥花序，花钟状，下垂，橙红色。花期夏季。

💧浇水：耐干旱。生长期每周浇水 1~2 次，不宜过湿；夏季向叶面喷雾；秋季每 2 周浇水 1 次。

☀️光照：喜明亮光照，也耐半阴。

🛒施肥：较喜肥。生长期每月施肥 1 次。

养护难度：★★

◀红提灯
(Kalanchoe manginii)

原产马达加斯加,多年生肉质植物。株高30厘米,株幅30厘米。茎有分枝,下垂。叶片倒卵形至卵圆匙形,中绿色,长3厘米。圆锥花序,花管状,鲜红色,长2~3厘米。花期春季。

💧浇水:耐干旱。生长期盆土保持稍湿润,浇水不宜多;夏季向叶面喷雾;冬季控制浇水。

☀光照:全日照。生长期放在阳光充足处。

🛒施肥:较喜肥。生长期每月施肥1次。

养护难度:★★★

江户紫▶
(Kalanchoe marmorata)

又名花叶川莲,原产苏丹、叙利亚、埃塞俄比亚、索马里,植株直立或匍匐生长。株高40厘米,株幅40厘米。叶片倒卵形,肉质,叶缘浅波状,叶面灰绿色,具有大的紫褐色斑点,长6~20厘米。聚伞状圆锥花序,花窄管状,直立,白色,也有粉红或黄晕。花期春季。

💧浇水:耐干旱。生长期浇水不宜多,盆土保持稍湿润;夏季向叶面喷雾;冬季控制浇水。

☀光照:全日照。生长期放在阳光充足处。

🛒施肥:较喜肥。生长期每月施肥1次。

养护难度:★★★

◀扇雀
(Kalanchoe rhombopilosa)

又名姬宫,原产马达加斯加,植株小型。株高3~5厘米,株幅2~3厘米。叶片基部楔形,上部三角状扇形,顶端叶缘浅波状,叶面灰绿色,具紫色斑点。圆锥花序,花小,筒状,黄绿色,中肋红色。花期春季。

💧浇水:耐干旱。生长期盆土保持稍湿润,浇水不宜多;夏季向叶面喷雾;冬季控制浇水。

☀光照:全日照。生长期放在阳光充足处。

🛒施肥:较喜肥。生长期每月施肥1次。

养护难度:★★★★

◀趣蝶莲
(Kalanchoe synsepala)

又名双飞蝴蝶、趣情莲，原产马达加斯加，垂吊性多肉质植物。株高 15~40 厘米，株幅 20~30 厘米。叶片大，通常 4~6 枚，宽卵形，肉质，光滑，淡绿色，叶缘锯齿状，紫色，叶腋间长出走茎，茎末生有小苗。花白色或淡粉红色。花期春季。

💧浇水：耐干旱。生长期浇水不宜多，可向叶面多喷水；盛夏和冬季需严格控制浇水，避免过湿。

☀光照：喜明亮光照，也耐半阴。

🛒施肥：较喜肥。生长期每月施肥 1 次。

养护难度：★★★★

唐印▶
(Kalanchoe thyrsiflora)

又名牛舌洋吊钟，原产南非，是具白霜的多年生肉质植物。株高 60 厘米，株幅 30 厘米。叶片卵形至披针形，浅绿色，具白霜，边缘红色，长 10~15 厘米。聚伞状圆锥花序，直立至展开，花管状至坛状，黄色，长 1~2 厘米。花期春季。

💧浇水：耐干旱。生长期浇水不宜多，可向叶面喷水；盛夏和冬季需严格控制浇水，避免过湿。

☀光照：喜明亮光照，也耐半阴。

🛒施肥：较喜肥。生长期每月施肥 1 次。

养护难度：★★★

◀月兔耳
(Kalanchoe tomemtosa)

又名褐斑伽蓝菜，原产马达加斯加，多年生肉质草本。株高 1 米，株幅 20 厘米。叶片长圆形，肥厚，灰色，长 2~9 厘米，密被银色绒毛，叶上缘锯齿状，缺刻处有淡红褐色斑。聚伞状圆锥花序，花钟状，黄绿色，长 1.5 厘米，具红色腺毛。花期早春。

💧浇水：耐干旱。生长期不需多浇水，保持盆土稍干燥；夏季向周围喷雾；冬季保持干燥。

☀光照：全日照。

🛒施肥：较喜肥。生长期每月施肥 1 次。

养护难度：★★★

瓦松属

瓦松属(*Orostachys*)约有 10 种。多为小型多肉植物。

原产地：俄罗斯、中国、朝鲜、韩国和日本的低地至山区的岩石地区。

形态特征：叶片肉质，排列成紧密的莲座状。圆锥花序或总状花序，花星状，具短柄。花期夏季或秋季。

习性与养护：喜温暖、干燥和阳光充足环境。不耐寒，冬季温度不低于 5℃。耐半阴和干旱，怕水湿和强光。宜肥沃、疏松和排水良好的沙壤土。春季至秋季充足浇水，冬季保持干燥。生长期每 4 周施肥 1 次。

繁殖：春季播种，发芽温度 13~18℃；或分株繁殖。

盆栽摆放：摆放于门庭、客厅或书桌，小巧秀气，十分可爱。

子持年华▲
(*Orostachys furusei*)

又名千手观音、白蔓莲，原产东南亚，植株小巧秀气。株高 5 厘米，株幅 10~15 厘米。茎纤细，褐色，多分枝。叶片圆形或卵圆形，肉质，排列成莲座状，表面灰蓝绿色，被白粉，叶腋生走茎，长出子株。总状花序，花星状，白色。花期夏、秋季。

💧 浇水：耐干旱。春季至秋季适度浇水，冬季保持干燥。

☀ 光照：喜明亮光照，也耐半阴。

🛒 施肥：较喜肥。生长期每 4 周施肥 1 次。

养护难度：★★★

◀凤凰
(Orostachys iwarenge
f. luteomedius)

为岩莲华的斑叶品种，小型多肉植物。株高3~4厘米，株幅8~10厘米。叶片匙形，肉质，排列成莲座状叶盘，钝头，全缘，淡蓝绿色，叶间镶嵌淡黄色宽条斑。总状花序，花小，白色。花期夏、秋季。

💧浇水：耐干旱。春季至秋季适度浇水，冬季保持干燥。

☀光照：喜明亮光照，也耐半阴。

🏺施肥：较喜肥。生长期每4周施肥1次。

养护难度：★★★

◀富士
(Orostachys iwarenge f.
variegata 'Fuji')

为岩莲华的斑叶品种，小型多肉植物。株高3~4厘米，株幅8~10厘米。叶片匙形，肉质，排列成莲座状叶盘，钝头，全缘，淡蓝绿色，叶两侧乳白色。总状花序，花小，白色，花后母株死亡，但会旁生侧芽。花期夏、秋季。

💧浇水：耐干旱。春季至秋季适度浇水，冬季保持干燥。

☀光照：喜明亮光照，也耐半阴。

🏺施肥：较喜肥。生长期每4周施肥1次。

养护难度：★★★

厚叶草属

厚叶草属(*Pachyphytum*)有 12 种以上。为莲座状的多肉植物。

原产地：墨西哥的干旱地区。

形态特征：茎半直立，通常有分枝，成年植株呈匍匐状。叶互生，形状变化大，肉质、中绿、淡绿或灰绿色，被白霜。总状花序，昼开夜闭，花钟状。花期春季。

习性与养护：喜温暖和阳光充足环境。不耐寒，冬季温度不低于 7℃。怕强光暴晒，生长季节适度浇水，其余时间保持干燥。生长期每 6~8 周施低氮素肥 1 次。

繁殖：春季播种，发芽温度 19~24℃；或于春夏季取茎或叶片扦插繁殖。

千代田之松▶
(Pachyphytum compactum)

原产墨西哥，多年生肉质草本。株高 8~10 厘米，株幅 8~12 厘米。茎短，叶片长圆形至披针形，呈螺旋状向上排列，深绿色，被白霜，长 2~3 厘米，先端渐尖，边缘具圆角，有时具紫红色晕，似有棱。总状花序，花 3~10 朵，钟状，橙红色，顶端蓝色。花期春季。

💧浇水：耐干旱。生长期每周浇水 1 次；早春和秋季每月浇水 1 次；冬季停止浇水，保持盆土干燥。

☀光照：喜明亮光照，也耐半阴。

🛒施肥：较喜肥。生长期每 6~8 周施低氮素肥 1 次。

养护难度：★★★

◀厚叶草
(Pachyphytum oviferum)

原产墨西哥中部，植株群生。株高 10~12 厘米，株幅 30 厘米。具短茎，叶片倒卵球形，肉质，呈莲座状，淡绿色，被白霜，长 2~5 厘米。总状花序，有花 10~15 朵，橙红色或淡绿黄色，长 1.5 厘米。花期冬季至春季。

💧浇水：耐干旱。生长期每周浇水 1 次；早春和秋季每月浇水 1 次；冬季停止浇水，保持盆土干燥。

☀光照：喜明亮光照，也耐半阴。

🛒施肥：较喜肥。生长期每 6~8 周施低氮素肥 1 次。

养护难度：★★★

景天属

景天属（*Sedum*）约有 400 种。通常是一年生多肉植物，以及常绿、半常绿或落叶的二年生植物、多年生植物。

原产地：多数种类在北半球的山区，有些在南美洲的干旱地区。

形态特征：叶互生，有时排列成覆瓦状，变化比较大。顶生圆锥花序或伞房花序，花星形。花期夏季或秋季。

习性与养护：喜温暖和阳光充足的环境。植株的耐寒强度差异大，冬季温度有的不低于 5℃，有的可耐 –15℃ 低温。生长季节适度浇水，冬季保持稍湿润。生长期每月施肥 1 次。

繁殖：早春播种，发芽温度 15~18℃；或春季分枝繁殖，初夏取嫩枝扦插繁殖。

黄丽▶
(*Sedum adolphi*)

多年生肉质草本。株高 8~10 厘米，株幅 12~15 厘米。叶匙形，排列成莲座状，叶表黄绿色，末端有红晕。花小，红黄色。花期夏季。

💧浇水：耐干旱。刚栽后浇水不宜多，生长期盆土保持稍湿润，夏季稍干燥，冬季根据室温而定。

☀光照：全日照。

🌱施肥：耐贫瘠。生长期每月施肥 1 次。

养护难度：★★★

◀绿龟之卵
(*Sedum hernanderii*)

又名亨氏景天，原产日本，多年生肉质植物。株高 8~15 厘米，株幅 10~20 厘米。叶互生，长卵形，肉质，光滑，青绿色，叶长 1 厘米左右。花小，星状，黄色。花期夏季。

💧浇水：耐干旱。刚栽后浇水不宜多，生长期盆土保持稍湿润，夏季稍干燥，冬季根据室温而定。

☀光照：全日照。

🌱施肥：耐贫瘠。生长期每月施肥 1 次。

养护难度：★★★★

◀ 王玉珠帘
(Sedum morgnianum 'Hybrid')

玉珠帘的杂交品种。株高15~20厘米,株幅15~25厘米。叶片椭圆披针形,尖头,长2.5~4厘米,粗1厘米,光滑,青绿色,稍向内侧弯。聚伞花序,花星状,淡粉红色,花径1厘米。

💧浇水:耐干旱。生长期盆土保持稍湿润。

☀光照:全日照。

🛒施肥:耐贫瘠。全年施2~3次肥。

养护难度:★★★

小松绿 ▶
(Sedum multiceps)

原产阿尔及利亚,多年生肉质植物。株高8~10厘米,株幅8~10厘米。叶片线形,呈放射状生于茎顶,绿色至深绿色,长6~7毫米。聚伞花序,花小,黄色。花期春季。

💧浇水:耐干旱。生长期每周浇水1次,冬季每月浇水1次。

☀光照:全日照。

🛒施肥:较喜肥。生长期施肥3~4次。

养护难度:★★★★

◀ 乙女心
(Sedum pachyphyllum)

又名八千代、厚叶景天,原产墨西哥,灌木状肉质植物。株高30厘米,株幅20厘米。叶片簇生于茎顶,圆柱状,淡绿色或淡灰蓝色,叶先端具红色,叶长3~4厘米。花小,黄色。花期春季。

💧浇水:耐干旱。换盆后浇水不宜多,叶片增大时稍增加。

☀光照:全日照。

🛒施肥:较喜肥。秋季可施肥1~2次,需控制氮肥用量。

养护难度:★★★★

耳坠草 ▶
(Sedum rubrotinctum)

又名玉米石、虹之玉,原产墨西哥,常绿亚灌木。株高24厘米,株幅20厘米。叶片倒长卵圆形,中绿色,顶端淡红褐色,阳光下转红褐色。聚伞花序,花星状,淡黄色,花径1厘米。花期冬季。

💧浇水:耐干旱。生长期盆土保持稍湿润,冬季保持稍干。

☀光照:全日照。

🛒施肥:较喜肥。生长期每月施肥1次,控制氮肥用量。

养护难度:★★★

长生草属

长生草属(*Sempervivum*)约有 40 种。密集，丛生，常绿的多年生肉质植物。

原产地：欧洲和亚洲的山区。

形态特征：通常叶片厚，呈莲座状，有时叶面覆盖白毛。圆锥花序状的聚伞花序，顶生花星状，有白、黄、红、紫等色。花期夏季。

习性与养护：喜温暖、干燥和阳光充足环境。不耐严寒，冬季温度不低于 –5℃。耐干旱和半阴，忌水湿。宜肥沃、疏松和排水良好的沙壤土。生长期适度浇水，特别是被软毛的种类，土壤过湿或浇水不当，易引起腐烂。冬季宜在冷室中栽培。

繁殖：春季播种，发芽温度 13~18℃；或春季或初夏分株繁殖。

盆栽摆放：置于窗台、茶几或案头，美丽的莲座状叶片，清新秀丽，使居室散发出吉祥喜悦的氛围。

卷绢 ▲

(Sempervivum arachnoideum)

原产欧洲，多年生肉质植物。株高 8 厘米，株幅 30 厘米。倒卵形的肉质叶排列成莲座状，中绿至红色，长 1 厘米，叶尖顶端密被白毛，联结成蜘蛛网状。聚伞花序，花淡紫粉色，花径 2.5 厘米。花期夏季。

💧浇水：耐干旱。生长期盆土保持稍湿润。

☀️光照：喜明亮光照，也耐半阴。

🏺施肥：较喜肥。生长期每月施肥 1 次，控制好施肥量。

养护难度：★★★

◀红卷绢
(Sempervivum
arachnoideum 'Rubrum')

又名大赤卷绢、红蜘蛛网长生草，为卷绢的栽培品种。植株丛生状。株高8厘米，株幅30厘米。叶片倒卵形，肉质，呈莲座状，中绿色至红色，叶端生有白色短丝毛。聚伞花序，花淡粉红色。花期夏季。

💧浇水：耐干旱。生长期盆土保持稍湿润，冬季盆土稍干燥。
☀光照：半阴。
🏠施肥：较喜肥。生长期每月施肥1次，控制好施肥量。
养护难度：★★★

◀屋卷绢
(Sempervivum tectorum)

又名长生草、观音座莲、和平，原产欧洲南部的地中海地区，植株丛生状。株高15厘米，株幅50厘米。叶片倒卵形至窄长圆形，肉质肥厚，呈莲座状，蓝绿色，叶端紫红色，长4厘米。聚伞花序，花紫红色。花期夏季。

💧浇水：耐干旱。春、秋季生长期盆土保持湿润。
☀光照：全日照。夏季适当遮阴。
🏠施肥：较喜肥。生长期每月施肥1次，用量不宜多。
养护难度：★★

奇峰锦属

奇峰锦属（*Tylecodon*）由银波锦属分出。本属植物均为多肉植物中的精品，有一定收藏价值。

原产地：南非、纳米比亚。

形态特征：肉质落叶灌木。叶片较大或成细棍棒状，呈螺旋状排列。夏季有明显的休眠。

习性与养护：春、秋季适度浇水，夏季有明显的休眠现象，要控制浇水，高温时注意遮阴、通风，冬季保持干燥。

繁殖：常用播种、分株和扦插繁殖。

钟鬼▶
(Tylecodon cacalioides)

原产南非，多年生肉质灌木。株高30厘米，株幅30厘米。茎粗壮，圆形或圆筒形，茎表面老叶脱落后留下叶柄痕迹，干枯后呈刺状。叶针状，肉质，灰绿色，聚生于茎顶，柔软，被白粉。花小，黄绿色。花期冬季。

💧 浇水：耐干旱。春季和秋季适度浇水，冬季保持干燥。
☀ 光照：全日照。
🛒 施肥：较喜肥。生长期每4周施肥1次。
养护难度：★★★★

◀万物相
(Tylecodon reticulatus)

原产南非、纳米比亚，多年生肉质灌木。株高30厘米，株幅30厘米。茎丛生短枝，似乳状突起，枝顶上密生枯花梗，灰褐色。叶片椭圆形，柔软，长1.5~5厘米，浅黄绿色。花小，黄绿色。花期冬季。

💧 浇水：耐干旱。春季和秋季充足浇水，冬季保持干燥。
☀ 光照：全日照。
🛒 施肥：较喜肥。生长期每4周施肥1次。
养护难度：★★★★

葫芦科

葫芦科 (Cucurbitaceae) 属双子叶植物。全科约有 100 属 850 种,一年生或多年生草质藤本,常有螺旋状卷须。叶互生,形大,通常为单叶,深裂,有时为复叶。花单性,雌雄同株或异株,单生,有时成总状或圆锥花序。其中多肉植物种类极少,但却是茎干状多肉质植物的主要代表种,它们膨大的茎基和肥厚的叶片十分引人关注。

睡布袋属

睡布袋属(*Gerradanthus*) 仅 2 种。

原产地:非洲。

形态特征:茎基呈圆盘状或球状,表皮光滑。藤状枝长,叶卵形或尖心形,深裂,雌雄异株。

习性与养护:喜温暖和阳光充足环境。不耐寒,冬季温度不低于 5℃。生长期充分浇水,冬季休眠期保持干燥。生长期每 4 周施肥 1 次,冬季不施肥。

繁殖:春季播种,发芽温度 19~24℃;或初夏取茎扦插繁殖。

◀睡布袋
(*Gerradanthus macrorhizus*)

又名眠布袋,原产肯尼亚、坦桑尼亚北部的干旱地区,为茎干状多肉植物。株高 2~3 米,株幅 50~60 厘米。茎基膨大呈球形,直径可达 50 厘米,表皮光滑,灰绿色至灰褐色,顶生细茎,蔓性,多分枝。叶片掌状,具浅裂,青绿色。花小,淡绿黄色。花期夏季。

💧浇水:耐干旱。生长期充分浇水,冬季休眠期保持干燥。

☀光照:全日照。

🏺施肥:较喜肥。生长期每 4 周施肥 1 次。

养护难度:★★★★

笑布袋属

笑布袋属（*Ibervillea*）仅3种。

原产地：北美。

形态特征：茎干膨大呈圆锥形，大部分露出地面，表皮粗糙。藤状枝细而无毛。叶掌状，3~5深裂。花钟状。

习性与养护：喜温暖和阳光充足环境。不耐寒，冬季温度不能低于10℃。生长期需充分浇水，冬季休眠期保持干燥。生长期每3~4周施肥1次。

繁殖：春季播种，发芽温度19~24℃；或初夏取茎扦插繁殖。

笑布袋 ▲
(*Ibervillea sonorae*)

原产墨西哥北部，藤本植物。株高2~3米，株幅30厘米。茎分枝，茎基膨大呈瓶状或球状，木栓质，表面灰白色，有裂缝，藤状枝上着生淡蓝绿色的卷须。叶扇形，3深裂，长4~12厘米，背面具粗毛。花小，淡黄绿色，花径1厘米。花期夏季。

💧 浇水：耐干旱。生长期充分浇水，冬季休眠期保持干燥。

☀ 光照：全日照。

🎒 施肥：较喜肥。每3~4周施肥1次。

养护难度：★★★★

苦瓜属

苦瓜属(*Momordica*)仅有嘴状苦瓜作为多肉植物收集和栽培。

习性与养护：喜温暖和阳光充足的环境。不耐寒，冬季温度不低于10℃，生长适温为18~24℃。盆栽用肥沃园土、腐叶土和粗沙的混合基质。春夏季生长期充分浇水，每半月施肥1次，夏季注意遮阴、喷水，冬季盆土保持稍干燥。

繁殖：春季播种，发芽适温18~24℃；或于初夏剪取蔓枝扦插繁殖。

嘴状苦瓜▶
(*Momordica rostrata*)

原产东非，多年生肉质藤本植物。株高3~5米，株幅30~40厘米。茎基膨大呈瓶状，肉质，部分埋在土中。茎顶端长出细藤状枝，光滑，绿色，可长达7~8米。掌状复叶，小叶长3~5厘米，绿色。雌雄异株，花单性，黄色。花期夏季。

💧浇水：耐干旱。春、夏季生长期充分浇水，夏季注意遮阴、喷水，冬季盆土保持稍干燥。

☀光照：全日照。

🪴施肥：较喜肥。生长期每半月施肥1次。

养护难度：★★★★

碧雷鼓属

碧雷鼓属(*Xerosicyos*)植物为攀援藤本植物。

原产地：马达加斯加。

形态特征：藤枝强壮，发达，肉质。叶片椭圆形或长卵圆形，肉质，非常特殊。

习性与养护：喜温暖、稍干燥和阳光充足环境。不耐寒，怕水涝和干旱。宜肥沃、排水良好的沙壤土。

繁殖：春末或初夏剪取半成熟枝扦插。

◀碧雷鼓
(*Xerosicyos danguyi*)

原产马达加斯加，一年生攀援草本。株高3~5米，株幅不限定。叶片互生，圆形或卵圆形，绿色或被浅灰色蜡质。花腋生，花小，淡黄绿色，雌雄异花。花期夏季。

💧浇水：耐干旱。生长期浇水不宜多，盆土维持稍湿润；冬季减少浇水，保持稍干燥。

☀光照：半阴。

🪴施肥：较喜肥。生长期每月施肥1次。

养护难度：★★★★

龙树科

龙树科 (Didiereaceae) 有 4 属 11 种，是有刺的灌木和小乔木。原产马达加斯加西部和西南部的干旱森林中，是肉质化的木本植物，也是多肉植物中重要的一科。

亚龙木属

亚龙木属 (*Alluaudia*) 约有 6 种，乔木状多年生肉质植物。

原产地：马达加斯加的干旱地区。

形态特征：树干粗壮，肉质，茎具棘刺。叶片肉质，在旱季脱落，生长季节再长出。聚伞花序，花单生。

习性与养护：喜温暖和阳光充足环境。不耐寒，冬季温度不低于 15℃。夏季充分浇水，其余时间保持干燥。生长季节每 2~3 周施肥 1 次。

繁殖：种子成熟后即播种，发芽温度 19~24℃；或春季取茎扦插；夏季取疣状突起可嫁接繁殖。

亚蜡木▶
(*Alluaudia humbertii*)

又名七贤人，原产马达加斯加，灌木状多肉植物。株高 50~100 厘米，株幅 20~30 厘米。灰褐色块状茎顶丛生细枝，细枝上着生锥形锐刺。叶小，心形，肉质。花小，淡红色。花期夏季。

💧浇水：耐干旱。刚栽时少浇水；生长期盆土稍湿润，不能太湿；冬季不需浇水。

☀光照：全日照。

🛒施肥：较喜肥。生长期每 2~3 周施肥 1 次。

养护难度：★★★

◀魔针地岳
(*Alluaudia montagnacii*)

又名苍炎龙，原产马达加斯加，灌木状多肉植物。株高 1.5~2 米，株幅 30~40 厘米。茎干粗壮，灰白色，长满锥形锐刺，长 2~3 厘米，灰白色。叶片椭圆形，深绿色，密生于茎部。花小，白色。花期夏季。

💧浇水：耐干旱。刚栽时少浇水；生长期盆土稍湿润，不能太湿；冬季不需浇水。

☀光照：全日照。

🛒施肥：较喜肥。生长期每 2~3 周施肥 1 次。

养护难度：★★★

◀亚龙木
(*Alluaudia procera*)

又名大苍炎龙，原产马达加斯加，灌木状多肉植物。株高 3~5 米，株幅 2~3 米。茎干粗壮，2~3 厘米粗，肉质，表皮银灰色，表面有凹痕，密生棘刺，灰白色，长 2~3 厘米。叶小，心形或圆形，肉质，深绿色，几乎无叶柄，密生茎干上。聚伞花序，花单生，白色或淡粉色。花期夏季。

💧浇水：耐干旱。刚栽时少浇水；生长期盆土稍湿润，不能太湿；冬季不需浇水。

☀光照：全日照。

🪴施肥：较喜肥。生长期施肥 2~3 次。

养护难度：★★★

龙树属

龙树属(*Didierea*)植物是肉质茎粗壮、带刺的多肉植物。

原产地：马达加斯加。

习性与养护：喜温暖、干燥和阳光充足环境。不耐寒，耐半阴和干旱，怕水涝。宜肥沃、疏松和排水良好的沙壤土。

繁殖：种子成熟后即播，发芽适温 19~24℃；或夏季取疣状突起嫁接。

马达加斯加龙树▶
(*Didierea madagascariensis*)

原产马达加斯加，多年生肉质植物。株高 80~100 厘米，株幅 30~50 厘米。叶片针形，肉质，细长，10~18 厘米，绿色，叶片中隐藏着尖锐的长刺，常 4~5 枚一簇，灰白色。聚伞花序，花单生，黄绿色。花期夏季。

💧浇水：耐干旱。生长期每半个月浇水 1 次，土壤不宜过湿；冬季停止浇水，晴天向植株喷些水。

☀光照：全日照。

🪴施肥：较喜肥。生长期每月施肥 1 次。

养护难度：★★★★

薯蓣科

薯蓣科 (Dioscoreaceae) 属单子叶植物。本科约有 11 属 650 种，多年生草质缠绕藤本，地下有各种形状的块茎或根茎。叶互生至对生，单叶或掌状复叶。花小，雌雄异株，少数雌雄同株。主要分布于热带和亚热带地区。

薯蓣属

薯蓣属 (*Dioscorea*) 有 600 余种。具块茎，常绿或落叶的多年生藤本植物，其中有些是多肉植物。

原产地：热带相对干燥的林地和热带、亚热带的干旱地区，以及温带地区的林地和灌丛中。

形态特征：少数种类茎基膨大成球状茎，表皮龟裂呈多边形瘤块，形似龟甲。是典型的茎干状多肉植物。

习性与养护：喜温暖和明亮光照环境。不耐寒，冬季温度不低于 7℃。生长季节适度浇水，其余时间保持稍湿润。生长期每月施肥 1 次。

繁殖：春季播种，发芽温度 19~24℃；龟甲龙夏季休眠，墨西哥龟甲龙冬季休眠，休眠期分株繁殖。

龟甲龙▶
(*Dioscorea elephantipes*)

又名象脚草、蔓龟草，原产南非，茎干状。株高 1 米，株幅 1 米。多年生夏季落叶藤本，茎基呈球形，表皮龟裂呈多边形瘤块状，茎干顶部抽出缠绕的细枝。叶互生，心形或肾形，蓝绿色，长 6 厘米。花小，淡黄绿色，花径 4 毫米。花期夏季。

💧浇水：耐干旱。生长季节适度浇水，其余时间保持稍湿润。

☀光照：全日照。

🛒施肥：较喜肥。生长期每月施肥 1 次。

养护难度：★★★★

◀墨西哥龟甲龙
(*Dioscorea macrostachya*)

原产墨西哥，典型的茎干状多肉植物。株高 1 米，株幅 80 厘米。多年生冬季落叶藤本，茎基部膨大呈球形，粗 90~100 厘米，表皮淡褐色，呈不规则深度龟裂，顶部抽出蔓性细枝。叶片大，心形，先端尖，叶脉 7~9，绿色。花小，淡黄色。花期秋冬季。

💧浇水：耐干旱。生长季节适度浇水，其余时间保持稍湿润。

☀光照：全日照。

🛒施肥：较喜肥。生长期每月施肥 1 次。

养护难度：★★★★

大戟科

大戟科 (Euphorbiaceae) 属双子叶植物。约有 280 属 5000 种，包括草本、灌木和乔木，体内常含白色乳汁。叶通常单叶，互生。花单生，雌雄同株或异株。本科植物除高山地带及北极区外，均有分布，大部分生长在温带和热带。其中有 4 个属为重要的多肉植物。

大戟属

大戟属 (*Euphorbia*) 约有 2000 种，其中数百种为重要的多肉植物，这些多肉植物呈柱形、球形，有群生的习性，很像仙人掌植物。

原产地：主要分布于非洲南部比较干旱地区、阿拉伯半岛地区和印度，少数分布在马达加斯加、索科特拉岛和加那里群岛，极少数自然生长于美洲。

形态特征：茎的形状变化大，叶片变化亦大，常是短命的。顶生或腋生聚伞花序、伞形花序，雌花和雄花常簇生在一个杯状聚伞花序中，苞片色彩鲜艳，有黄、红、紫、褐、绿等色。多作为观赏植物。

习性与养护：喜温暖、干燥和阳光充足环境。大多数不耐寒，冬季温度不低于 10℃，生长适温 20~28℃。耐半阴和干旱，怕水湿。宜肥沃、疏松和排水良好的沙壤土。生长期要适度浇水，冬季保持干燥。生长期每月施低氮素肥 1 次。

繁殖：种子成熟后即播，发芽温度 15~20℃；或于春季或初夏剪取顶茎扦插繁殖。

盆栽摆放：置于窗台、阳台或镜前，其粗犷的株型可以充分展示多肉植物的形态美。群体布置于展室或屋顶花园，新奇别致，充满迷人的风采。

◀铜绿麒麟
(Euphorbia aeruginosa)

又名铜缘麒麟，原产南非，灌木状多肉植物。株高 80~100 厘米，株幅 30~40 厘米。茎圆柱状，从基部分枝，形成密集多刺的灌丛，分枝 4~5 棱，茎枝铜绿色，棱缘上有倒三角形红褐色斑块，斑块着生红褐色刺 4 枚。聚伞花序，花杯状，黄绿色。花期秋季。

💧浇水：耐干旱。刚栽时少浇水，生长期每周浇水 1 次，冬季每月浇水 1 次。

☀光照：全日照。

🌱施肥：较喜肥。生长期每月施肥1次。

养护难度：★★★

◀大戟阁锦
(Euphorbia ammak 'Variegata')

为大戟阁的斑锦品种，植株呈乔木状。株高10米，株幅30~40厘米。终生无叶，茎粗能达15厘米，多分枝，垂直向上，4棱，表皮青灰绿色，间杂黄色晕纹，棱缘波浪形，有锯齿状突起，顶端着生1对灰褐色短刺。聚伞花序，花杯状，淡绿色。花期秋冬季。

💧浇水：耐干旱。刚栽时少浇水，生长期每周浇水1次，冬季每月浇水1次。
☀光照：全日照。
🛒施肥：较喜肥。生长期每月施肥1次。

养护难度：★★★

◀魔杖
(Euphorbia antisyphillica)

原产南非，多年生肉质植物。株高40~50米，株幅20~30厘米。茎黄绿色，直立，细柱状，有分枝，具节间，黄绿色，光滑。叶小，早脱落。花生于茎节处，杯状，紫色。花期秋冬季。

💧浇水：耐干旱。刚栽时少浇水，生长期每周浇水1次，冬季每月浇水1次。
☀光照：全日照。
🛒施肥：较喜肥。生长期每月施肥1次。

养护难度：★★★

◀喷火龙
(Euphorbia bergii)

又名伯氏大戟、伯杰麒麟,灌木状肉质植物。株高20~30厘米,株幅30~40厘米。茎干粗壮,肉质,8棱柱形,茎面叶痕明显,淡绿色,具灰白色丛刺。叶片长椭圆形,深绿色,冬季边缘红色,有序集中于茎顶。花小,顶生,红色。花期夏季。

💧浇水:耐干旱。刚栽时少浇水,生长期每周浇水1次,冬季每月浇水1次。

☀光照:全日照。

🛒施肥:较喜肥。生长期每月施肥1次。

养护难度:★★★

喷火龙缀化▶
(Euphorbia bergii 'Cristata')

为喷火龙的缀化品种。茎部扁化成冠状,浅绿色。叶片深绿色,冬季边缘红色,叶片脱落后鸡冠状的茎部更为突出。

💧浇水:耐干旱。刚栽时少浇水,生长期每周浇水1次,冬季每月浇水1次。

☀光照:全日照。

🛒施肥:较喜肥。生长期每月施肥1次。

养护难度:★★★

◀铁甲球
(Euphorbia bupleurifolia)

又名苏铁大戟、铁甲麒麟,原产南非,矮生常绿多肉植物。株高20厘米,株幅8厘米。茎干卵圆形至短圆筒形,鳞片状突起呈螺旋形排列,形似苏铁。叶片多长卵形,数轮丛生于茎的顶端,叶面淡绿色,长15厘米。杯状聚伞花序,花单生,苞片先绿色后变红色。花期春末和夏初。

💧浇水:耐干旱。刚栽时少浇水,生长期每周浇水1次,冬季每月浇水1次。

☀光照:全日照。

🛒施肥:较喜肥。生长期每月施肥1次。

养护难度:★★★★

◀峨眉之峰
(Euphorbia x bupleurifolia)

又名峨眉山，铁甲球和玉麟凤的杂交品种，植株群生。株高 10~15 厘米，株幅 15~25 厘米。茎干陀螺状，褐绿色，茎粗 2~3 厘米，疏生乳状突起，无刺。茎顶齐生长椭圆形叶片，轮状互生，绿色。花单生，苞片先绿色后变红色。花期春末和初夏。

💧浇水：耐干旱。刚栽时少浇水，生长期每周浇水 1 次，冬季每月浇水 1 次。

☀光照：全日照。

🛒施肥：较喜肥。生长期每月施肥 1 次。

养护难度：★★★★

蛮烛台▶
(Euphorbia candelabrum)

又名华烛麒麟，原产索马里、南非，乔木状多肉植物。株高 10~20 米，株幅 2~3 米。茎柱状，有分枝，4~5 角形，多肉，中绿至深绿色，并形成宽棱角冠茎，长 15 厘米，形似烛台或宝塔。棱缘有深的齿状脊，着生 1 对刺和小叶。花小，紫红色。花期春季。

💧浇水：耐干旱。刚栽时少浇水，生长期每周浇水 1 次，冬季每月浇水 1 次。

☀光照：全日照。

🛒施肥：较喜肥。生长期每月施肥 1 次。

养护难度：★★★

◀红偏角
(Euphorbia cooperi)

又名角琉璃塔，原产南非，灌木状多肉植物。株高 3~5 米，株幅 30 厘米。茎柱状，肉质 5 棱，深绿色，棱脊锐，棱缘褐红色至灰褐色，棱峰上对生 1 对褐色短刺。叶片小，生于茎顶棱缘，卵圆形，淡绿色，长大后脱落。花杯状，淡绿色。花期秋冬季。

💧浇水：耐干旱。刚栽时少浇水，生长期每周浇水 1 次，冬季每月浇水 1 次。

☀光照：全日照。

🛒施肥：较喜肥。生长期每月施肥 1 次。

养护难度：★★★

◀皱叶麒麟
(Euphorbia decaryi)

原产马达加斯加,矮生叶状多肉植物。株高10厘米,株幅20厘米。茎细,圆棒形,幼株直立,成年植株呈匍匐状,表面深褐色,粗糙起皱。叶片长椭圆形,全缘,边缘具皱褶,深绿色,背面淡褐红色。杯状聚伞花序,花黄绿色。花期秋、冬季。

💧浇水:耐干旱。刚栽时少浇水,生长期每周浇水1次,冬季每月浇水1次。

☀光照:全日照。

🛒施肥:较喜肥。生长期每月施肥1次。

养护难度:★★★

津巴布韦大戟▶
(Euphorbia)

原产津巴布韦,灌木状多肉植物。株高1~2米,株幅50~60厘米。茎直立,分枝性强,3棱,深绿色,节状收缩,棱缘薄。聚伞花序,花杯状,黄绿色。花期夏季。

💧浇水:耐干旱。刚栽时少浇水,生长期每周浇水1次,冬季每月浇水1次。

☀光照:全日照。

🛒施肥:较喜肥。生长期每月施肥1次。

养护难度:★★★★

◀多刺大戟
(Euphorbia ferox)

原产南非,多刺丛生状多肉植物。株高15厘米,株幅50厘米。茎有7~12棱,肉质,部分生长在地下,有分枝,淡绿色,棱缘密生粗壮的刺,红褐色至灰褐色。叶片退化,早已脱落。杯状聚伞花序,花单生,淡黄色。花期秋、冬季。

💧浇水:耐干旱。刚栽时少浇水,生长期每周浇水1次,冬季每月浇水1次。

☀光照:全日照。

🛒施肥:较喜肥。生长期每月施肥1次。

养护难度:★★★

◀孔雀球
(Euphorbia flanganii)

又名孔雀丸，原产南非，匍匐状肉质草本。株高
5~8 厘米，株幅 30~40 厘米。茎密集丛生，棒状，
细长柔软，粗 8~10 毫米，深绿色至蓝褐色，长
8~15 厘米，呈辐射状。叶片轮状生，线形，绿色
至褐色。杯状聚伞花序，花小，淡黄色。花期夏季。

💧浇水：耐干旱。刚栽时少浇水，生长期每周浇水 1 次，
冬季每月浇水 1 次。

☀光照：全日照。

🛒施肥：较喜肥。生长期每月施肥 1 次。

养护难度：★★★★

孔雀之舞▶
(Euphorbia flanganii f. cristata)

又名孔雀冠，为孔雀球的缀化品种，植株冠状。
株高 20~25 厘米，株幅 25~30 厘米。茎扁化呈
鸡冠状，有些茎干仍保留原状，整个植株呈波浪
起伏和细枝曼舞的优美姿态，表皮嫩绿色至黄绿
色。叶片小，线形，散生于茎体上。杯状聚伞花序，
花小，淡黄色。花期夏季。

💧浇水：耐干旱。刚栽时少浇水，生长期每周浇水 1 次，
冬季每月浇水 1 次。

☀光照：全日照。

🛒施肥：较喜肥。生长期每月施肥 1 次。

养护难度：★★★★

◀玉鳞宝
(Euphorbia globosa)

又名松球麒麟，原产南非，植株匍匐状。株高
10~12 厘米，株幅 15~20 厘米。茎有球状或长球
状，绿色转灰色，球状茎节上再生细长枝，肉质，
绿色。叶小，易脱落，脱落后在茎上留下白色小
叶痕。杯状聚伞花序，花淡黄色。花期秋、冬季。

💧浇水：耐干旱。刚栽时少浇水，生长期每周浇水 1 次，
冬季每月浇水 1 次。

☀光照：半阴。

🛒施肥：较喜肥。生长期每月施肥 1 次。

养护难度：★★★★

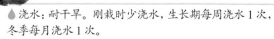

◀麒麟冠
(Euphorbia grandicornis)

又名大角大戟,原产肯尼亚至南非,灌木状多肉植物。株高 1.5 米,株幅 1 米。茎分枝性强,3 棱,淡绿色,节状收缩,棱缘波状弯曲,生有叉状硬刺,长 2.5 厘米,淡褐至灰色。顶生聚伞花序,花杯状,黄绿色。花期春季至初夏。

💧浇水:耐干旱。刚栽时少浇水,生长期每周浇水 1 次,冬季每月浇水 1 次。

☀光照:全日照。

🛒施肥:较喜肥。生长期每月施肥 1 次。

养护难度:★★★

绿威麒麟▶
(Euphorbia greenwayii)

又名绿威大戟,原产坦桑尼亚,分枝性肉质灌木。株高 20~40 厘米,株幅 20~50 厘米。茎细长,4 棱,蓝绿色,棱沟有黄绿色晕纹,棱缘锐形,褐色。刺座突出,4~5 枚刺簇生,黑褐色。花杯状,外白内黄。花期夏季。

💧浇水:耐干旱。刚栽时少浇水,生长期每周浇水 1 次,冬季每月浇水 1 次。

☀光照:全日照。

🛒施肥:较喜肥。生长期每月施肥 1 次。

养护难度:★★★

◀旋风麒麟
(Euphorbia groenewaldii)

原产南非,植株具粗大肉质根。株高 10~12 厘米,株幅 5~6 厘米。茎 3 棱,螺旋状,棱缘曲折,蓝绿色,棱缘上有突起似疣突,生有 1 对长刺,褐色。花着生于分枝顶端,花小,黄绿色。花期夏、秋季。

💧浇水:耐干旱。刚栽时少浇水,生长期每周浇水 1 次,冬季每月浇水 1 次。

☀光照:全日照。

🛒施肥:较喜肥。生长期每月施肥 1 次。

养护难度:★★★★

魁伟玉
(Euphorbia horrida)

又名恐针麒麟，多年生肉质植物。株高 20~40 厘米，株幅 10~25 厘米。外形极像仙人球，无叶，茎圆筒形，具 10 棱以上，棱弯曲呈波浪形，青绿色，被白粉，有明显横肋，棱上有刺，刺红褐色，易脱落。杯状聚伞花序，花紫红色。花期秋季。

浇水：耐干旱。刚栽时少浇水，生长期每周浇水 1 次，冬季每月浇水 1 次。
光照：全日照。
施肥：较喜肥。生长期每月施肥 1 次。
养护难度：★★★★

春峰
(Euphorbia lactea f. cristata)

又名帝锦缀化，为帝锦的缀化品种，植株鸡冠状。株高 5~8 厘米，株幅 10 厘米。茎扁化呈鸡冠状，肉质，厚 1~1.5 厘米，生长点变化不规则，常卷曲，横向发展，深绿色，有明显的白绿色斑纹。叶片早已脱落。花黄绿色。花期夏季。

浇水：耐干旱。刚栽时少浇水，生长期维持盆土稍湿润，冬季保持稍干燥。
光照：全日照。夏季强光时适当遮阴。
施肥：较喜肥。生长期施肥 2~3 次。
养护难度：★★★

春峰锦
(Euphorbia lactea f. cristata 'Varegata')

为春峰的斑锦品种，植株冠状。株高 12~15 厘米，株幅 15~20 厘米。茎扁化呈鸡冠状，多横向发展，扇形茎较薄，厚度在 1~1.5 厘米，具大面积红晕，表面有纵向龙骨突起，生长点褐红色。叶退化成刺，很少见开花。花小，黄绿色。花期夏季。

浇水：耐干旱。生长期浇水不宜多，盆土维持稍湿润。
光照：全日照。夏季强光时适当遮阴。
施肥：较喜肥。生长期施肥 2~3 次。
养护难度：★★★

◀白桦麒麟
(*Euphorbia mammillaria* 'Variegata')

又名玉鳞凤锦,为玉鳞凤的斑锦品种,多年生肉质草本。株高 18~20 厘米,株幅 18~20 厘米。茎肉质矮小,基部分枝多,群生状,长 18~20 厘米,6~8 棱,棱形成六角状瘤块,白色。叶片不发育或早落。杯状聚伞花序簇生于茎端,花红褐色,花谢后花梗会残留在茎上似刺,淡黄色。花期秋、冬季。

💧浇水:耐干旱。刚栽时少浇水,生长期每周浇水 1 次,冬季每月浇水 1 次。

☀光照:全日照。

🛒施肥:较喜肥。生长期每月施肥 1 次。

养护难度:★★★

虎刺梅▶
(*Euphorbia milii*)

灌木状肉质植物。株高 30~40 厘米,株幅 30~40 厘米。茎细圆棒状,多分枝,有棱沟线,着生深褐色锐刺。叶片倒卵形,全缘,深绿色,长 8~10 厘米。花杯状,苞片小,对称,深红色。花期春季至夏季。

💧浇水:耐干旱。春季换盆时浇水不宜过多,夏、秋季生长期需水分充足,冬季保持盆土干燥。

☀光照:全日照。

🛒施肥:喜肥。生长期每月施肥 1 次。

养护难度:★★

◀小基督虎刺梅
(*Euphorbia milii* var. *imperatae*)

为虎刺梅的栽培品种,小型灌木状肉质植物。株高 20~30 厘米,株幅 20~30 厘米。茎圆棒状,有分枝,有棱沟线,着生淡褐色锐刺。叶片长卵形,深绿色,长 1~1.5 厘米。花杯状,黄色,苞片广卵形,有红色和白色。花期春季至夏季。

💧浇水:耐干旱。春季换盆时浇水不宜过多,夏、秋季生长期需充足水分,冬季保持盆土干燥。

☀光照:全日照。

🛒施肥:较喜肥。生长期每月施肥 1 次。

养护难度:★★

◀黄斑麒麟角缀化
(Euphorbia neriifolia 'Cristata Variegata')

又名花叶玉麒麟，为霸王鞭的斑锦、缀化品种，植株冠状。株高 40~50 厘米，株幅 40~50 厘米。茎扁化呈鸡冠状，深绿色，具流浆状的白色斑纹，生长点横向生长，形成不规则弯曲的扇状体。叶片倒披针形，常脱落。杯状聚伞花序，花黄绿色。花期夏季。

💧 浇水：耐干旱。生长期浇水不宜多，切忌积水；冬季休眠期严格控制浇水。

☀ 光照：全日照。盛夏时适当遮阴。

🛒 施肥：较喜肥。生长期施肥 1~2 次。

养护难度：★★

黄斑麒麟角▶
(Euphorbia neriifolia 'Variegata')

又名黄斑霸王鞭，灌木状肉质植物。株高 40~50 厘米，株幅 20~25 厘米。茎圆柱状，5 棱，棱缘呈锯齿状，在每个突起上生有深褐色短刺，表皮深绿色，镶嵌着黄白色斑纹。叶片生于突起上，常集中顶部，下部早脱落，倒卵形，深绿色，边缘黄白色，长 8~15 厘米。杯状聚伞花序，花黄绿色。花期夏季。

💧 浇水：耐干旱。生长期浇水不宜多，切忌积水。

☀ 光照：全日照。盛夏遮阴。

🛒 施肥：较喜肥。生长期施肥 1~2 次。

养护难度：★★

◀晃玉
(Euphorbia obesa)

又名布纹球、贵宝玉，原产南非，植株圆球状。株高 15 厘米，株幅 12 厘米。茎圆球形至矮圆筒形，具宽 8 棱，绿色，有红褐色横向条纹，棱边有褐色小钝齿。雌雄异株，雌体球体扁，雄株较高。顶生聚伞花序，花杯状，黄色。花期夏季。

💧 浇水：耐干旱。春、秋季生长期适当浇水，夏、冬季尽量保持干燥。

☀ 光照：全日照。夏季强光时需遮阴。

🛒 施肥：较喜肥。生长期施肥 1~2 次。

养护难度：★★★★

◀鱼鳞大戟
(Euphorbia piscidermis)

原产南非，多年生肉质植物，形似仙人球。株高5~10厘米，株幅4~8厘米。无叶，茎圆形或圆柱形，肉质，分布着螺旋排列的鱼鳞状棱，银灰色或银白色，无刺。聚伞花序，花杯状，黄绿色。花期秋季。世界二级保护植物。

💧浇水：耐干旱。刚栽时少浇水，生长期每周浇水1次，冬季每月浇水1次。

☀光照：全日照。

🏠施肥：较喜肥。生长期每月施肥1次。

养护难度：★★★★

春驹▶
(Euphorbia pseudocactus)

原产南非，多刺肉质灌木。株高20~40厘米，株幅15~20厘米。茎3棱，灰绿色，具黄绿色"V"字形斑纹，分节，节长10~15厘米。棱缘波浪状，生有角质对生刺，刺长1.2厘米，灰褐色至褐色。

💧浇水：耐干旱。刚栽时少浇水，生长期每周浇水1次，冬季每月浇水1次。

☀光照：全日照。

🏠施肥：较喜肥。生长期每月施肥1次。

养护难度：★★★

◀飞龙
(Euphorbia stellata)

又名星状大戟，原产南非，植株茎基膨大呈块根状。株高10~15厘米，株幅5~7厘米。茎基膨大呈圆球形或圆筒形，表皮白色或灰褐色，顶端生出若干片状分枝茎，茎片上有人字形斑纹，棱脊有对生的红褐色短刺。聚伞花序，花杯状，黄色。花期夏季。

💧浇水：耐干旱。刚栽时少浇水，生长期每周浇水1次，冬季每月浇水1次。

☀光照：全日照。

🏠施肥：较喜肥。生长期每月施肥1次。

养护难度：★★★★

◀银角珊瑚
(Euphorbia stenoclada)

又名银角麒麟，原产马达加斯加，灌木状肉质植物。株高 1~1.2 米，株幅 30~50 厘米。茎直立，分枝多，羽状复叶先端尖，质硬，深绿色，带银白色斑纹。花黄绿色。花期夏季。

💧浇水：耐干旱。刚栽时少浇水，生长期每周浇水 1 次，冬季每月浇水 1 次。

☀光照：全日照。

🧺施肥：较喜肥。生长期每月施肥 1 次。

养护难度：★★★

琉璃晃▶
(Euphorbia suzannae)

又名琉璃光，原产南非，多年生肉质植物。株高 8~10 厘米，株幅 15~20 厘米。茎球状或短圆筒形，易生不定芽，常群生，茎具 12~20 条纵向排列的锥状疣突，绿色。叶片着生在每个疣突的顶端，细小，早落。聚伞花序，着生在主茎或分枝茎的顶端，花杯状，黄绿色。花期夏季。

💧浇水：耐干旱。刚栽时少浇水，生长期每周浇水 1 次，冬季每月浇水 1 次。

☀光照：全日照。

🧺施肥：较喜肥。生长期每月施肥 1 次。

养护难度：★★★

◀万青玉
(Euphorbia symmetrica)

又名神玉，原产南非，多年生肉质植物。株高 3~5 厘米，株幅 5~10 厘米。茎球形，具 8 棱，青绿色，间杂着横向的绿白色缟纹，有刺座而无刺。叶片早落。聚伞花序，花杯状，黄绿色，花后叉状花梗宿存。花期夏季。

💧浇水：耐干旱。刚栽时少浇水，生长期每周浇水 1 次，冬季每月浇水 1 次。

☀光照：全日照。

🧺施肥：较喜肥。生长期每月施肥 1 次。

养护难度：★★★★

◀彩云阁
(*Euphorbia trigona*)

又名三角大戟、三角霸王鞭,原产纳米比亚、南非,灌木状肉质植物。株高 1~1.5 米,株幅 30~40 厘米。茎柱状,直立,三角形,肉质,多分枝,棱脊薄呈波曲状,齿状刺生于棱峰,表皮深绿色,有不规则白色晕纹。叶深绿色,长 2~4 厘米。聚伞花序,花杯状,黄绿色。花期夏季。

💧 浇水:耐干旱。刚栽时少浇水;生长期盆土稍湿润;冬季控制浇水,保持稍干燥。
☀ 光照:全日照。
🛒 施肥:较喜肥。生长期每月施肥 1 次。
养护难度:★★★★

红彩云阁▶
(*Euphorbia trigona* f. *variegata*)

又名红三角大戟,为彩云阁的斑锦品种,灌木状肉质植物。株高 1 米,株幅 20~30 厘米。茎直立,三角形,肉质,表皮深绿色,具黄色横向缟纹,带红褐色晕纹。叶片长卵圆形,紫红色。聚伞花序,花杯状,黄绿色。花期夏季。

💧 浇水:耐干旱。刚栽时少浇水;生长期盆土稍湿润;冬季控制浇水,保持稍干燥。
☀ 光照:全日照。
🛒 施肥:较喜肥。生长期每月施肥 1 次。
养护难度:★★

◀圆锥麒麟
(*Euphorbia turbiniformis*)

又名陀螺大戟,原产埃塞俄比亚、索马里,多年生肉质植物,球体似仙人球。株高 2~4 厘米,株幅 3~6 厘米。无叶,茎单生,扁球形或陀螺形,肉质,浅灰绿色,球顶面具网状肉疣,侧面呈龟甲花纹。杯状聚伞花序,花黄绿色。花期秋季。

💧 浇水:耐干旱。刚栽时少浇水;生长期盆土稍湿润;冬季控制浇水,保持稍干燥。
☀ 光照:全日照。夏季强光时适当遮阴。
🛒 施肥:较喜肥。生长期每月施肥 1 次。
养护难度:★★★★

◀簇生单刺麒麟
(Euphorbia unispina)

又名簇叶单刺麒麟，原产非洲西部，多年生肉质植物。株高 1.5~2 米，株幅 1~1.5 米。茎圆柱状，肉质，有分枝，粗 3~4 厘米，表面有明显的疣突，疣突处生有 1 枚深褐色短刺。叶片倒卵形，肉质，深绿色，簇生于茎端。杯状聚伞花序，花小，红色。花期春末夏初。

💧浇水：耐干旱。刚栽时少浇水；生长期盆土稍湿润；冬季控制浇水，保持稍干燥。

☀光照：全日照。夏季强光时适当遮阴。

🛒施肥：较喜肥。生长期每月施肥 1 次。

养护难度：★★★

维戈大戟▶
(Euphorbia viguieri var. capuroniana)

原产南非，多年生肉质植物。株高 8~10 厘米，株幅 3~5 厘米。茎短圆筒形，茎具 6~8 棱，深绿色；棱缘长出锥状疣突，似长刺，黄褐色或灰褐色，长 3~5 厘米，非常特殊。聚伞花序，花杯状，黄绿色。花期夏季。

💧浇水：耐干旱。刚栽时少浇水；生长期盆土稍湿润；冬季控制浇水，保持稍干燥。

☀光照：全日照。夏季强光时适当遮阴。

🛒施肥：较喜肥。生长期每月施肥 1 次。

养护难度：★★★

◀矢毒麒麟缀化
(Euphorbia virosa 'Cristata')

为矢毒麒麟的缀化品种，灌木状肉质植物。株高 30~40 厘米，株幅 20~30 厘米。茎由 5~8 棱扁化成鸡冠状。叶片常早落，仅留痕迹。花序着生于冠状边缘，花小，黄绿色。花期春末夏初。

💧浇水：耐干旱。刚栽时少浇水；生长期盆土稍湿润；冬季控制浇水，保持稍干燥。

☀光照：全日照。夏季强光时适当遮阴。

🛒施肥：较喜肥。生长期每月施肥 1 次。

养护难度：★★★

麻疯树属

麻疯树属(*Jatropha*) 约有 170 种。为肉质的多年生草本和常绿灌木，也有小乔木。

原产地：南非、马达加斯加、北美热带、中美、南美和西印度群岛的干旱或半潮湿地区。

形态特征：许多种类常形成肉质化的茎基，另外一些种类则是有块茎、根状茎的多肉植物。叶片掌状深裂或全裂，叶柄长，绿色。聚伞花序，白天开花，花小，红色。

习性与养护：喜高温、干燥和阳光充足环境。不耐寒，冬季温度不低于 10℃。耐半阴和干旱，怕水湿。宜肥沃、疏松和排水良好的沙壤土。高温强光时适当遮阴。春、夏季适度浇水，秋、冬季保持干燥。生长期每月施肥 1 次。

繁殖：春季或夏季播种，发芽温度 24℃。

盆栽摆放：盆栽点缀客厅、宾馆，可呈现出节日欢庆的气氛。

锦珊瑚▶
(Jatropha berlandieri)

原产墨西哥、美国，茎干状多肉植物。株高 25~40 厘米，株幅 20~25 厘米。茎基膨大呈球形，表皮常黄褐色，粗糙，生长期从茎干顶端抽出黄绿色嫩枝，枝上互生 7~15 枚深裂掌状叶。小叶 6 枚，叶柄长，淡绿色被白粉。雌雄同株，聚伞花序，长 10~15 厘米，花小，苞片红色。花期夏季。

💧浇水：耐干旱。生长期盆土稍干燥，浇水不宜多；秋季控制浇水。

☀光照：全日照，也耐半阴。

🏺施肥：较喜肥。生长期每半月施肥 1 次，冬季停止施肥。

养护难度：★★★★

◀麻风树
(Jatropha podagrica)

又名珊瑚油桐、佛肚树，原产中美、西印度群岛，多年生肉质灌木。株高 50 厘米，株幅 25 厘米。茎上细下粗形似酒瓶，茎皮灰色，常脱落。叶片掌状盾形，3~5 裂，全缘，平滑，绿色，被蜡质白粉。聚伞花序顶生，花鲜红至珊瑚红色，花径 1 厘米。花期夏季。

💧浇水：耐干旱。生长期盆土稍干燥，浇水不宜多；秋季控制浇水。

☀光照：全日照，也耐半阴。

🏺施肥：较喜肥。生长期每半月施肥 1 次，冬季停止施肥。

养护难度：★★★

翡翠塔属

翡翠塔属（Monadenium）约有 150 种。有灌木、乔木或蔓性种，雌雄同株，为多年生肉质植物。

原产地：东非热带、安哥拉、纳米比亚、南非和津巴布韦的低地和高海拔地区。

形态特征：有些种类地下有一个粗壮块茎或茎基，可作一年生栽培，其余种类全年保留肉质茎。肉质或鳞片状的叶片很快脱落。花小，杯状苞片黄绿色或总苞橙褐色。花期夏季。

习性与养护：喜温暖、干燥和阳光充足环境。不耐寒，冬季温度不低于 18℃，生长适温 18~24℃。耐半阴和干旱，怕水湿。宜肥沃、疏松和排水良好的沙壤土。春、夏季充分浇水，秋、冬季保持干燥。生长期每月施低氮素肥 1 次。

繁殖：春季播种，发芽温度 19~24℃；或于春、夏季用顶茎或叶片扦插繁殖。

盆栽摆放：用于点缀客厅、书房或窗台，显得清雅别致。

◀紫纹龙
(Monadenium guentheri)

原产坦桑尼亚，多年生肉质植物。株高 30~40 厘米，株幅 20~25 厘米。茎柱状，直立，肉质，粗壮，但株高超过 30 厘米后会呈匍匐状，茎面覆盖菱形小瘤突，表皮淡绿色至深绿色。叶片卵圆形至椭圆形，绿色，着生在瘤突顶端，通常除茎顶保留部分叶片以外，大部分叶早已脱落。花着生于植株顶部的侧茎上，苞片淡紫色，小花黄绿色。花期夏季。

💧浇水：耐干旱。刚栽时少浇水；生长期每周浇水 1 次；冬季每月浇水 1 次，保持稍干燥。

☀光照：全日照，也耐半阴。

🛒施肥：较喜肥。生长期每月施肥 1 次，休眠期不施肥。

养护难度：★★★

◀翡翠柱
(Monadenium guentheri var. mammillare)

又名冈氏翡翠塔,原产坦桑尼亚,多年生肉质植物。株高 30~50 厘米,株幅 30~40 厘米。茎柱状,直立,粗壮,基部分枝多,茎面菱形瘤突明显,深绿色。叶片卵圆形,绿色,聚生于茎顶。花小,黄绿色。花期夏季。

💧浇水:耐干旱。刚栽时少浇水;生长期每周浇水 1 次;冬季每月浇水 1 次,保持稍干燥。

☀光照:全日照,也耐半阴。

🏠施肥:较喜肥。生长期每月施肥 1 次,休眠期不施肥。

养护难度:★★★

高山单腺戟▶
(Monadenium montanum)

又名人参大戟,原产坦桑尼亚,茎干状多肉植物。株高 40~50 厘米,株幅 20~25 厘米。茎细柱状,分枝横斜生长,表皮淡绿色,有灰白色纵条纹,茎基膨大成球状或地瓜状,表皮灰白色至淡黄褐色。叶片椭圆形,肉质,青绿色带紫晕,长 2.5~4.5 厘米。花淡粉色。花期夏季。

💧浇水:耐干旱。刚栽时少浇水;生长期每周浇水 1 次;冬季每月浇水 1 次,保持稍干燥。

☀光照:全日照,也耐半阴。

🏠施肥:较喜肥。生长期每月施肥 1 次,休眠期不施肥。

养护难度:★★★

◀将军阁
(Monadenium ritchiei)

又名里氏翡翠塔,原产肯尼亚、埃塞俄比亚,多年生肉质植物。株高 40~60 厘米,株幅 45 厘米。茎圆筒状,基部多分枝,茎面布满菱形小瘤突,表皮绿色。叶片椭圆形或倒卵形,淡绿色,长 9 厘米,着生于瘤突顶端,常早脱落。总苞黄绿色,苞片杯状,花黄色或橙褐色。花期夏季。

💧浇水:耐干旱。刚栽时少浇水,生长期每周浇水 1 次,冬季休眠期每月浇水 1 次。

☀光照:全日照,也耐半阴。

🏠施肥:较喜肥。生长期每月施肥 1 次,休眠期不施肥。

养护难度:★★★

白雀珊瑚属

白雀珊瑚属（*Pedilanthus*）约有 14 种。多为灌木状肉质植物。

原产地：墨西哥、西印度群岛和美国。

形态特征：许多种类从根部开始分枝，呈丛生状。叶片卵圆形，由窄至宽，浅绿色至中绿色，有的具白色斑纹，通常落叶。聚伞花序顶生或腋生，花杯状，夏季开花。

习性与养护：喜温暖、干燥和阳光充足环境。不耐寒，耐半阴和干旱，忌水湿和强光。

繁殖：初夏取顶端嫩枝扦插。

盆栽摆放：用于装饰厅堂、客室或置于案头。在南方，常丛栽于花槽或建筑物旁。

铁杆丁香▶
(Pedilanthus carinatus)

原产西印度群岛，肉质灌木。株高 1 米，株幅 1 米。茎直立，粗 1~1.5 厘米，中绿色。叶卵状披针形，革质，中脉突出，长 12 厘米，绿色。花小，粉红色。花期冬季。

💧浇水：耐干旱。春、夏季保持盆土湿润，冬季保持稍干燥。
☀光照：半阴。
🍱施肥：生长期每半月施肥 1 次，花期加施 1~2 次磷、钾肥。

养护难度：★★★★

◀龙凤木
(Pedilanthus tithymaloides 'Nanus')

又名青龙、蜈蚣珊瑚，为红雀珊瑚的斑叶品种。株高 40~60 厘米，株幅 30~40 米。茎直立，细圆棒状，分枝群生，深绿色。叶狭椭圆形，排列紧密，深绿色，似蜈蚣。花小，粉红色。花期冬季。

💧浇水：耐干旱。春、夏季保持盆土湿润，冬季保持稍干燥。
☀光照：全日照，也耐半阴。
🍱施肥：生长期每半月施肥 1 次，花期加施 1~2 次磷、钾肥。

养护难度：★★★

斑叶红雀珊瑚▶
(Pedilanthus tithymaloides 'Variegata')

为红雀珊瑚的斑叶品种，肉质灌木。株高 1 米，株幅 45 厘米。叶椭圆形，长 15 厘米，两侧互生，绿色，具白色或粉红色斑纹。

💧浇水：耐干旱。春、夏季保持盆土湿润，冬季保持稍干燥。
☀光照：全日照，也耐半阴。
🍱施肥：生长期每半月施肥 1 次，花期加施 1~2 次磷、钾肥。

养护难度：★★

牻牛儿苗科

牻牛儿苗科（Geraniaceae）为双子叶植物，包括 11 个属，约有 800 种植物。其中多肉植物主要在天竺葵属和龙骨葵属，以展示茎干状的特征为主。

龙骨葵属

龙骨葵属（*Sarcocaulon*）约有 15 种。为落叶并且有分枝的多年生肉质草本或亚灌木。

原产地：安哥拉、纳米比亚、南非的极度干旱地区。

形态特征：有些种类有肥大的不规则形块茎。休眠时叶片全部脱落，呈现出多肉植物独特的观赏性。

习性与养护：喜温暖、低湿和阳光充足的环境。不耐寒，冬季温度不低于 10℃，生长适温为 15~24℃。生长期适度浇水；休眠期长，叶片几乎掉光，只需少量水分，保持盆土稍湿润。每月施肥 1 次。

繁殖：种子成熟后即播，发芽适温 24℃。

无刺龙骨葵 ▲
(Sarcocaulon inerme)

原产纳米比亚、南非，茎干状多肉植物。株高 30 厘米，株幅 40~50 厘米。茎基膨大呈不规则的山药状，有分枝，肉质，表皮光滑，具木栓质保护层，深灰绿色。叶片小，交互对生，三角形至圆形，先端二裂，青绿色，有短柄。花单生，喇叭状，淡红色，花梗长。花期夏季至冬季。曾用 *Monsonia inerme* 的学名。

💧 浇水：耐干旱。生长期适度浇水，休眠期保持盆土稍湿润。

☀ 光照：全日照。

🛒 施肥：较喜肥。生长期每月施肥 1 次。

养护难度：★★★★

苦苣苔科

苦苣苔科 (Gesneriaceae) 约有140属,1800多个种,多为热带和亚热带草本植物。仅有少数具球状茎或膨大块状茎的种类被列为多肉植物。

月之宴属

月之宴属 (*Rechsteineria*) 约有40种,现已并入块茎苣苔属 (*Sinningia*)。为落叶或常绿的多年生块茎植物。

原产地:南美和中美的热带森林中。

形态与特征:叶片卵圆形至椭圆形,肉质。花筒状、喇叭状或钟状。花期夏季。

习性与养护:喜温暖、高湿和半阴环境。不耐寒,冬季温度不低于15℃。生长季节充分浇水,每月施肥1次;秋季块茎保持稍干燥;冬季保持完全干燥。

繁殖:春季播种,发芽温度15~21℃;或于春末或初夏取茎顶扦插;春季或夏季剪取叶片扦插繁殖。

断崖女王▲
(*Rechsteineria leucotricha*)

又名月之宴、银灰块茎苣苔,原产巴西,多肉的块状茎植物。株高20~30厘米,株幅30~35厘米。地下块茎大,球形,黄褐色。茎直立,密生短小白毛。叶片倒卵形或椭圆形,全缘,表面密生白色绒毛。筒状花,淡橙红或玫粉色,长2.5厘米。花期夏季。

💧浇水:较喜湿。生长期充分浇水,秋冬季保持盆土干燥。

☀光照:全日照。夏季强光时适当遮阴。

🛒施肥:较喜肥。生长期每月施肥1次。

养护难度:★★★★

百合科

百合科 (Liliaceae) 约有 250 属 3700 种，是个庞大家族。其中多肉植物集中在 14 个属，而栽培最多的是芦荟属 (Aloe)、沙鱼掌属 (Gasteria) 和十二卷属 (Haworthia)，所以说百合科是多肉植物中最重要的科之一。主要原产于温带和亚热带地区，有草本和灌木。叶基生、互生或轮生，具根状茎、鳞茎、球茎或块茎。

芦荟属

芦荟属 (Aloe) 约有 300 种。多呈莲座状，常绿多年生草本，也有些种类是灌木状或攀援植物，少数为乔木状。

原产地：佛得角群岛、南非、阿拉伯半岛、马达加斯加等不同海拔的地区。

形态特征：大多数种类有肉质的叶片。顶生或腋生的总状花序或圆锥花序，花圆筒状至三角状、管状或钟状。

习性与养护：喜温暖、干燥和阳光充足环境。不耐寒，冬季温度不低于 10℃。耐干旱和半阴，忌强光和水湿。宜肥沃、疏松和排水良好的沙壤土。全年适度浇水，休眠期控制浇水。生长季节每 2~3 周施肥 1 次。

繁殖：种子成熟后即播，发芽温度 21℃；也可以春末或初夏分株繁殖。

盆栽摆放：置于窗台、门庭或客厅，翠绿清秀，挺拔秀丽，使居室环境更添幽雅气息。

◀八宏殿
(Aloe arborescens 'Variegata')

为木立芦荟的斑锦品种，植株乔木状。株高 2~4 米，株幅 2 米。分枝多。叶剑状，肉质，蓝绿色，镶嵌不规则纵长的黄白色条纹，长 50~60 厘米，叶缘排列整齐的肉刺。顶生总状花序，长 30 厘米，花筒状，橙红色，长 4 厘米。花期春末和夏初。

💧浇水：耐干旱。刚栽时少浇水，生长期可多些，盛夏控制浇水，冬季减少浇水并保持干燥。

☀光照：全日照。夏季强光时适当遮阴。

🧺施肥：较喜肥。生长期每半月施肥1次。

养护难度：★★★

◀绫锦
(Aloe aristata)

原产南非，多年生肉质草本。株高 12 厘米，株幅 20~30 厘米。叶片呈莲座状，叶披针形，肉质，叶上有小白色斑点和白色软刺，叶缘具细锯齿，深绿色，长 8~10 厘米。圆锥花序顶生，长 50 厘米，花筒状，橙红色，长 4 厘米。花期秋季。

💧浇水：耐干旱。刚栽时少浇水，生长期可多些，夏季控制浇水，冬季减少浇水并保持干燥。

☀光照：全日照。夏季强光时适当遮阴。

🏺施肥：较喜肥。生长期每半月施肥 1 次。

养护难度：★★★

棒花芦荟▶
(Aloe claviflora)

原产南非，多年生肉质草本。株高 30~40 厘米，株幅 1~2 米。植株无茎，群生。叶片线状披针形，正面蓝色，背面圆凸，上半部有 1~2 个龙骨突，每个龙骨突有 4~6 个褐色短齿，叶缘有短齿，骨色。花黄色。花期夏季。

💧浇水：耐干旱。刚栽时少浇水，生长期可多些，夏季控制浇水，冬季减少浇水并保持干燥。

☀光照：全日照。夏季强光时适当遮阴。

🏺施肥：较喜肥。生长期每半月施肥 1 次。

养护难度：★★★

◀第可芦荟
(Aloe descoingsii)

原产马达加斯加，多年生肉质草本。株高 4~5 厘米，株幅 6~8 厘米。叶三角形至尖的卵圆形，呈莲座状，肉质，暗绿色，长 3~4 厘米，叶面密布白色小疣点，叶缘具白齿。花小，钟状，浅橙黄色。花期夏季。

💧浇水：耐干旱。刚栽时少浇水，生长期可多些，夏季控制浇水，冬季减少浇水并保持干燥。

☀光照：全日照。夏季强光时适当遮阴。

🏺施肥：较喜肥。生长期每半月施肥 1 次。

养护难度：★★★

◀两岐芦荟
(Aloe dichotoma)

又名龙树芦荟,原产南非,多年生肉质植物。株高 50~60 厘米,株幅 50~60 厘米。自基部分枝,两岐分叉,叶线状披针形,厚实,长 15~25 厘米,蓝绿色。叶缘与背面散生白色肉齿。

💧浇水:耐干旱。刚栽时少浇水,生长期可多些,夏季控制浇水,冬季减少浇水并保持干燥。

☀光照:全日照。夏季强光时适当遮阴。

🏺施肥:较喜肥。生长期每半月施肥 1 次。

养护难度:★★★★

黑魔殿▶
(Aloe erinacea)

原产纳米比亚,多年生肉质植物。株高 15~20 厘米,株幅 20~30 厘米。叶三角披针形,长 10~16 厘米,灰绿色,顶端有黑刺,叶背龙骨突处有 6~8 枚黑色肉齿,叶缘有密集的灰白色肉齿。

💧浇水:耐干旱。刚栽时少浇水,生长期可多些,夏季控制浇水,冬季减少浇水并保持干燥。

☀光照:全日照。夏季强光时适当遮阴。

🏺施肥:较喜肥。生长期每半月施肥 1 次。

养护难度:★★★

◀好望角芦荟
(Aloe ferox)

又名青鳄、开普芦荟,原产南非,多年生肉质植物。株高 2~3 米,株幅 1~1.5 米。叶披针形,组成莲座状,叶片暗绿色,长 1 米,有时叶尖红色,叶面很少有毛和刺,叶背具刺,叶缘具红色粗齿。圆锥花序,长 30~80 厘米,花橙红色。花期夏季。

💧浇水:耐干旱。刚栽时少浇水,生长期可多些,夏季控制浇水,冬季减少浇水并保持干燥。

☀光照:全日照。夏季强光时适当遮阴。

🏺施肥:较喜肥。生长期每半月施肥 1 次。

养护难度:★★★

◄粉绿芦荟
(Aloe glauca)

原产南非，多年生肉质植物。株高 50~60 厘米，株幅 40~50 厘米。植株无茎。叶片长三角形，基部宽厚，顶部尖锐，粉绿色，叶缘具褐色齿状刺，叶背顶端具刺。花橙红色。花期夏季。

💧浇水：耐干旱。刚栽时少浇水，生长期可多些，夏季控制浇水，冬季减少浇水并保持干燥。

☀光照：全日照，也耐半阴。

🛒施肥：较喜肥。生长期每半月施肥 1 次。

养护难度：★★★

琉璃姬孔雀►
(Aloe haworthioides)

又名羽生锦、毛兰，原产马达加斯加，为无茎且具吸根的多肉植物。株高 6 厘米，株幅 10 厘米。叶片披针形，呈莲座状，肉质，灰绿色，长 3~6 厘米，在干燥条件下，叶变红色，每个叶片有一个顶端刺和白色的边缘齿状物。顶生总状花序，长 30 厘米，花筒状，橙色，长 1 厘米。花期夏季。

💧浇水：耐干旱。刚栽时少浇水，生长期可多些，夏季控制浇水，冬季减少浇水并保持干燥。

☀光照：全日照。也耐半阴。

🛒施肥：较喜肥。生长期每半月施肥 1 次。

养护难度：★★★

◄翡翠殿
(Aloe juvenna)

原产南非，多年生肉质草本。株高 30~40 厘米，株幅 20 厘米。叶片互生，旋列于茎顶，呈轮状，叶三角形，嫩绿色，两面具白色斑纹，叶缘有白色缘齿。总状花序顶生，长达 25 厘米，花小，淡粉红色，带绿尖。花期夏季。

💧浇水：耐干旱。刚栽时少浇水，生长期可多些，夏季控制浇水，冬季减少浇水并保持干燥。

☀光照：全日照，也耐半阴。

🛒施肥：较喜肥。生长期每半月施肥 1 次。

养护难度：★★★

◀ 鬼切芦荟
(Aloe marlothii)

又名马氏芦荟,原产博茨瓦纳、南非,树状多年生肉质植物。株高2~4米,株幅1.5米。叶片呈莲座状,宽披针形,肉质,中绿色或灰绿色,长1米,叶两面和两缘有红褐齿。圆锥花序,长80厘米,花筒状,淡黄橙色,长3厘米。花期夏季。

💧浇水:耐干旱。刚栽时少浇水,生长期可多些,夏季控制浇水,冬季减少浇水并保持干燥。

☀光照:全日照,也耐半阴。

🛒施肥:较喜肥。生长期每半月施肥1次。

养护难度:★★★★

麦氏芦荟 ▶
(Aloe mcloughlinii)

原产埃塞俄比亚,多年生肉质植物。株高15~20厘米,株幅70~80厘米。叶剑形,12~16枚组成莲座状叶盘,表面淡绿色,有灰白色纵向斑纹,叶缘密生齿状物,淡绿色,叶长30~40厘米。总状花序,长60~70厘米,花筒状,红色。花期夏季。

💧浇水:耐干旱。刚栽时少浇水,生长期可多些,夏季控制浇水,冬季减少浇水,保持干燥。

☀光照:全日照,也耐半阴。

🛒施肥:较喜肥。生长期每半月施肥1次。

养护难度:★★★★

◀ 不夜城
(Aloe mitriformis)

又名大翠盘、不夜城芦荟、高尚芦荟,原产南非,多年生肉质植物。株高1~2米,株幅不限定。茎粗壮,直立或匍匐,顶生莲座状叶丛。叶卵圆披针形,肥厚,浅蓝绿色,叶缘四周长有白色的肉齿。总状花序,花筒状,深红色。花期冬季。也用 *Aloe xanthocantha* 的学名。

💧浇水:耐干旱。刚栽时少浇水,生长期可多些,夏季控制浇水,冬季减少浇水,保持干燥。

☀光照:全日照,也耐半阴。

🛒施肥:较喜肥。生长期每半月施肥1次。

养护难度:★★

◀不夜城锦
(Aloe mitriformis f. variegata)

为不夜城的斑锦品种,植株群生状。株高 1~2 米,株幅不定。茎粗壮,直立或匍匐,顶生莲座状叶丛。叶卵圆披针形,肉质,淡蓝绿色,镶嵌着不规则黄色纵条纹,叶缘及叶背生有肉质齿状物。总状花序,花筒状,深红色。花期冬季。

💧浇水:耐干旱。刚栽时少浇水,生长期可多些,夏季控制浇水,冬季减少浇水并保持干燥。

☀光照:全日照,也耐半阴。

🛒施肥:较喜肥。生长期每半月施肥 1 次。

养护难度:★★★

雪花芦荟▶
(Aloe rauhii 'Snow Flake')

为劳氏芦荟的栽培品种,植株无茎。株高 10~15 厘米,株幅 20~25 厘米。叶片三角披针形,长 10 厘米,宽 2~3 厘米,呈莲座状排列,叶面亮绿色,几乎通体布满白色斑纹。顶生总状花序,长 30 厘米,花筒状,粉红色,长 2.5 厘米。花期夏季。

💧浇水:耐干旱。刚栽时少浇水,生长期可多些,盛夏控制浇水,冬季减少浇水并保持干燥。

☀光照:全日照,也耐半阴。

🛒施肥:较喜肥。生长期每半月施肥 1 次。

养护难度:★★★

◀皂芦荟
(Aloe saponaria)

又名皂质芦荟,原产南非,多年生肉质植物。株高 50~70 厘米,株幅不限定。无茎或茎短。叶簇生于基部,呈螺旋状排列,呈半直立或平行状,叶片宽平扁薄,绿色,间嵌白色斑纹,其叶汁似肥皂水,搅动会起泡。花红至黄色。花期夏季。

💧浇水:耐干旱。刚栽时少浇水,生长期可多些,盛夏控制浇水,冬季减少浇水并保持干燥。

☀光照:全日照,也耐半阴。

🛒施肥:较喜肥。生长期每半月施肥 1 次。

养护难度:★★★

◀珊瑚芦荟
(Aloe striata)

又名银芳锦,原产南非,多年生肉质植物。株高1米,株幅85厘米。叶片呈莲座状,披针形,肉质,深红绿色,平行脉明显,叶缘粉红色,长45厘米。圆锥花序,顶生,长1米,有分枝,花筒状,橙红色,长2.5厘米。花期夏季。

💧浇水:耐干旱。刚栽时少浇水,生长期可多些,夏季控制浇水,冬季减少浇水并保持干燥。

☀光照:全日照,也耐半阴。

🛒施肥:较喜肥。生长期每半月施肥1次。

养护难度:★★★

千代田锦▶
(Aloe variegata)

又名翠花掌,原产南非,多年生肉质植物。株高20厘米,株幅15~20厘米。叶片披针形,肉质,呈莲座状,深绿色,具不规则银白色斑纹,长12厘米,表面下凹呈"V"字形,叶缘密生细小齿状物。总状花序腋生,长30厘米,花筒状,下垂,粉红色或鲜红色,长3~4.5厘米。花期夏季。

💧浇水:耐干旱。刚栽时少浇水,生长期每周浇水1次,夏季每2~3周浇水1次。

☀光照:全日照。夏季强光时适当遮阴。

🛒施肥:较喜肥。生长期施肥3~4次。

养护难度:★★★

◀库拉索芦荟
(Aloe vera)

又名芦荟,多年生肉质植物。株高60厘米,株幅不限定。叶片披针形,肉质,呈莲座状,灰绿色,长45厘米,叶面带沟,叶缘具粉红色肉齿。花管状,黄色。花期夏季。

💧浇水:耐干旱。刚栽时少浇水,生长期浇水可增加,冬季控制浇水并保持干燥。

☀光照:全日照。

🛒施肥:较喜肥。生长期每半月施肥1次。

养护难度:★★

苍角殿属

苍角殿属（*Bowiea*）有 2~3 种。是具大型鳞茎的多肉植物。

原产地：南非、坦桑尼亚。

习性与养护：喜凉爽、干燥和阳光充足的环境。不耐寒，冬季温度不低于 10℃，生长适温为 13~25℃。生长季节每 10 天浇水 1 次，前后施肥 2 次，以低氮素肥为好。避开强光暴晒，夏季午间适当遮阴，冬季控制浇水，保持盆土干燥。每隔 2 年在春季换盆 1 次。

繁殖：早春播种，发芽适温 21~22℃；也可在春季换盆时进行鳞茎分球繁殖。

苍角殿 ▲
(*Bowiea volubilis*)

原产南非和东非，多年生肉质植物。株高 1~2 米，株幅 45~60 厘米。鳞茎大，球状，有鳞片，表面淡绿色至淡棕色，直径 10~20 厘米，常部分埋入土中。茎顶簇生细长蔓枝，多分枝，绿色。叶退化成线形，绿色，早落。顶生圆锥花序，花小，星状，淡绿白色，直径 8 毫米。花期夏季。

💧 浇水：耐干旱。生长期每 10 天浇水 1 次。

☀ 光照：全日照。

🛒 施肥：较喜肥。生长期施肥 2 次，以低氮素肥为好。

养护难度：★★★★

沙鱼掌属

    沙鱼掌属 (*Gasteria*) 有 50~80 种。无茎或有非常短的茎，多年生肉质植物。常群生状。通常作观花和观叶栽培。

    原产地：纳米比亚、南非的低地或山坡地。

    形态特征：叶片坚硬，深绿或淡灰绿，有时稍微带红色，有白色小疣点，叶舌状，二侧互生，横向排列，有时也呈莲座状。总状或圆锥花序，花管状或筒状，基部膨大，顶部绿色。

    习性与养护：喜温暖、干燥和阳光充足环境。不耐寒，冬季温度不低于 7℃。耐干旱和半阴，怕水湿和强光。宜肥沃、疏松和排水良好的沙壤土。生长期适度浇水，休眠期保持干燥。生长期每 4~5 周施低氮素肥 1 次。

    繁殖：春季或夏季播种，发芽温度 19~24℃；或于生长季节分株或叶片扦插繁殖。

    盆栽摆放：用于点缀窗台、案头或博古架，古色古香，带有浓厚的乡土气息。

卧牛 ▲
(*Gasteria armstrongii*)

又名厚舌草，原产南非、纳米比亚，无茎或短茎的多年生肉质草本。株高 3~5 厘米，株幅 10~15 厘米。叶片舌状，肥厚，坚硬，呈两列叠生，叶面墨绿色，粗糙，被白色小疣，先端急尖，叶缘角质化，长 3~7 厘米，宽 3~4 厘米，厚 1 厘米。总状花序，高 20~30 厘米，花小，筒状，上绿下红，下垂。花期春末至夏季。

💧 浇水：耐干旱。春、秋季生长期每周浇水 1 次，盛夏多喷雾。

☀ 光照：全日照。盛夏放半阴处。

🎒 施肥：较喜肥。生长期每月施肥 1 次。

养护难度：★★★

◀日本大卧牛
(Gasteria armstrongii 'Major')

为卧牛的栽培品种，无茎或短茎的多年生肉质草本。株高 4~5 厘米，株幅 12~20 厘米。叶片舌状，肥厚坚硬，呈两列叠生，叶面橄榄红色，布满白色疣点，先端急尖，中间槽沟深而明显。总状花序，高 25~35 厘米，花筒状，红色，顶端绿色。花期春末至夏季。

💧浇水：耐干旱。春、秋季生长期每周浇水 1 次；盛夏少浇水，多喷雾。

☀光照：全日照。盛夏放半阴处。

🪴施肥：较喜肥。生长期每月施肥 1 次。

养护难度：★★★

卧牛石化▶
(Gasteria armstrongii 'Monstrosus')

为卧牛的石化品种，多年生肉质草本。株高 10~15 厘米，株幅 10~15 厘米。叶片舌状，肥厚坚硬，呈不规则叠生，叶面深绿色，新叶被白色小疣，成熟叶较光滑。花小，筒状，上绿下红。花期春末至夏季。

💧浇水：耐干旱。春、秋季生长期每周浇水 1 次；盛夏少浇水，多喷雾。

☀光照：全日照。盛夏放半阴处。

🪴施肥：较喜肥。生长期每月施肥 1 次。

养护难度：★★★★

◀卧牛锦
(Gasteria armstrongii f. variegata)

为卧牛的斑锦品种，无茎或短茎的多年生肉质草本。株高 3~4 厘米，株幅 8~12 厘米。叶片舌状，肥厚坚硬，先端急尖，呈两列叠生，叶面深绿色，散生着白色小疣点，镶嵌有纵向黄色条纹，长宽均 3~5 厘米，厚 1 厘米。总状花序，高 20~30 厘米，花小，筒状，上绿色下橙色。花期春末至夏季。

💧浇水：耐干旱。春、秋季生长期每周浇水 1 次；盛夏少浇水，多喷雾。

☀光照：全日照。盛夏放半阴处。

🪴施肥：较喜肥。生长期每月施肥 1 次。

养护难度：★★★

奶油子宝▶
(Gasteria gracilis 'Variegata')

为虎之卷的斑叶品种，多年生肉质草本。株高
10~15厘米，株幅15~20厘米。叶片舌状，两侧
互生，叶表面有深黄色斑纹。

💧浇水：耐干旱。生长期每周浇水1次；盛夏少浇水，多
喷雾，其他时间每月浇水1次。

☀光照：全日照，也耐半阴。

🏺施肥：较喜肥。生长期每月施肥1次。

养护难度：★★★

虎子卷锦▶
(Gasteria gracilis f. *variegata)*

为虎之卷的斑锦品种，多年生肉质草本。株高
10~15厘米，株幅20~30厘米。叶面深绿色，布
满白色小疣点，镶嵌纵向黄色条纹，厚6~7毫米。
总状花序，花小，管状，橙红色。花期春末至夏季。

💧浇水：耐干旱。生长期每周浇水1次，盛夏少浇水。

☀光照：全日照，也耐半阴。

🏺施肥：较喜肥。生长期每月施肥1次。

养护难度：★★★

◀美玲子宝
(Gasteria gracilis 'Albivariegata')

为虎之卷的斑锦品种，多年生肉质草本。株高
10~15厘米，株幅15~20厘米。叶面布满白色斑点，
有白色纵向条纹。总状花序，花小，管状，橙红色。

💧浇水：耐干旱。生长期每周浇水1次；盛夏少浇水，多喷雾。

☀光照：全日照，也耐半阴。

🏺施肥：较喜肥。生长期每月施肥1次。

养护难度：★★★

◀子宝锦
(Gasteria gracilis var. *minima* 'Variegata')

为子宝的斑锦品种。株高3~4厘米，株幅12~15
厘米。叶面深绿色，布满白色疣点，镶嵌纵向黄
色条斑，厚5~6毫米。总状花序，长20~25厘米，
花小，管状，橙红色。花期春末至夏季。

💧浇水：耐干旱。生长期每周浇水1次；盛夏少浇水，多喷雾。

☀光照：全日照，也耐半阴。

🏺施肥：较喜肥。生长期每月施肥1次。

养护难度：★★★

恐龙卧牛▶
(Gasteria pillansii)

又名比兰西卧牛，原产南非，无茎或短茎的多年生肉质草本。株高 3~5 厘米，株幅 10~15 厘米。叶片舌状，肥厚，坚硬，呈两列叠生，叶面深绿色，散生白色小疣，先端急尖，叶缘角质化。花小，筒状，上绿下红。花期春末至夏季。

💧浇水：耐干旱。生长期每周浇水 1 次；盛夏少浇水，多喷雾，其他时间每月浇水 1 次。

☀️光照：全日照，也耐半阴。

🪴施肥：较喜肥。生长期每月施肥 1 次。

养护难度：★★★

◀墨鉾
(Gasteria maculata)

原产南非，多年生肉质草本。株高 15 厘米，株幅 30 厘米。叶舌状，呈二列，坚硬、肉质，叶缘角质化，表皮墨绿色，着生不规则的白色斑纹，背部隆起，布满白色斑纹。总状花序，小花，下垂，粉红色。花期春末至夏季。

💧浇水：耐干旱。生长期每周浇水 1 次；盛夏少浇水，多喷雾，其他时间每月浇水 1 次。

☀️光照：全日照，也耐半阴。

🪴施肥：较喜肥。生长期每月施肥 1 次。

养护难度：★★★

◀比兰西卧牛锦
(Gasteria pillansii 'Variegata')

又名恐龙卧牛锦，为恐龙卧牛的斑锦品种，多年生肉质草本。株高 3~4 厘米，株幅 8~12 厘米。叶片舌状，肥厚坚硬，呈两列叠生，叶面深绿色，散生着白色小疣点，镶嵌有纵向黄色条纹，甚至整叶黄色。总状花序，花小，筒状，上绿色下橙色。花期春末至夏季。

💧浇水：耐干旱。生长期每周浇水 1 次；盛夏少浇水，多喷雾，其他时间每月浇水 1 次。

☀️光照：全日照，也耐半阴。

🪴施肥：较喜肥。生长期每月施肥 1 次。

养护难度：★★★★

十二卷属

十二卷属(*Haworthia*)超过 150 种。植株矮小，单生或丛生，叶片呈莲座状，无茎或稍有短茎的多年生肉质草本。

原产地：斯威士兰、莫桑比克和南非的低地或山坡。

形态特征：植株通常群生，叶形从线形至宽阔的卵圆形或三角形，肉质，表皮有不同颜色，常覆盖细小的疣点。总状花序，花小，管状或漏斗状。花期春末至夏季。

习性与养护：喜温暖、干燥和明亮光照的环境。不耐寒，冬季温度不低于 10℃。怕高温和强光，不耐水湿。宜肥沃、疏松和排水良好的沙壤土。生长期适度浇水，冬季保持干燥。生长期每月施低氮素肥 1 次。

繁殖：春季播种，发芽温度 21~24℃；或于春季或夏季取叶片扦插繁殖。

盆栽摆放：用于点缀书桌、茶几或博古架等室内半阴处，其似翡翠般的株型，让居室环境更加清新高雅。

◀白帝
(*Haworthia attenuate* 'Albovariegata')

为十二卷中的栽培品种，群生状多肉植物。株高 15~20 厘米，株幅 10~15 厘米。叶片三角状披针形，叶面扁平，叶背凸起，呈龙骨状，浅绿色至黄绿色，具白色疣状突起，呈横白条纹。总状花序，花白色。花期夏季。

💧浇水：耐干旱。生长期保持盆土湿润，冬季严格控制浇水。

☀光照：明亮光照。夏季适当遮阴，冬季需充足阳光。

🏺施肥：较喜肥。生长期每月施肥 1 次。

养护难度：★★★

◀糊斑金城
(Haworthia attenuata 'Norieu Kihiyo')

为松之雪的斑锦品种,小型群生状多肉植物。株高 8~10 厘米,株幅 10~12 厘米。叶片肥厚三角形,呈螺旋状排列,长 6~8 厘米,宽 1.5~2 厘米,表皮深绿色,镶嵌淡绿、黄白色纵向条纹,背面白色小疣明显。总状花序,长 30~40 厘米,花小,管状,白色。花期夏季。

💧浇水:耐干旱。生长期保持盆土湿润,冬季严格控制浇水。
☀光照:明亮光照。夏季适当遮阴,冬季需充足阳光。
🏺施肥:较喜肥。生长期每月施肥 1 次。
养护难度:★★★

菊绘卷▶
(Haworthia batesiana)

原产南非,多年生肉质草本。株高 8~10 厘米,株幅 10~15 厘米。叶片长三角形,肥厚肉质,淡绿色,长 3~5 厘米。总状花序,长 25~30 厘米,花小,管状,白色,有褐色中条。花期夏季。

💧浇水:耐干旱。生长期保持盆土湿润,冬季严格控制浇水。
☀光照:明亮光照。夏季适当遮阴,冬季需充足阳光。
🏺施肥:较喜肥。生长期每月施肥 1 次。
养护难度:★★★

◀康平寿
(Haworthia comptoniana)

又名康氏十二卷,原产南非,无茎矮生多肉植物。株高 5~7 厘米,株幅 10~15 厘米。叶片肥厚,卵圆三角形,褐绿色,截面光滑,外倾,分布有网格状脉纹,尖端有软刺,叶缘有细齿。总状花序,花小,管状,绿白色。花期夏季。

💧浇水:耐干旱。生长期保持盆土湿润,冬季严格控制浇水。
☀光照:明亮光照。夏季适当遮阴,冬季需充足阳光。
🏺施肥:较喜肥。生长期每月施肥 1 次。
养护难度:★★★★

◀玉露
(*Haworthia cooperi*)

原产南非,叶末端膨大且透明的多肉植物,常群生。株高 3~4 厘米,株幅 5~6 厘米。叶片舟形,肉质,亮绿色,先端肥大呈圆头状,透明,有绿色脉纹,长 2~3 厘米,宽 1.2 厘米,叶尖有细小的须。总状花序,花筒状,白色,中肋绿色。花期夏季。

💧浇水:耐干旱。生长期保持盆土稍湿润,夏季高温时少浇水,秋凉后保持稍湿润,冬季保持稍干燥。

☀光照:明亮光照,也耐半阴。

🪴施肥:较喜肥。生长期每月施肥 1 次。

养护难度:★★★

姬玉露▶
(*Haworthia cooperi* var. *truncata*)

为玉露的小型变种,多年生肉质草本。株高 3~4 厘米,株幅 3~5 厘米。叶片舟形,肉质,亮绿色,先端肥大呈圆头状,透明度高,有绿色脉纹。

💧浇水:耐干旱。生长期保持盆土稍湿润,夏季高温时少浇水,秋凉后保持稍湿润,冬季保持稍干燥。

☀光照:明亮光照,也耐半阴。

🪴施肥:较喜肥。生长期每月施肥 1 次。

养护难度:★★★

◀白斑玉露
(*Haworthia cooperi* 'Variegata')

又名水晶白玉露,为玉露的斑锦品种,多年生肉质草本。株高 4~5 厘米,株幅 6~8 厘米。顶端角锥状的棒状肉质叶,呈半透明,碧绿色间杂镶嵌乳白色斑纹。

💧浇水:耐干旱。生长期保持盆土稍湿润,夏季高温时少浇水,秋凉后保持稍湿润,冬季保持稍干燥。

☀光照:明亮光照,也耐半阴。

🪴施肥:较喜肥。生长期每月施肥 1 次。

养护难度:★★★

◀京之华锦
(Haworthia cymbiformis f. *variegata)*

为京之华的斑锦品种,植株柔软多汁,为十二卷属软叶系的代表种。株高 8 厘米,株幅 10~25 厘米。叶片倒卵形至卵圆形,肉质肥厚,呈莲座状,亮淡绿色,具不规则的白色斑纹。总状花序,长 20 厘米,花漏斗状,淡粉白色,长 1.5 厘米,中肋淡褐绿色。花期春季。

💧浇水:耐干旱。生长期保持盆土稍湿润,夏季高温时少浇水,秋凉后保持稍湿润,冬季保持稍干燥。

☀光照:明亮光照,也耐半阴。

👜施肥:较喜肥。生长期每月施肥 1 次。

养护难度:★★★

青蟹寿▶
(Haworthia dekenahii var. *argenteo-maculosa)*

又名青蟹,原产南非,多年生肉质草本。株高 3~4 厘米,株幅 6~8 厘米。叶片肉质,排列成莲座状,暗绿色,叶端斜截,截面三角形隆起,分布着 10 道左右凸起的纵向脉纹,叶缘棕褐色。总状花序,花白色,有绿色中肋。花期夏季至秋季。

💧浇水:耐干旱。生长期保持盆土稍湿润,夏季高温时少浇水,秋凉后保持稍湿润,冬季保持稍干燥。

☀光照:明亮光照,也耐半阴。

👜施肥:较喜肥。生长期每月施肥 1 次。

养护难度:★★★

◀青蟹锦
(Haworthia dekenahii var. *argenteo-maculosa* 'Variegata')*

为青蟹寿的斑锦品种,多年生肉质草本。株高 3~4 厘米,株幅 5~7 厘米。叶片肉质,排列成莲座状,叶端斜截,截面三角形隆起,深绿色,分布着 10 道左右凸起的纵向脉纹,间杂多条黄色纵条纹。

💧浇水:耐干旱。生长期保持盆土稍湿润,夏季高温时少浇水,秋凉后保持稍湿润,冬季保持稍干燥。

☀光照:明亮光照,也耐半阴。

👜施肥:较喜肥。生长期每月施肥 1 次。

养护难度:★★★★

◀条纹十二卷
(Haworthia fasciata)

又名锦鸡尾、十二之卷，原产南非，多年生肉质草本。株高10~15厘米，株幅15~20厘米。叶片三角状披针形，叶面扁平，叶背凸起，呈龙骨状，绿色，具白色疣状突起，排列成横条纹。总状花序，长11厘米，花筒状至漏斗状，白色，长1.5厘米，中肋红褐色。花期夏季。

💧浇水：耐干旱。生长期保持盆土湿润，冬季严格控制浇水。

☀光照：明亮光照，也耐半阴。夏季适当遮阴，冬季需充足阳光。

🪴施肥：较喜肥。生长期每月施肥1次。

养护难度：★★

青瞳▶
(Haworthia herrei)

又名缩叶鹰爪草，原产南非，多年生肉质草本。株高15~25厘米，株幅12~15厘米。叶片三角形剑状，肉质，螺旋状排列成圆筒形，直立，叶面深绿色，具白色粒状和绿白色纵线。总状花序，花筒状，白色。花期夏季。

💧浇水：耐干旱。生长期保持盆土稍湿润，夏季高温时少浇水，秋凉后保持稍湿润，冬季保持稍干燥。

☀光照：明亮光照，也耐半阴。

🪴施肥：较喜肥。生长期每月施肥1次。

养护难度：★★★★

◀高文鹰爪
(Haworthia koelmaniorum)

又名高文十二卷，原产南非，多年生肉质草本。株高8~10厘米，株幅10~20厘米。叶倒卵形，组成莲座状叶盘，深褐至褐绿色，叶面生有小疣点，叶缘和叶背生有小刺。花小，白色。花期夏季。

💧浇水：耐干旱。生长期保持盆土稍湿润，夏季高温时少浇水，秋凉后保持稍湿润，冬季保持稍干燥。

☀光照：明亮光照，也耐半阴。

🪴施肥：较喜肥。生长期每月施肥1次。

养护难度：★★★

◀琉璃殿
(Haworthia limifolia)

又名旋叶鹰爪草，原产南非，叶表呈屋瓦状的多肉植物。株高 8~10 厘米，株幅 8~10 厘米。叶片卵圆三角形，呈顺时针螺旋状排列，先端急尖，正面凹，背面圆突；叶面深褐绿色，布满绿色小疣，组成 15~20 横条纹，呈瓦棱状。总状花序，长 15~35 厘米，花白色，中肋绿色。花期夏季。

💧浇水：耐干旱。生长期盆土保持稍湿润，冬季保持盆土稍干燥，切忌时干时湿。

☀光照：全日照。夏季强光时适当遮阴。

🛒施肥：较喜肥。生长期每月施肥 1 次。

养护难度：★★★

琉璃殿锦▶
(Haworthia limifolia 'Variegata')

为琉璃殿的斑锦品种，多年生肉质草本。株高 8~10 厘米，株幅 10~12 厘米。叶片卵圆三角形，呈顺时针螺旋状排列，先端急尖，正面凹，背面圆突；叶面深褐绿色，间杂黄白色条纹，布满绿色小疣，组成 15~20 个横条纹，呈瓦棱状。总状花序，高 15~35 厘米，花白色，中肋绿色。花期夏季。

💧浇水：耐干旱。生长期盆土保持稍湿润，冬季保持盆土稍干燥，切忌时干时湿。

☀光照：全日照。夏季强光时适当遮阴。

🛒施肥：较喜肥。生长期每月施肥 1 次。

养护难度：★★★

◀雄姿城
(Haworthia limifolia var. limifolia)

为琉璃殿的变种，多年生肉质草本。株高 10~12 厘米，株幅 12~15 厘米。株型比琉璃殿稍大，叶片卵圆三角形，呈螺旋状排列。叶深绿色，由淡绿色小疣组成的横条纹呈瓦棱状。花白色。花期夏季。

💧浇水：耐干旱。生长期盆土保持稍湿润，盛夏和冬季保持盆土稍干燥，切忌时干时湿。

☀光照：全日照。夏季强光时适当遮阴。

🛒施肥：较喜肥。生长期每月施肥 1 次。

养护难度：★★★

◀美艳寿
(Haworthia magnifica var. splendens)

为美丽十二卷的变种, 多年生肉质草本。株高4~5厘米, 株幅8~10厘米。叶片三角形, 肉质肥厚, 深绿色至红褐色, 叶面有银白色线条、斑点和透明的疣突。

💧浇水: 耐干旱。生长期保持盆土湿润, 冬季、盛夏严格控制浇水。

☀光照: 明亮光照, 也耐半阴。夏季适当遮阴, 冬季需充足阳光。

🏺施肥: 较喜肥。生长期每月施肥1次。

养护难度: ★★★

金城锦▶
(Haworthia margaritifera 'Variegata')

为点纹十二卷的斑锦品种, 多年生肉质草本。株高12~15厘米, 株幅15~20厘米。叶片卵状三角状, 叶面扁平, 先端尖, 叶背凸起, 绿色, 间杂黄白色大斑块, 背面散生白色半球形瘤状物。花白色。花期夏季。

💧浇水: 耐干旱。生长期保持盆土湿润, 冬季严格控制浇水。

☀光照: 明亮光照, 也耐半阴。夏季适当遮阴, 冬季需充足阳光。

🏺施肥: 较喜肥。生长期每月施肥1次。

养护难度: ★★★

◀万象
(Haworthia maughanii)

又名毛汉十二卷、象脚草, 群生直立多肉植物。株高2~5厘米, 株幅8~10厘米。植株大部分在地面以下, 叶片圆锥状至圆筒状, 长2.5~5厘米, 肉质, 呈放射状排列, 叶端截形, 淡灰绿色至淡红褐色, 叶面粗糙, 有闪电般的花纹。总状花序, 长15~20厘米, 花白色, 中肋褐色。花期秋季至冬季。

💧浇水: 耐干旱。生长期保持盆土湿润, 盛夏严格控制浇水。

☀光照: 明亮光照, 也耐半阴。夏季适当遮阴, 冬季需充足阳光。

🏺施肥: 较喜肥。生长期每月施肥1次。

养护难度: ★★★

◀万象锦
(Haworthia maughanii 'Variegata')

为万象的斑锦品种，多年生肉质草本。株高3~5 厘米，株幅 7~9 厘米。叶片圆锥状至圆筒状，肉质，呈放射状排列，叶端截形，淡灰绿色，镶嵌黄色条斑。花小，白色。花期夏季。

💧 浇水：耐干旱。生长期保持盆土湿润，冬季严格控制浇水。

☀️ 光照：明亮光照，也耐半阴。夏季适当遮阴，冬季需充足阳光。

🏺 施肥：较喜肥。生长期每月施肥 1 次。

养护难度：★★★★

星霜▶
(Haworthia musculina)

原产南非，多年生肉质草本。株高 15~20 厘米，株幅 6~8 厘米。叶片剑状，肉质，灰绿色叶面横向分布白色疣突，全缘，顶端细尖，轻度内侧弯曲，基部易生子株。

💧 浇水：耐干旱。生长期保持盆土湿润，冬季、盛夏严格控制浇水。

☀️ 光照：明亮光照，也耐半阴。夏季适当遮阴，冬季需充足阳光。

🏺 施肥：较喜肥。生长期每月施肥 1 次。

养护难度：★★★

◀黑三棱
(Haworthia nigra)

又名尼古拉，原产南非，多年生肉质草本。株高5~7 厘米，株幅 6~8 厘米。叶片倒卵状三角形，中间凹，先端稍外卷，排成 3 列，交叉上升，形似三角塔，墨绿色至灰绿色，布满小疣点。

💧 浇水：耐干旱。生长期保持盆土湿润，冬季、盛夏严格控制浇水。

☀️ 光照：明亮光照，也耐半阴。夏季适当遮阴，冬季需充足阳光。

🏺 施肥：较喜肥。生长期每月施肥 1 次。

养护难度：★★★★

◀乙女之星
(Haworthia papillosa var. conspicua)

原产南非,多年生肉质草本。株高 12~15 厘米,株幅 5~7 厘米。叶片剑状,肉质,深绿色,叶面横向分布白色大疣突,全缘,顶端细尖,内侧弯曲。花管状,淡粉白色。花期春季。

💧浇水:耐干旱。生长期保持盆土湿润,冬季、盛夏严格控制浇水。

☀光照:明亮光照。夏季适当遮阴,冬季需充足阳光。

🪴施肥:较喜肥。生长期每月施肥 1 次。

养护难度:★★★

群鲛▶
(Haworthia parksiana)

原产南非,多年生肉质草本。株高 3~4 厘米,株幅 10~12 厘米。植株群生。叶片三角锥形,肉质,呈莲座状,青绿色,叶表面密布细小疣突,叶顶细尖,向外弯曲。

💧浇水:耐干旱。生长期保持盆土湿润,冬季、盛夏严格控制浇水。

☀光照:明亮光照。夏季适当遮阴,冬季需充足阳光。

🪴施肥:较喜肥。生长期每月施肥 1 次。

养护难度:★★★

◀特选冬之星座
(Haworthia pumila 'Super')

为小型十二卷的栽培品种,多年生肉质草本。株高 10~15 厘米,株幅 15~20 厘米。叶片窄三角形,基部宽而厚,呈放射状丛生,深绿色,叶表有横向排列的吸盘状白色疣突。

💧浇水:耐干旱。生长期保持盆土湿润,冬季、盛夏严格控制浇水。

☀光照:明亮光照。夏季适当遮阴,冬季需充足阳光。

🪴施肥:较喜肥。生长期每月施肥 1 次。

养护难度:★★★

◀银雷
(Haworthia pygmaea)

无茎矮生多肉植物。株高4~6厘米,株幅8~12厘米。叶片肥厚,顶面三角形,不透明,青绿色,布满细小颗粒状突起,形似丝绒。总状花序,花小,白色。花期夏季。

💧 浇水:耐干旱。生长期保持盆土湿润,冬季严格控制浇水。

☀ 光照:明亮光照。夏季适当遮阴,冬季需充足阳光。

🛒 施肥:较喜肥。生长期每月施肥1次。

养护难度:★★★

高岭之花▶
(Haworthia radula 'Variegata')

又名松之霜锦,为松之霜的斑锦品种,矮性群生的多肉植物。株高4~5厘米,株幅10~15厘米。叶片剑形,细长,先端狭尖,肉质,扁平,深绿色,间杂着黄色纵向条纹或整片叶黄色,叶背面密生白色小疣点。总状花序,花筒状,绿白色。花期夏季。

💧 浇水:耐干旱。生长期保持盆土湿润,冬季严格控制浇水。

☀ 光照:明亮光照。夏季适当遮阴,冬季需充足阳光。

🛒 施肥:较喜肥。生长期每月施肥1次。

养护难度:★★★

◀九轮塔
(Haworthia reinwardtii var. chalwinii)

又名霜百合,原产南非,植株圆柱状,具短匍茎,叶螺旋状排列的多肉植物。株高15~20厘米,株幅不定。叶片肥厚,先端急尖,向内侧弯曲,螺旋环抱株茎,长宽均3~5厘米,叶背白色疣点大而明显,呈纵向排列。总状花序,花管状,淡粉白色,中肋淡绿褐色,长2厘米。花期春季。

💧 浇水:耐干旱。生长期保持稍湿润,但盆土不能积水,空气干燥时可喷水;冬季严格控制浇水。

☀ 光照:明亮光照,也耐半阴。

🛒 施肥:较喜肥。生长期每月施肥1次。

养护难度:★★★

◀九轮塔锦
(Haworthia reinwardtii var. *chalwinii* 'Variegata')*

为九轮塔的斑锦品种,外形同九轮塔。叶片肥厚,卵圆形至披针形,先端急尖,向内侧弯曲,螺旋环抱株茎,深绿色至黄绿色,镶嵌着黄色晕纹。

💧浇水:耐干旱。生长期盆土保持稍湿润,但不能积水,空气干燥时可喷水;冬季严格控制浇水。
☀光照:明亮光照,也耐半阴。
🪴施肥:较喜肥。生长期每月施肥1次。

养护难度 : ★★★

寿▶
(Haworthia retusa)

原产南非,多年生肉质草本。株高5~6厘米,株幅15~18厘米。叶片肥厚,卵圆三角形,长3~7厘米,肉质叶的截面三角形,叶端急尖,脉纹明显,叶面深绿色。总状花序,长40~50厘米,花筒状,白色,中肋绿色。花期冬末春初。

💧浇水:耐干旱。生长期保持稍湿润,但盆土不能积水,空气干燥时可喷水。
☀光照:明亮光照,也耐半阴。
🪴施肥:较喜肥。生长期每月施肥1次。

养护难度 : ★★★★

◀红寿
(Haworthia retusa 'Rubra')*

为寿的斑锦品种,植株群生。株高6~7厘米,株幅15~20厘米。叶片卵圆三角形,长3~8厘米,肉质叶的截面脉纹清晰,表面淡绿或深绿色,带有红晕,常有细小疣点和白线。总状花序,长50厘米,花管状,白色,中肋绿色。花期冬末春初。

💧浇水:耐干旱。生长期保持稍湿润,但盆土不能积水,空气干燥时可喷水。
☀光照:明亮光照,也耐半阴。
🪴施肥:较喜肥。生长期每月施肥1次。

养护难度 : ★★★★

◀寿宝殿锦
(Haworthia retusa var. baodian 'Variegata')

为寿宝殿的斑锦品种，多年生肉质草本。株高3~6厘米，株幅7~10厘米。叶片卵状三角形，肉质，肥厚，表面淡黄色，排列成莲座状，叶端斜截，截面有深绿色条状脉纹。花小，白色。花期冬末春初。

💧浇水：耐干旱。生长期保持稍湿润，但盆土不能积水，空气干燥时可喷水。

☀光照：明亮光照，也耐半阴。

🏠施肥：较喜肥。生长期每月施肥1次。

养护难度：★★★★

美吉寿▶
(Haworthia schuldtiana var.major)

为霸王城的变种，多年生肉质草本。株高3~5厘米，株幅7~10厘米。叶片肉质，红褐色呈半透明状，有3条下凹的浅褐色纵线，叶缘密生白色肉齿。

💧浇水：耐干旱。生长期保持稍湿润，但盆土不能积水，空气干燥时可喷水；冬季严格控制浇水。

☀光照：明亮光照，也耐半阴。

🏠施肥：较喜肥。生长期每月施肥1次。

养护难度：★★★

◀风车
(Haworthia starkiana)

又名八大龙王，多年生肉质草本。株高10厘米，株幅20~30厘米。叶片三角形剑状，呈莲座状，长3~4厘米，坚硬，基部宽厚先端渐尖，绿色，叶面光滑，无疣点。总状花序，花筒状，白色。花期春季。

💧浇水：耐干旱。生长期保持稍湿润，但盆土不能积水，空气干燥时可喷水；冬季严格控制浇水。

☀光照：明亮光照，也耐半阴。

🏠施肥：较喜肥。生长期每月施肥1次。

养护难度：★★★

◀蛇皮掌
(Haworthia tessllata)

又名龙鳞，原产纳米比亚、南非，植株群生。株高 10 厘米，株幅 20~30 厘米。叶片卵状三角形，呈莲座状，长 3~4 厘米，坚硬，先端渐尖和反卷，深绿色，表面有白色网状脉花纹，叶背有不规则小疣点，叶缘具细白齿。总状花序，长 50 厘米，花筒状，淡绿白色。花期春季。

💧浇水：耐干旱。生长期保持稍湿润，但盆土不能积水，空气干燥时可喷水；冬季严格控制浇水。

☀光照：明亮光照，也耐半阴。

🏺施肥：较喜肥。生长期每月施肥 1 次。

养护难度：★★★

玉扇▶
(Haworthia truncata)

又名截形十二卷，原产南非，长方形厚叶多肉植物。株高 2 厘米，株幅 10 厘米。叶片肉质，长圆形，淡蓝灰色，长 2 厘米，排列成二列，直立，稍向内弯，顶部截形，稍凹陷，部分透明，暗褐绿色，表面粗糙，具小疣突。总状花序，花茎长 20~25 厘米，花筒状，白色，中肋绿色，长 1.5 厘米。花期夏季至秋季。

💧浇水：耐干旱。夏季减少浇水，秋季适当增加。

☀光照：全日照。夏季应放半阴处。

🏺施肥：较喜肥。

养护难度：★★★★

◀静鼓锦
(Haworthia truncata 'Jinggu Variegata')

为静鼓的斑锦品种，多年生肉质草本。株高 5~6 厘米，株幅 10~15 厘米。叶片扁棒状，肉质，青绿色，镶嵌黄色纵向条斑，呈不规则丛生，长 5~6 厘米，宽 2.5~3 厘米，顶端平头或楔形，半透明状。总状花序，花筒状，白色，中肋绿色。花期夏季至秋季。

💧浇水：耐干旱。生长期保持稍湿润，但盆土不能积水，空气干燥时可喷水；冬季严格控制浇水。

☀光照：全日照，光线过强时适当遮阴。

🏺施肥：较喜肥。生长期每月施肥 1 次。

养护难度：★★★★

◄玉扇锦
(Haworthia truncata 'Variegata')

为玉扇的斑锦品种，多年生肉质草本。株高3~4厘米，株幅10~12厘米。叶片肉质，长圆形，淡蓝灰色，镶嵌黄色纵向条斑，排列成二列，直立，稍向内弯，顶部截形，稍凹陷，部分透明。花筒状，白色。花期夏季至秋季。

💧浇水：耐干旱。生长期保持稍湿润，但盆土不能积水，空气干燥时可喷水；冬季严格控制浇水。
☀光照：明亮光照，也耐半阴。
🏺施肥：较喜肥。生长期每月施肥1次。
养护难度：★★★★

玉绿►
(Haworthia turgida)

原产南非，多年生肉质草本。株高3~5厘米，株幅10~15厘米。叶片卵圆三角形，肉质，深青绿色，顶端截面平展，先端急尖，脉纹清晰，叶背龙骨处及叶缘均有微齿状毛刺。总状花序，花筒状，白色。花期夏季至秋季。

💧浇水：耐干旱。生长期保持稍湿润，但盆土不能积水，空气干燥时可喷水；冬季严格控制浇水。
☀光照：明亮光照，也耐半阴。
🏺施肥：较喜肥。生长期每月施肥1次。
养护难度：★★★

◄龙城
(Haworthia viscosa)

原产南非，多年生肉质草本。株高20~30厘米，株幅8~10厘米。植株呈三角柱状，叶片三角形，先端尖，向下弯曲，肉质，坚硬，深绿色，叶面中凹，叶背布满小疣点。花小，白色。花期夏季至秋季。

💧浇水：耐干旱。生长期保持稍湿润，但盆土不能积水，空气干燥时可喷水；冬季严格控制浇水。
☀光照：明亮光照，也耐半阴。
🏺施肥：较喜肥。生长期每月施肥1次。
养护难度：★★★

绵枣儿属

绵枣儿属(*Scilla*) 约 90 种。多为多年生鳞茎植物。

原产地：欧洲、非洲南部和亚洲的亚高山草地、岩石坡地、林地和海滨地区。

形态特征：叶密生于基部。顶生总状花序或伞房花序，花小，通常蓝色，也有粉红色、紫色或白色，钟状或星状。

习性与养护：喜凉爽和阳光充足环境。不耐寒，冬季温度不低于 7℃。生长期充分浇水，冬季保持稍湿润。生长期每 4 周施高钾素肥 1 次。花期春季、夏季和秋季。

繁殖：春季或秋季播种，发芽温度 18~21℃；或于春季分株繁殖。

◀油点百合
(Scilla pauciflora)

又名小花绵枣儿，常绿多年生鳞茎植物，传统上被列为多肉植物。株高 10~15 厘米，株幅 10~15 厘米。有紫色皮鳞茎。叶片宽披针形，长 10 厘米，叶面淡银绿色，具深绿色斑点，背面紫色。总状花序，着生 25 个以上的钟状花，淡紫绿色，长 5 毫米。花期春末至夏季。

💧浇水：较喜水。生长期充分浇水，冬季保持稍湿润。

☀光照：全日照。夏季强光时适当遮阴。

🎒施肥：较喜肥。生长期每 4 周施高钾素肥 1 次。

养护难度：★★★

草树属

草树属（*Xanthorrhoea*）种类不多。灌木状。

原产地：澳大利亚西部。

形态特征：植株树干状，叶细长，簇生顶部，花序烛状。

习性与养护：喜温暖、湿润和明亮光照。不耐寒，冬季温度不低于15℃。生长期充分浇水，冬季保持稍湿润。生长期每4~5周施肥1次。

繁殖：春夏季播种，发芽温度19~24℃。

草树 ▶
(Xanthorrhoea preissii)

又名黑孩子、火凤凰，原产澳大利亚西部，植株灌木状。株高1~2米，株幅1米。茎树干状，常无分枝，形似苏铁，粗壮，黑色。叶针状，细长，革质，蓝绿色，长60~100厘米，簇生茎部顶端，常下垂。穗状花序，烛状，花小。花期夏季。

💧浇水：较喜水。生长期充分浇水，冬季保持稍湿润。

☀️光照：明亮光照，也耐半阴。

🌱施肥：较喜肥。生长期每4~5周施肥1次。

养护难度：★★★

桑科

桑科 (Moraceae) 属双子叶植物，约有 55 属，400 余种，落叶或常绿乔木和灌木，罕见草本。多数分布于热带和亚热带地区，会有白色乳汁，叶互生，花小无花瓣。属多肉植物者不多。

琉桑属

琉桑属 (Dorstenia) 约有 170 种。为多年生根茎状植物或亚灌木，多肉植物仅是其小部分。

原产地：阿拉伯半岛、非洲东北部、印度的低地和中美、南美的热带地区。

形态特征：许多种类有粗壮的根茎和块状茎，茎基肉质粗壮，叶脱落后在茎上留下叶痕。

习性与养护：喜温暖、干燥和阳光充足的环境。不耐寒，冬季温度不低于 16℃，生长适温为 20~25℃。生长季节充分浇水，冬季落叶后保持盆土稍干燥。生长季节每月施肥 1 次。

繁殖：春夏播种，发芽适温 21~24℃，或于春末夏初剪取茎部扦插繁殖。

◀臭琉桑
(Dorstenia foetida)

原产肯尼亚、索马里，亚灌木状多肉植物。株高 30~40 厘米，株幅 15~30 厘米。茎直立或半直立，圆柱状，淡褐色，粗壮，肉质，有分枝，叶脱落后在茎上留有瘢痕，使肉质茎显得格外别致。叶长圆状披针形或椭圆形，长 3~14 厘米，边缘略呈波浪形，簇生于茎枝顶端，新叶有毛，黄绿色。盘状花序似"花"，淡绿白色，直径 2 厘米，形似螺旋盖，具 6~10 个苞片状"触毛"。花期夏季。

💧浇水：耐干旱。生长季节充分浇水，冬季落叶后保持盆土稍干燥。

☀光照：全日照。

🪴施肥：较喜肥。生长期每月施肥 1 次。

养护难度：★★★★

◀巨琉桑
(Dorstenia gigas)

原产非洲东北部，肉质亚灌木。株高 30~40 厘米，株幅 12~15 厘米。茎基膨大，肉质，常萌生子株，灰褐色；茎粗壮，绿褐色，灰白色的落叶痕迹明显。叶片长卵圆形至卵圆形，绿色，叶缘略成波浪形，叶脉明显。盘状花序，花小，绿白色。花期夏季。

💧浇水：耐干旱。生长季节充分浇水，冬季落叶后保持盆土稍干燥。

☀光照：全日照。

🏺施肥：较喜肥。生长期每月施肥 1 次。

养护难度：★★★★

榕属

榕属（*Ficus*）约有 800 种植物，主要是常绿的乔木、灌木和藤本。多数以景观树和观叶植物栽培。

原产地：主要为热带和亚热带地区。

白面榕▶
(Ficus palmeri)

原产墨西哥，肉质小乔木。株高 20~100 厘米，株幅 10~30 厘米。茎干基部膨大，似地瓜，淡褐色，茎面粗糙。叶掌状，叶脉黄褐色。

💧浇水：耐干旱。生长季节充分浇水，冬季落叶后保持盆土稍干燥。

☀光照：全日照。

🏺施肥：较喜肥。生长期每月施肥 1 次。

养护难度：★★★★

辣木科

辣木科 (Moringaceae) 均为常绿或落叶乔木，多肉植物很少，主要集中在辣木属 (*Moringa*)。该属植物茎部肥大似象腿，原产地为纳米比亚、西南非、印度和亚洲热带。

辣木属

辣木属 (*Moringa*) 约有 10 种。常绿或落叶乔木。

原产地：阿拉伯半岛、印度、北非。

形态特征：叶对生或互生，2~3 回羽状复叶。圆锥花序腋生，花黄色。花期夏季。

习性与养护：喜温暖和阳光充足环境。不耐寒，冬季温度不低于 10℃。生长期充分浇水，每 4~6 周施肥 1 次。

繁殖：种子采收后即播，发芽温度 19~24℃。

象腿木▶
(*Moringa drouhardii*)

又名象腿辣木，常绿乔木。株高 6~10 米，株幅 2~4 米。树干肥厚多肉，茎基部不规则膨大，似象腿。叶片 2~3 回羽状复叶，似蕨叶，绿色，长 50 厘米。圆锥花序腋生，花白色，花径 2 厘米。花期夏季。

💧 浇水：耐干旱。生长季节充分浇水。

☀ 光照：全日照。

🪴 施肥：较喜肥。生长期每 4~6 周施肥 1 次。

养护难度：★★★★

西番莲科

西番莲科（Passifloraceae）为双子叶植物，有12个属600余种植物，主要分布在南美。但多肉植物极少，仅有腺蔓属（Adenia）1个。

腺蔓属

腺蔓属（Adenia）植物有90种以上。多为落叶的多年生肉质植物，有的为半常绿。

原产地：非洲的沙漠地区、马达加斯加和缅甸。

形态特征：具有膨大的茎基，茎基顶端有藤状细枝，枝上有卷须和刺。叶互生，全缘或掌状分裂。聚伞花序腋生，花小，有时有香味。属多肉植物中的珍贵品种。

习性与养护：喜温暖、干燥和阳光充足的环境。不耐寒，冬季温度不低于15℃。盆栽用腐叶土、泥炭土和河沙的混合基质。春、秋季适度浇水，夏季充分浇水，冬季保持干燥。生长期每4~6周施肥1次。

繁殖：发芽适温19~24℃；也可夏季花后剪取枝茎扦插繁殖。

球腺蔓▶
(Adenia bally)

多年生肉质植物。株高1.5米，株幅1米。茎基球形，表面灰绿色，直径可达1米。茎顶有分枝，具刺，粗壮。叶披针形，中绿色，长7~10厘米，叶片常脱落。花小，星状，有香味，红色。花期春季。

💧浇水：耐干旱。春、秋季适度浇水，夏季充分浇水，冬季保持干燥。

☀光照：全日照。

🛒施肥：较喜肥。生长期每4~6周施肥1次。

养护难度：★★★★

◀幻蝶蔓
(Adenia glauca)

又名粉绿阿丹藤、徐福之酒瓮，原产马达加斯加，多年生肉质植物。株高1~1.5米，株幅1米。茎基膨大，上半部翠绿，下半部黄绿。茎基顶端有葡萄藤状细枝，茎枝上有卷须和刺。叶互生，掌状深裂，中绿色。花单性，小，星状。花期夏季。

💧浇水：耐干旱。春、秋季适度浇水，夏季充分浇水。

☀光照：全日照。

🛒施肥：较喜肥。生长期每4~6周施肥1次。

养护难度：★★★★

胡椒科

胡椒科 (Piperaceae) 本科约有 10 属 3000 余种, 有草本、藤本、灌木或乔木, 广泛分布于热带和亚热带。单叶, 花多数无萼片和花瓣, 聚生成穗状花序。本科的多肉植物主要集中在椒草属或称豆瓣绿属。

椒草属

椒草属 (*Piperomia*) 有 1000 种以上。常绿多年生草本, 直立或莲座状排列, 其中少数为多肉植物。

原产地: 热带和亚热带地区, 从高海拔的云雾森林至沙漠附近均有分布。

形态特征: 本属多肉植物的株型矮小紧凑, 叶片小而肥厚。穗状花序, 花小, 白色或淡绿白色。花期夏末。

习性与养护: 喜温暖和明亮光照。不耐寒, 冬季温度不低于 14℃。生长期充分浇水, 冬季保持稍干燥。生长期每 3~4 周施低氮素肥 1 次。

繁殖: 初夏取茎扦插繁殖。

盆栽摆放: 置于窗台、书桌或案头, 其清新的倩影, 能营造出家庭特有的温馨气氛。

◀塔椒草
(Peperomia columella)

原产秘鲁, 肉质小灌木。株高 20~25 厘米, 株幅 15~20 厘米。茎直立, 圆柱形, 淡灰褐色。叶片顶端轮生, 椭圆形, 一侧圆弧形, 一侧平直, 绿色, 肉质, 背面密被淡红色细毛。穗状花序, 长 20 厘米, 花黄绿色。花期夏末。

💧浇水: 耐干旱。生长期充分浇水, 冬季保持干燥。

☀光照: 明亮光照, 也耐半阴。

🏠施肥: 较喜肥。生长期每 3~4 周施低氮素肥 1 次。

养护难度: ★★★

◀斧叶椒草
(Peperomia dolabriformis)

原产秘鲁，肉质小灌木。株高15~25厘米，株幅15~25厘米。茎圆柱形，直立或匍匐，淡绿色。叶片一侧圆弧形，一侧平直，形似斧子，弧形一端薄而透明，平直一端稍厚，灰绿色。花序长，花黄绿色。花期夏末。

💧**浇水**：耐干旱。生长期充分浇水，冬季保持干燥。

☀**光照**：明亮光照，也耐半阴。

🪣**施肥**：较喜肥。生长期每3~4周施低氮素肥1次。

养护难度：★★★

◀红椒草
(Peperomia graveolens)

又名烈味椒草，原产秘鲁，肉质小灌木。株高20~30厘米，株幅20~25厘米。茎圆柱形，直立，红色。叶片对生，椭圆形，全缘，肉质，光滑，表面绿色，背面红色。穗状花序，长15厘米，花黄绿色。花期夏末。

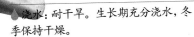

💧**浇水**：耐干旱。生长期充分浇水，冬季保持干燥。

☀**光照**：明亮光照，也耐半阴。

🪣**施肥**：较喜肥。生长期每3~4周施低氮素肥1次。

养护难度：★★★★

马齿苋科

马齿苋科 (Portulaceae) 有 20 属近 500 种。多肉植物分布在回欢草属 (*Anacampseros*)、燕子掌属 (*Portulacaria*) 等 5 个属中，主要原产于南非和纳米比亚的干旱地区。

回欢草属

回欢草属 (*Anacampseros*) 约有 50 种，为矮小的匍匐状多年生肉质植物。

原产地：非洲和澳大利亚的干旱地区。

形态特征：叶小，具托叶，托叶有两种形态，一种是纸质托叶包在细小叶外面，另一种为丝状毛，着生在较大的肉质基部。总状花序，花白色、粉红色和红色。花期夏季。

习性与养护：喜温暖、干燥和阳光充足环境。不耐寒，耐干旱和半阴，忌水湿和强光。宜肥沃、疏松和排水良好的沙壤土。生长季节充分浇水，每月施肥 1 次。

繁殖：种子成熟后即播，发芽温度 18℃；或于春季取茎扦插繁殖。

银蚕▶
(*Anacampseros albissima*)

又名妖精之舞，原产南非，多年生肉质草本。株高 4~6 厘米，株幅 8~10 厘米。短茎肥大，肉质，丛生细圆形分枝，绿白色。叶片小，似鳞片，螺旋状密包小枝。花单生，绿白色。花期夏季。

💧浇水：耐干旱。冬季生长期盆土稍湿润，夏季高温时盆土保持干燥。

☀️光照：明亮光照，也耐半阴。夏季强光时需适当遮阴。

🏠施肥：较喜肥。冬季生长期每月施肥 1 次。

养护难度：★★★★

◀白花韧锦
(*Anacampseros alstonii*)

原产南非，多年生肉质草本。株高 3~4 厘米，株幅 6~8 厘米。块根肥大，丛生分枝状的小枝，银白色。叶片极小，叠排在小枝上。花单生，梅花状，白色。花期夏季。

💧浇水：耐干旱。冬季生长期盆土稍湿润，夏季高温时盆土保持干燥。

☀️光照：明亮光照，也耐半阴。夏季强光时适当遮阴。

🏠施肥：较喜肥。冬季生长期每月施肥 1 次。

养护难度：★★★★

◀红花韧锦
(Anacampseros alstonii 'Rubriflorus')

原产南非，多年生肉质草本。株高 4~5 厘米，株幅 8~10 厘米。块根肥大，丛生分枝状的小枝，银白色。叶片极小，似鳞片密包小枝。花单生，梅花状，红色。花期夏季。

💧浇水：耐干旱。冬季生长期盆土稍湿润，夏季高温时盆土保持干燥。

☀光照：明亮光照，也耐半阴。夏季强光时适当遮阴。

🏺施肥：较喜肥。冬季生长期每月施肥 1 次。

养护难度：★★★★

回欢草▶
(Anacampseros arachnoides)

又名吹雪之松，原产南非，多年生肉质草本。株高 3~5 厘米，株幅 8~10 厘米。叶片呈螺旋状对生，倒卵状圆形，肉质，长 2~3 厘米，叶尖外弯，叶腋间具蜘蛛网状的白丝毛。花单生，淡粉红色。花期夏季。

💧浇水：耐干旱。冬季生长期盆土稍湿润，夏季高温时盆土保持干燥。

☀光照：全日照。夏季强光时适当遮阴。

🏺施肥：较喜肥。冬季生长期每月施肥 1 次。

养护难度：★★★

◀春梦殿锦
(Anacampseros telephiastrum 'Variegata')

又名吹雪之松锦，为吹雪之松的斑锦品种，多年生肉质草本。株高 5 厘米，株幅 10 厘米。叶片倒卵形，叶面绿色、黄色、红色间杂，长 2 厘米。总状花序，有花 1~4 朵，深粉色，花径 3 厘米。花期夏季。盆栽适用于点缀书桌或窗台。

💧浇水：耐干旱。浇水不宜多，保持稍干燥，天气干燥时向花盆周围喷雾，不要向叶面喷水；冬季盆土保持干燥。

☀光照：明亮光照，也耐半阴。

🏺施肥：较喜肥。生长期每月施肥 1 次。

养护难度：★★★★

毛马齿苋属

毛马齿苋属(*Portulaca*)有100种植物。

原产地：热带地区的干旱沙地上，多年生肉质植物不多。

习性与养护：喜温暖、干燥和阳光充足环境。不耐寒，冬季温度不低于10℃。耐干旱和半阴，忌水湿和强光。宜肥沃、疏松和排水良好的沙壤土。

繁殖：春季用播种，或初夏用扦插繁殖。

莫洛基马齿苋▶
(Portulaca molokiniensis)

原产纳米比亚、南非，多年生肉质植物。株高20~30厘米，株幅15~25厘米。茎直立，圆柱形，肉质，1.5~2厘米粗，灰褐色，表皮会龟裂。叶片圆形，互生无叶柄，绿色，紧贴于茎干顶端。

💧 浇水：耐干旱。生长期盆土保持稍湿润。

☀ 光照：全日照，也耐半阴。

🛒 施肥：较喜肥。生长期施2~3次肥。

养护难度：★★★

燕子掌属

燕子掌属(*Portulacaria*)有1~3种。丛生状，多年生肉质灌木。

原产地：纳米比亚、南非、斯威士兰和莫桑比克的半干旱和丘陵低地。

形态特征：细枝柔软，有分枝，老枝木质化。叶小，圆形，肉质。聚伞花序或短的总状花序，花杯状或碟状。

习性与养护：喜温暖和明亮光照。不耐寒，冬季温度不低于10℃。从早春至初秋，充分浇水，每6~8周施低氮素肥1次。

繁殖：春季取茎扦插繁殖。

雅乐之舞▶
(Portulacaria afra 'Foliisvariegata')

为马齿苋树的斑锦品种，多年生肉质灌木。株高1~2米，株幅50~80厘米。茎粗壮，新茎肉质，红褐色，老茎灰白色，易分枝。叶片对生，肉质，绿色，叶缘具黄斑及红晕。花坛状。花期夏季。

💧 浇水：耐干旱。生长期盆土保持湿润，夏季向周围喷雾。

☀ 光照：明亮光照，也耐半阴。

🛒 施肥：较喜肥。生长期每6~8周施肥1次。

养护难度：★★★

葡萄科

葡萄科 (Vitaceae) 有 12 属 700 余种，多为具卷须的藤本植物。多肉植物主要分布在白粉藤属 (Cissus) 和葡萄瓮属 (Cyphostemma) 中，种类较少。

白粉藤属

白粉藤属 (Cissus) 约有 350 种，常绿的多年生灌木和藤本，有些种类的茎或根为肉质的。

原产地：非洲、东南亚热带和亚热带地区。

形态特征：叶互生，单叶，浅裂至深裂或掌状 3~7 裂。聚伞花序，花瓣 4 片。

习性与养护：喜温暖和明亮光照。不耐寒，冬季温度不低于 10℃。生长期充分浇水，冬季保持干燥。春季换盆时增加肥沃新土。

繁殖：夏季取嫩茎扦插，或初夏取茎扦插繁殖。

翡翠阁▶
(Cissus cactiformis)

又名仙素莲、四棱茎粉藤，原产东非热带大草原，攀援性多肉植物。株高 3 米，株幅 10 厘米。茎棒状 4 棱，有翅，节部溢缩，绿色。叶片掌状 3 裂，叶缘具缺刻，绿色，常早落。聚伞花序，长 5 厘米。花小，绿色或黄色。花期夏季。

💧浇水：耐干旱。生长期充分浇水，冬季保持干燥。

☀光照：喜明亮光照。

🛒施肥：较喜肥。

养护难度：★★★★

翡翠阁锦▶
(Cissus cactiformis 'Variegata')

为翡翠阁的斑锦品种，攀援性多肉植物。株高 2 米，株幅 8~10 厘米。茎棒状 4 棱，有翅，节部溢缩，黄色。叶片早落。聚伞花序，花小，绿色。花期夏季。

💧浇水：耐干旱。生长期充分浇水，冬季保持干燥。

☀光照：全日照。

🛒施肥：较喜肥。

养护难度：★★★★

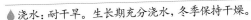

葡萄瓮属

葡萄瓮属(*Cyphostemma*)植物约有150种。但作为多肉植物观赏的种类不多，常见的就是葡萄瓮等两三种。

原产地：非洲的半沙漠地区和马达加斯加。

习性与养护：喜温暖、干燥和阳光充足的环境。不耐寒，冬季温度不低于10℃，生长适温为15~25℃。盆栽用肥沃园土、腐叶土、粗沙和碎砖屑的混合基质。生长季节可充分浇水，施肥2~3次，宜用低氮素液肥。落叶休眠期保持盆土干燥，通风差时易受粉虱危害。

繁殖：早春播种，发芽适温18~21℃，或春季剪取茎段扦插繁殖。

◀葡萄瓮
(*Cyphostemma juttae*)

原产纳米比亚、安哥拉和马达加斯加，落叶灌木状肉质植物。株高2米，株幅1米。茎基膨大，茎皮淡褐色，剥落状，直径可达30~40厘米，顶端分枝多。叶大，卵圆形，无柄，簇生于茎枝顶端，蓝绿色，肥厚，叶缘具不规则粗锯齿，被白色毡毛，长10~15厘米。总状花序，花小，黄绿色。花期夏季。

💧浇水：耐干旱。生长期可充分浇水，落叶休眠期保持盆土干燥。

☀光照：全日照。

🏵施肥：较喜肥。生长期施肥2~3次，宜用低氮素液肥。

养护难度：★★★★

百岁兰科

百岁兰科 (Welwitchitaceae) 又名千岁兰科，本科仅一属一种。原产非洲西南部沙漠，是多肉植物中最奇特、最名贵的种类。

百岁兰属

百岁兰属 (*Welwitchia*) 仅 1 种。为落叶或常绿的多年生草本。

原产地：安哥拉和纳米比亚的海岸地区。

形态特征：有一个大但较浅的主根，具有许多侧根，正好低于地面。叶片多肉革质，舌状，中绿或灰绿色。花序球状，雄株产生花粉团，通过风授粉到雌株上；雌株能长出 100 个圆锥状至球状的球花。花期夏季。

习性与养护：喜温暖、低湿和阳光充足环境。不耐寒，冬季温度不低于 19℃。春季至秋季，适度浇水，冬季保持完全干燥。生长期每 6~8 周施肥 1 次。

繁殖：种子成熟后即播，发芽温度 19~24℃。

百岁兰▲
(*Welwitchia mirabilis*)

原产安哥拉、纳米比亚，落叶或常绿的多年生草本。株高 45 厘米，株幅 3~4 米。主根直径 0.6~1.2 米，露出地面 30 厘米。茎圆锥形，基部生有一对扁宽的舌状叶。叶卷曲，革质，多肉，中绿或灰绿色，长 2 米，顶端常残损，终生宿存。雌花球长 3 厘米，淡红褐色，雄花球长 5 厘米，淡褐绿色，球花着生于茎顶。花期夏季。

💧 浇水：耐干旱。春季至秋季适度浇水，冬季保持完全干燥。

☀ 光照：全日照。夏季强光时适当遮阴。

🛒 施肥：较喜肥。生长期每 6~8 周施肥 1 次。

养护难度：★★★★

仙人掌植物

仙人掌植物以它多姿的株态，多变的茎棱，多样的刺毛，多彩的花朵，成为植物世界中的一朵奇葩。

罗纱锦属

罗纱锦属(*Ancistrocactus*)有5~6种。

原产地：美国、墨西哥。

形态特征：通常单生，极少群生，球状或圆筒状，棱分化成疣突。中刺带钩。花着生在疣突顶部，花漏斗状。

习性与养护：喜温暖、干燥和阳光充足环境。不耐寒，冬季温度不低于7℃。耐半阴和干旱，怕水湿。宜肥沃、疏松、排水良好和富含石灰质的沙壤土。

繁殖：春季播种，发芽适温16~21℃；或于初夏取子球扦插或嫁接。

盆栽摆放：用于装点橱窗、吧台或精品柜，具有南美热带风情。居室中可点缀窗台、阳台或客室，也十分新鲜有趣。

松庆玉▲
(*Ancistrocactus crassihmatus*)

又名大钩玉，原产墨西哥，多年生肉质植物。株高10~12厘米，株幅10~15厘米。叶退化，茎球形，蓝绿色，刺座大，刺红白相间，周围刺7~8枚，长3厘米，中刺1~4枚，长5厘米，主刺末端带倒钩。花顶生，漏斗状，深紫色带有白边，直径2厘米。花期春末夏初。因其钩刺色彩特别诱人，属精品仙人掌植物。

💧浇水：耐干旱。生长期适度浇水，冬季保持干燥。

☀光照：全日照。

🏺施肥：较喜肥。生长期每月施肥1次。

养护难度：★★★

鼠尾掌属

鼠尾掌属(*Aporocactus*)有 2 种。为附生类仙人掌。

原产地：墨西哥南部和中美洲北部。

形态特征：茎细，似铅笔，下垂长达 2 米以上，棱多，刺座密生短刺。花漏斗状，红色或紫色，浆果紫红色，种子褐色。

习性与养护：喜温暖、干燥和阳光充足环境。不耐寒，较耐阴，耐干旱。宜肥沃、疏松和排水良好的沙壤土。

繁殖：种子成熟后即播，发芽温度 21℃；或于初夏茎插繁殖。

盆栽摆放：盆栽植株攀援在窗台或阳台棚架上，其悬垂自然优美，花似群蝶飞舞，让人心旷神怡。吊盆栽培，摆放于窗台、走廊或花架，也有一番情趣。

◀鼠尾掌
(*Aporocactus flagelliformis*)

又名倒吊仙人鞭，原产墨西哥南部、中美北部。株高 10 厘米，株幅 1.5 米。茎细长，下垂，淡灰绿色，棱 10~14 个。刺座着生淡红褐色刺，周围刺 8~12 枚，中刺 3~4 枚。花窄筒状，漏斗形，紫红色，长 8 厘米，具窄而反折的外瓣和宽而伸展的内瓣。花期春末夏初。适用篮式和台阶式栽培，越冬温度为 7~10℃。属传统仙人掌植物。本种曾用过 *Cereus flagelliformis* 的学名。

💧浇水：耐干旱。生长期需充足水分并多喷水，盆土不宜过湿。

☀光照：全日照。盛夏需遮阴。

🧺施肥：较喜肥。生长期每月施肥 1 次。

养护难度：★★

岩牡丹属

岩牡丹属(*Ariocarpus*)有5~6种,是一种生长较慢的无刺仙人掌。本属原种全部为一级保护植物,是仙人掌爱好者收集的珍贵品种之一。

原产地:墨西哥。

形态特征:具有一个长的肉质直根和一个球形、扁平、似陀螺状的茎,具三角形或棱柱形像石头似的疣状突起。花单生,漏斗状,昼开夜闭,有白色、粉色、黄色和紫红色等。花期秋季至冬季。浆果卵圆形,绿色,种子黑色。

习性与养护:不耐寒,冬季温度不低于5℃。喜光照充足环境,且生长在排水良好、富含石灰质的土壤中。生长期每月施肥1次。

繁殖:早春用播种繁殖,发芽温度24℃。

▲ 龙舌兰牡丹锦
(Ariocarpus agavoides 'Variegata')

为龙舌兰牡丹的斑锦品种,茎扁平。株高2~2.5厘米,株幅6~8厘米。茎端簇生细长三角形疣突,表皮角质,初深绿色,后转灰绿色,基部呈橙黄色。刺座位于疣尖下1厘米处,有很厚的短绵毛,偶有1~3枚浅色短刺。花着生于新刺座绒毛中,钟状花,玫瑰红色,花径3厘米。花期秋季。

💧 浇水:耐干旱。秋季生长期每2周浇水1次;夏季浇水1~2次;其他时间不需浇水,保持较高空气湿度即可。

☀ 光照:全日照。

🏺 施肥:较喜肥。生长期每月施肥1次。

养护难度:★★★★

◀龟甲牡丹
(Ariocarpus fissuratus)

又称有生命的岩石 (living rock)，原产墨西哥，濒危种。株高 10 厘米，株幅 15 厘米。单生，茎扁平呈倒圆锥形。具钝圆、先端尖、灰绿色的疣状突起，上表皮皱裂成深且纵走的沟纹，纵沟处密生短绵毛。花顶生，钟状，粉红色或淡紫红色，花径 4 厘米。花期秋季。

💧浇水：耐干旱。秋季生长期每 2 周浇水 1 次；夏季浇水 1~2 次，保持较高的空气湿度。

☀️光照：全日照。

🪴施肥：较喜肥。生长期每月施肥 1 次。

养护难度：★★★★

铠牡丹锦▶
(Ariocarpus fissuratus 'Intermedius Variegatus')

为铠牡丹的斑锦品种，植株单生，扁圆形。株高 2~2.5 厘米，株幅 2.5~4 厘米。疣状突起呈宽三角形，淡灰绿色，具淡黄色斑体，附生有白色绒毛。花顶生，钟状，淡紫红色，花径 2.5~3 厘米。花期秋季。

💧浇水：耐干旱。秋季生长期每 2 周浇水 1 次，盆土保持湿润；夏季浇水 1~2 次；其他时间不需浇水，保持较高的空气湿度即可。

☀️光照：全日照。

🪴施肥：较喜肥。生长期每月施肥 1 次。

养护难度：★★★★

◀连山
(Ariocarpus fissuratus var. lloydii)

原产墨西哥。株高 7~9 厘米，株幅 15~20 厘米。植株单生，具肥大直根。疣状突起重叠成圆球形，深绿色，中间有深纵沟纹，附生白色绒毛。花顶生，钟状，紫红色，花径 5~6 厘米。花期秋季。

💧浇水：耐干旱。秋季生长期每 2 周浇水 1 次，盆土保持湿润；夏季浇水 1~2 次；其他时间不需浇水，保持较高的空气湿度。

☀️光照：全日照。

🪴施肥：较喜肥。生长期每月施肥 1 次。

养护难度：★★★★

◀连山锦

(Ariocarpus fissuratus var. lloydii 'Variegata')

为连山的斑锦品种。株高 6~8 厘米，株幅 12~16 厘米。植株单生，具肥大直根。疣状突起重叠成圆球形，深绿色，镶嵌不规则黄色斑块，中间有深纵沟纹，附生白色绒毛。花顶生，钟状，紫红色，花径 4~5 厘米。花期秋季。

💧浇水：耐干旱。秋季生长期每 2 周浇水 1 次，盆土保持湿润；夏季浇水 1~2 次；其他时间不需浇水，保持较高的空气湿度。
☀光照：全日照。
🏠施肥：较喜肥。生长期每月施肥 1 次。
养护难度：★★★★

红龟甲牡丹▶

(Ariocarpus fissuratus 'Variegata')

为龟甲牡丹的红叶斑锦品种，植株单生，偶有双生。株高 3~4 厘米，株幅 4~5 厘米。疣状突起为短三角形，表面有纵沟，先端具绒点。花钟状，紫红色。花期秋季。

💧浇水：耐干旱。秋季生长期每 2 周浇水 1 次，盆土保持湿润；夏季浇水 1~2 次；其他时间不需浇水，保持较高的空气湿度即可。
☀光照：全日照。
🏠施肥：较喜肥。生长期每月施肥 1 次。
养护难度：★★★★

◀红龟甲牡丹石化

(Ariocarpus fissuratus 'Variegata Monstrosus')

为龟甲牡丹红叶斑锦的石化品种。植株呈不规则群生，形成棱肋错乱、参差不齐的山峦状。株体呈红色，并不规则分布着绒点或绵毛。花期秋季。

💧浇水：耐干旱。秋季生长期每 2 周浇水 1 次，盆土保持湿润；夏季浇水 1~2 次；其他时间不需浇水，保持较高的空气湿度即可。
☀光照：全日照。
🏠施肥：较喜肥。生长期每月施肥 1 次。
养护难度：★★★★

花牡丹▶
(*Ariocarpus furfuraceus*)

原产墨西哥。株高 7~8 厘米，株幅 15~30 厘米。植株单生，具肥大直根，株体呈莲座状。疣状突起为宽阔三角形，厚实，淡灰绿色，表面鼓凸。花顶生，钟状，桃红色或白色，花径 6~7 厘米。花期秋季。为公认的名贵品种。

💧 浇水：耐干旱。秋季生长期每 2 周浇水 1 次，盆土保持湿润；夏季浇水 1~2 次；其他时间不需浇水，保持较高的空气湿度。

☀ 光照：全日照。

🍱 施肥：较喜肥。生长期每月施肥 1 次。

养护难度：★★★★

◀花牡丹缀化
(*Ariocarpus furfuraceus* 'Cristata')

为花牡丹的缀化品种。植株的茎部连体扁化呈鸡冠状，其株幅可超过 30 厘米。属名贵的珍稀品种。

浇水、光照、施肥同花牡丹。

养护难度：★★★★

◀象牙牡丹
(*Ariocarpus furfuraceus* 'Magnificus')

为花牡丹的栽培品种，植株单生。株高 5~6 厘米，株幅 10~12 厘米，株体呈莲座状。疣状突起特别肥大，呈长三角形，先端绒点明显。花单生，钟状。花期秋季。

浇水、光照、施肥同花牡丹。

养护难度：★★★★

黄体象牙牡丹▶
(*Ariocarpus furfuraceus* 'Magnificus Variegata')

为花牡丹的斑锦品种，植株单生。株高 5~6 厘米，株幅 10~12 厘米，株体呈莲座状。疣状突起肥大饱满，呈宽三角形，全体黄色，先端绒点明显。花单生，钟状，白色或淡粉红色。花期秋季。

浇水、光照、施肥同花牡丹。

养护难度：★★★★

花牡丹锦▲
(*Ariocarpus furfuraceus* 'Variegata')

为花牡丹的斑锦品种，植株单生。株高 5~6 厘米，株幅 10~12 厘米，株体呈莲座状。疣状突起厚实，呈宽三角形，顶部淡灰绿色，基部黄色，表面略有皱褶，顶端绒点显著。花顶生，钟状，白色或淡红色。花期秋季。

浇水、光照、施肥同花牡丹。

养护难度：★★★★

姬牡丹▶
(Ariocarpus kotschoubeyanus var. *macdowellii)*

为黑牡丹的变种,具肥大直根。株高5厘米,株幅6厘米,株体呈莲座状。疣状突起呈三角形,中间具沟,沟槽间附生细短绒毛。花顶生,钟状,淡紫红色,花径3~4厘米。花期秋季。

💧浇水:耐干旱。生长期每2周浇水1次,夏季浇水1~2次。
☀光照:全日照。
🪣施肥:较喜肥。
养护难度:★★★★

龙角牡丹▶
(Ariocarpus scapharostrus)

原产墨西哥,植株单生。株高6~8厘米。疣状突起呈菱锥状,先端钝,墨绿色,表皮无龟裂,腋部多毛。花顶生,钟状,紫红色,花径4~4.5厘米。花期秋季。

💧浇水:耐干旱。生长期每2周浇水1次,夏季浇水1~2次。
☀光照:全日照。
🪣施肥:较喜肥。
养护难度:★★★★

◀黑牡丹
(Ariocarpus kotschoubeyanus)

原产墨西哥。株高3~8厘米,株幅5~7厘米,株体呈莲座状。疣状突起呈三角形,中间具沟,沟槽间附生短绒毛。花顶生,钟状,花朵将株体全覆盖。花期秋季。属仙人掌中的精品。

💧浇水:耐干旱。生长期每2周浇水1次,夏季浇水1~2次。
☀光照:全日照。
🪣施肥:较喜肥。
养护难度:★★★★

◀岩牡丹
(Ariocarpus retusus)

又名七星牡丹。株高9厘米,株幅18~25厘米。疣状突起肥厚三角形,灰绿色,呈莲座状,顶端附生乳白色绒毛。花顶生,钟状,花径4~5厘米。花期夏末秋初。为仙人掌爱好者追捧的精品之一。

💧浇水:耐干旱。生长期每2周浇水1次,夏季浇水1~2次。
☀光照:全日照。
🪣施肥:较喜肥。
养护难度:★★★★

星球属

  星球属（*Astrophytum*）有 4~6 种，是干燥地区生长很慢的一种多年生仙人掌。因为植物本身酷似星星，又称之有星类仙人掌。主要包括长得像海胆的"兜"类，像星星的"鸾凤玉"类和有刺的"大凤玉"和"般若"类等。目前，我国有众多的多肉植物专业场圃和爱好者，若以星球属作为突破口，在属间进行杂交育种，可培育出更多的新品种，发展前景非常好。

  原产地：美国得克萨斯州和墨西哥的北部及中部。

  形态特征：其茎部为球形或半球形，具棱，有些种类成熟时变成柱状，具绵毛状刺座。花单生，大，漏斗状，昼开夜闭，黄色，有时喉部红色，花期夏季。

  习性与养护：喜温暖、干燥和阳光充足环境。生长适温 18~25℃，冬季温度不低于 5℃。较耐寒、耐半阴和干旱，怕水湿，也耐强光，且具刺和绒毛的品种需强光，盛夏适度遮阴。以肥沃、疏松、排水良好和含石灰质的沙壤土为宜。生长期每 2 周浇水 1 次，盆土保持一定湿度；秋冬季盆土保持干燥。生长期每月施肥 1 次。

  繁殖：繁殖容易，早春播种，发芽适温 21℃，发芽率在 90% 以上，或于初夏嫁接，用量天尺作砧木，接后 10 天愈合成活，第二年开花。不同品种还可进行杂交育种繁殖，杂交后变化大，无论在棱的数目、茎部斑锦的变化、刺座的多少等方面都有明显的变异。

  盆栽摆放：适用于室内书桌、案头和茶几上摆设，由于株型很像僧帽，会使居室显得轻松活泼。也适用与其他仙人掌或多肉植物制作组合盆栽和玻璃箱，塑造自然景观用以欣赏。

兜▶
(Astrophytum asterias)

又名星球、星兜，原产墨西哥、美国，植株单生，半球形。株高10厘米，株幅10厘米。具8个宽厚的低棱，表面青绿色，均匀分布有白色绒点，沿棱脊着生白色刺座。花顶生，漏斗状，鲜黄色，喉部红色，花径3~7厘米。花期春至秋季。曾用*Echinocactus asterias*的学名。

💧浇水：耐干旱。生长期每2周浇水1次，秋、冬季保持干燥。
☀光照：全日照。生长期要有充足阳光，盛夏适度遮阴。
🏺施肥：较喜肥。生长期每月施肥1次。
养护难度：★★★

◀兜锦
(Astrophytum asterias 'Variegata')

为兜的斑锦品种，植株单生，扁球形。株高10厘米，株幅10厘米。具8个整齐宽厚的棱，棱脊中央有纵向排列的绒球样刺座。球面青绿色，密生有绒毛状星点，具不规则黄斑。花漏斗状，黄色，喉部红色。花期夏季。

浇水、光照、施肥同兜。
养护难度：★★★

◀超兜
(Astrophytum asterias 'Super')

为兜的栽培品种，植株扁球形。株高8~10厘米，株幅10~12厘米。球面丛卷毛组成的星点特别密集，棱脊的刺座上密生绒毛，似一顶白色僧帽，特别讨人喜欢。

浇水、光照、施肥同兜。
养护难度：★★★

黄兜▶
(Astrophytum asterias 'Aureum')

为兜的全黄色斑锦品种，植株单生，扁球形。株高6~8厘米，株幅8~10厘米。具8宽棱，棱脊具纵向排列的绒毛状刺座。球面橙黄色，疏散分布有绒毛状星点。花漏斗状，黄色，花径3~4厘米。花期夏季。

浇水、光照、施肥同兜。
养护难度：★★★

赤花兜锦▲
(Astrophytum asterias 'Akabanakabuto')

为赤花兜的斑锦品种。株高4~5厘米，株幅5~6厘米。具8个宽厚的棱，棱背中央有纵向绒球样刺座，球面密生绒毛状星点，全株橘红色。花顶生，漏斗状，洋红色。花期夏季。

浇水、光照、施肥同兜。
养护难度：★★★

▶琉璃兜
(Astrophytum asterias 'Nudas')

植株单生,扁球形。株高5~10厘米,株幅6~10厘米。具8个整齐宽棱,棱面青绿色,无星点,棱脊中央着生有纵向绒球状刺座。花漏斗状,淡黄色,花径3~4厘米。花期夏季。

💧 浇水:耐干旱。生长期每2周浇水1次,秋、冬季保持干燥。

☀ 光照:全日照。生长期要有充足阳光,盛夏适度遮阴。

🏺 施肥:较喜肥。生长期每月施肥1次。

养护难度:★★★

◀黄体琉璃兜
(Astrophytum asterias 'Nudas Aureum')

为琉璃的栽培品种,植株扁圆形。株高4~6厘米,株幅5~8厘米,茎7~8棱。棱平滑饱满,表面黄色,无刺,刺座上生有白色星状绵毛。花顶生,黄色,花心红,径3厘米。花期夏季。

浇水、光照、施肥同琉璃兜。

养护难度:★★★

◀琉璃兜缀化
(Astrophytum asterias 'Nudas Cristata')

为琉璃兜的缀化品种。植株扁化呈冠状,小疣密集,绒毛多。

浇水、光照、施肥同琉璃兜。

养护难度:★★★

▶琉璃兜锦
(Astrophytum asterias 'Nudas Variegata')

为琉璃兜的斑锦品种。株高5~10厘米,株幅6~10厘米。具8个整齐宽棱,棱面青绿色,带黄色隐斑,无星点,棱脊中央着生有纵向绒球状刺座。花漏斗状,淡黄色。花期夏季。

浇水、光照、施肥同琉璃兜。

养护难度:★★★

红碧琉璃兜锦▲
(Astrophytum asterias 'Koyo Nudas')

为琉璃兜的斑锦品种。株高4~5厘米,株幅5~7厘米。茎8棱,棱平滑饱满,棱面红色具深绿色斑块,子球红色。刺座生有白色星状绵毛。花顶生,黄色。花期夏季。

浇水、光照、施肥同琉璃兜。

养护难度:★★★

龟甲鸾凤玉▶
(Astrophytum myriostigma 'Kitsukou')

为鸾凤玉的龟甲品种。植株单生，球形，株高
10~15 厘米，株幅 10~15 厘米。具 5 棱，表面青
灰绿色，棱沟两侧被白色小斑点，刺座上方具横
向沟槽。花漏斗状，淡黄色。花期夏季。仙人掌
精品之一。

浇水、光照、施肥同鸾凤玉。

养护难度：★★★

龟甲碧琉璃鸾凤玉▶
*(Astrophytum myriostigma var.nudas
'Kitsukou')*

为鸾凤玉的栽培品种。植株单生，原先 5 个直
棱的茎部，长成螺旋状排列的圆锥状疣突，表面
青绿色，光滑，基本无星点。花漏斗状，淡黄色。
花径 3~5 厘米。花期夏季。

浇水、光照、施肥同花同鸾凤玉。

养护难度：★★★

◀鸾凤玉
(Astrophytum myriostigma)

又名主教帽子，原产墨西哥东北部，植株单生，球
形至圆筒形。株高 20~25 厘米，株幅 20~30 厘米。
茎 4~8 棱，表面青绿色，布满白色星点。花漏斗状，
黄色红心。花长 4~6 厘米。花期夏季。

💧浇水：耐干旱。生长期每2周浇水1次，秋、冬季保持干燥。
☀光照：全日照。盛夏适度遮阴。
🛒施肥：生长期每月施肥 1 次。

养护难度：★★★

◀龟甲鸾凤般若
*(Astrophytum myriostigma x Astrophytum
ornatum 'Kitsukou')*

为龟甲鸾凤玉和般若的杂交种。球体深绿色，表
面均匀分布白色绒点，由直棱变成圆锥状疣突，
新奇古怪。为最新的精品仙人掌。

浇水、光照、施肥同鸾凤玉。

养护难度：★★★

◀碧琉璃红叶鸾凤玉

(Astrophytum myriostigma var. nudum 'Red Koyo')

为鸾凤玉的斑锦品种，植株单生，球形。株高 6~10 厘米，株幅 6~10 厘米。球体 5 棱，表面青绿色，几乎被红色覆盖。花漏斗状，淡黄色。花期夏季。

浇水、光照、施肥同鸾凤玉。

养护难度：★★★

三角鸾凤玉▲

(Astrophytum myriostigma 'Tricostatum')

为鸾凤玉的栽培品种，植株单生，三角形。株高、株幅均为 5~6 厘米。茎三棱，表面青绿色，密布白色星点。花漏斗状，淡黄色，花径 3~4 厘米。花期夏季。

浇水、光照、施肥同鸾凤玉。

养护难度：★★★

龟甲碧琉璃鸾凤玉锦▶

(Astrophytum myriostigma var. nudum 'Red Kitsukou Variegata')

为鸾凤玉的龟甲斑锦品种。植株单生，球形，株高 6~10 厘米，株幅 6~10 厘米。球体呈不规则错乱，疣突形状突出，表面褐绿色，镶嵌橘黄色，带红晕。花淡黄色。花期夏季。

浇水、光照、施肥同鸾凤玉。

养护难度：★★★

◀二棱鸾凤玉

(Astrophytum myriostigma var. bicostatum)

为鸾凤玉的变种，植株单生。茎 2 棱，一大一小，表面深绿色，密布白色星点。仙人掌中的新品。

浇水、光照、施肥同鸾凤玉。

养护难度：★★★

白云三角鸾凤玉▲

(Astrophytum myriostigma var. pubescente 'Tricostatum')

为鸾凤玉的栽培品种，植株单生，三角形。株高 6~7 厘米，株幅 6~7 厘米。茎三棱，表面青绿色，密布白色云斑。花漏斗状，淡黄色。花期夏季。

浇水、光照、施肥同鸾凤玉。

养护难度：★★★

恩冢二棱鸾凤玉▶

(Astrophytum myriostigma var. bicostatum 'Onzuka')

为鸾凤玉的变种，植株单生。茎 2 棱，一大一小，表面丛卷毛连成不规则的片，棱谷间铁锈色。仙人掌中的新品。

浇水、光照、施肥同鸾凤玉。

养护难度：★★★

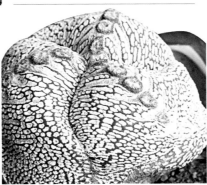

◀瑞凤玉
(Astrophytum copricorne)

又名角状星球、羊角仙人球，原产墨西哥北部。植株有球形至卵圆形。株高 20~25 厘米，株幅 10 厘米。茎 7~9 棱，表面浅绿色，具白色斑点，棱间具深沟，刺座长，具弯曲、浅黄褐刺 10 枚。黄花红心。花期夏季。曾用 *Echinocactus capricorne* 的学名。

💧浇水：耐干旱。生长期每 2 周浇水 1 次，秋、冬季保持干燥。

☀光照：全日照。生长期保持充足阳光，盛夏适度遮阴。

🛒施肥：较喜肥。生长期每月施肥 1 次。

养护难度：★★★

◀群凤玉
(Astrophytum copricorne var. *senile)*

瑞凤玉的变种，植株比瑞凤玉大，球形至卵圆形。株高 30~35 厘米，株幅 15 厘米。表面碧绿色，刺座着生黑刺 15~20 枚，细长黑刺缠绕球体。花小黄色，花心红色。花期夏季。

💧浇水：耐干旱。生长期每 2 周浇水 1 次，秋、冬季保持干燥。

☀光照：全日照。生长期保持充足阳光，盛夏适度遮阴。

🛒施肥：较喜肥。生长期每月施肥 1 次。

养护难度：★★★

◀鸾凤阁
(Astrophytum myriostigma var. columnare)

又名柱状鸾凤玉，植株单生，茎球形或柱状。株高 1~2 米，株幅 10~20 厘米。具 5 棱，刺座无刺，着生褐色绵状毛，表面灰绿色，密被细小白色星状毛或小鳞片。花顶生，漏斗状，黄色，花心红色，花径 3~4 厘米。花期夏季。

💧 浇水：耐干旱。生长期每 2 周浇水 1 次，秋、冬季保持干燥。
☀ 光照：全日照。生长期保持充足阳光，盛夏适度遮阴。
🛒 施肥：较喜肥。生长期每月施肥 1 次。
养护难度：★★★

奇严鸾凤阁▶
(Astrophytum myriostigma var. columnare 'Kigan')

为鸾凤阁的变异品种。因生长点受阻，球顶呈现内陷，表面褐绿色。花漏斗状，淡黄色，花径 2~3 厘米。花期夏季。

💧 浇水：耐干旱。生长期每 2 周浇水 1 次，秋、冬季保持干燥。
☀ 光照：全日照。生长期保持充足阳光，盛夏适度遮阴。
🛒 施肥：较喜肥。生长期每月施肥 1 次。
养护难度：★★★

◀吹雪鸾凤阁缀化
(Astrophytum myriostigma var. columnare f. cristata 'Hubuki Ranpokaku')

为鸾凤阁的小型缀化品种。植株呈群生状，形似扇形，刺座无刺，着生褐色绵毛，表面青绿色。花小，呈漏斗状，淡黄色，花径 2~3 厘米。花期夏季。

💧 浇水：耐干旱。生长期每 2 周浇水 1 次，秋、冬季保持干燥。
☀ 光照：全日照。生长期保持充足阳光，盛夏适度遮阴。
🛒 施肥：较喜肥。生长期每月施肥 1 次。
养护难度：★★★★

碧鸾凤玉缀化▶
(*Astrophytum myriostigma* var. nudas 'Cristata')

为碧鸾凤玉的缀化品种。青绿色的直棱茎部扁化成鸡冠状的株体。

浇水、光照、施肥同碧琉璃鸾凤玉。

养护难度：★★★

白云碧鸾锦▶
(*Astrophytum myriostigma* var. nudum 'Albo-cloud Variegata')

为碧琉璃鸾凤玉的斑锦品种，植株单生，圆筒形。株高 12~15 厘米，株幅 8~12 厘米。茎 5 棱，表面深青绿色，镶嵌有红色斑块，并不规则分布云片状白色星点。花漏斗状，淡黄色，花径 3~4 厘米。花期夏季。

浇水、光照、施肥同碧琉璃鸾凤玉。

养护难度：★★★

◀碧琉璃鸾凤玉
(*Astrophytum myriostigma* 'Nudum')

植株单生，幼时球形，长大后圆筒形。株高 10~12 厘米，株幅 10~12 厘米。茎 5 棱，表面青绿色，光滑，无星点，刺座着生白色绒毛。花顶生，漏斗状，淡黄色，花径 6~7 厘米。花期夏季。

💧浇水：耐干旱。生长期每2周浇水1次，秋、冬季保持干燥。
☀光照：全日照。盛夏适度遮阴。
🏺施肥：生长期每月施肥1次。
养护难度：★★★

◀白雪红叶鸾凤玉
(*Astrophytum myriostigma* 'Koya Snow Variegata')

为碧琉璃鸾凤玉的斑锦品种，植株单生，圆筒形。株高 15~20 厘米，株幅 12~14 厘米。茎 5 棱，通体洋红色，布满白色星点，棱面两侧均匀着生由白色星点组成的宽条斜纹斑。花顶生，漏斗状，淡黄色，花径 3~5 厘米。花期夏季。

浇水、光照、施肥同碧琉璃鸾凤玉。

养护难度：★★★

红叶鸾凤玉▶

(Astrophytum myriostigma var. nudum 'Rubra Variegata')

为碧琉璃鸾凤玉的斑锦品种,植株单生,圆筒形。株高 10~12 厘米,株幅 8~10 厘米。茎 5 棱,通体红色,无星点。花漏斗状,淡黄色,花径 3~4 厘米。花期夏季。是目前十分流行的品种。

浇水、光照、施肥同碧琉璃鸾凤玉。

养护难度 : ★★★

三角碧鸾凤玉▶

(Astrophytum myriostigma var. tricostatum 'Nudum')

为碧琉璃鸾凤玉的栽培品种,植株单生,三角形。株高 5~6 厘米,株幅 6~8 厘米。茎 3 棱,表面青绿色,有少数白色星点。花漏斗状,淡黄色,花径 3~4 厘米。花期夏季。

浇水、光照、施肥同碧琉璃鸾凤玉。

养护难度 : ★★★

◀红叶龟甲碧鸾玉

(Astrophytum myriostigma var. nudas 'Kitsukou Variegata')

为碧琉璃鸾凤玉的斑锦品种,植株单生,扁球形。株高 3~4 厘米,株幅 5~6 厘米。在棱肋间生有不规则圆锥状疣突,全株呈红色,表面无星点。花漏斗状,淡黄色,花径 2~3 厘米。花期夏季。

浇水、光照、施肥同碧琉璃鸾凤玉。

养护难度 : ★★★

◀多棱碧鸾凤玉锦

(Astrophytum myriostigma var. nudum f. *variegata* 'Multicostatum')

为碧琉璃鸾凤玉的栽培品种,植株单生,球形至圆筒形。株高 10~15 厘米,株幅 10~15 厘米。茎 8 棱,表面碧绿色,无星点,镶嵌着黄白色斑块。刺座大,着生着白色绒点。花漏斗状,淡黄色。花径 3~4 厘米。花期夏季。

浇水、光照、施肥同碧琉璃鸾凤玉。

养护难度 : ★★★

◀四角鸾凤玉
(Astrophytum myriostigma var. *quadricostatum)*

原产墨西哥,为鸾凤玉的变种,植株单生。株高15~20厘米,株幅10~15厘米。茎4棱,成正方形,表面深绿色,密布白色星点。花顶生,漏斗状,淡黄色,花径2~3厘米。花期夏季。

💧浇水:耐干旱。生长期每2周浇水1次,秋、冬季保持干燥。

☀光照:全日照。生长期保持充足阳光,盛夏适度遮阴。

🏵施肥:较喜肥。生长期每月施肥1次。

养护难度:★★★

龟甲四角鸾凤玉▶
(Astrophytum myriostigma var. *quadricostatum* 'Kitsuko')*

为四角鸾凤玉的栽培品种。植株单生,茎4棱成正方形,表面深绿色,密布白色星点。刺座上方有横向沟。

💧浇水:耐干旱。生长期每2周浇水1次,秋、冬季保持干燥。

☀光照:全日照。生长期保持充足阳光,盛夏适度遮阴。

🏵施肥:较喜肥。生长期每月施肥1次。

养护难度:★★★

◀四角琉璃鸾凤玉
(Astrophytum myriostigma var. *quadricostatum* 'Nudum')*

又名碧云玉,为四角鸾凤玉的栽培品种,植株单生,四方形。株高10~15厘米,株幅10~15厘米。茎4棱,表面碧绿色,光滑,无星点。花顶生,漏斗状,淡黄色,花径2~3厘米。花期夏季。

💧浇水:耐干旱。生长期每2周浇水1次,秋、冬季保持干燥。

☀光照:全日照。生长期保持充足阳光,盛夏适度遮阴。

🏵施肥:较喜肥。生长期每月施肥1次。

养护难度:★★★

◀恩冢四角鸾凤玉

(Astrophytum myriostigma var.
quadricostatum 'Onzuka')

为四角鸾凤玉的栽培品种。植株单生,茎4棱,
成正方形,表面丛卷毛连成不规则的片,棱谷间
铁锈色。

💧浇水:耐干旱。生长期每2周浇水1次,秋、冬季保持
干燥。

☀光照:全日照。生长期保持充足阳光,盛夏适度遮阴。

🏺施肥:较喜肥。生长期每月施肥1次。

养护难度:★★★

红方玉锦▶

(Astrophytum myriostigma var.
quadricostatum 'Koyo Variegata')

为四角鸾凤玉的斑锦品种,植株单生,方形。株
高8~10厘米,株幅8~10厘米。茎4棱,表面红
色,不规则分布大小不一的白色斑点。花漏斗状,
淡黄色,花径2~3厘米。花期夏季。为红色球
体的精品仙人掌。

💧浇水:耐干旱。生长期每2周浇水1次,秋、冬季保持
干燥。

☀光照:全日照。生长期保持充足阳光,盛夏适度遮阴。

🏺施肥:较喜肥。生长期每月施肥1次。

养护难度:★★★★

◀四角碧鸾锦

(Astrophytum myriostigma var.
quadricostatum 'Nudas Variegata')

又名碧方玉锦,为四角鸾凤玉的斑锦品种。植
株单生,方形。株高6~10厘米,株幅6~10厘米。
茎4棱,表面碧绿色,镶嵌着黄白色斑块,光滑,
无星点。花漏斗状,淡黄色,花径2~3厘米。花
期夏季。

💧浇水:耐干旱。生长期每2周浇水1次,秋、冬季保持
干燥。

☀光照:全日照。生长期保持充足阳光,盛夏适度遮阴。

🏺施肥:较喜肥。生长期每月施肥1次。

养护难度:★★★

◀般若
(Astrophytum ornatum)

又名美丽星球,原产墨西哥中部,植株球形至圆柱状。株高35厘米,株幅10~15厘米。茎6~8棱,直立,表面青灰绿色,被绵毛状鳞片。刺座上着生褐色或黄色刺,周围刺5~8枚,中刺1枚。花漏斗状,黄色,长7~10厘米。

💧 浇水:耐干旱。生长期保持盆土稍湿润,秋、冬季盆土保持干燥。
☀ 光照:全日照。生长期保持充足阳光,盛夏适度遮阴。
🏺 施肥:较喜肥。生长期每月施肥1次。

养护难度:★★★

螺旋般若▶
(Astrophytum ornatum 'Coespitosa')

为般若的栽培品种。植株与般若十分相似,主要区别在于棱脊呈螺旋状排列。

浇水、光照、施肥同般若。
养护难度:★★★

◀般若缀化
(Astrophytum ornatum 'Cristata')

又名般若冠,为般若的缀化品种。其茎棱部连体呈鸡冠状,刺变短。

浇水、光照、施肥同般若。
养护难度:★★★

覆隆般若▼
(Astrophytum ornatum 'Hukuriyu')

为般若的栽培品种。植株球形至圆柱状,茎部棱间生有不规则的隆起。

浇水、光照、施肥同般若。
养护难度:★★★

金刺般若▶
(Astrophytum ornatum 'Golden Kinshachi')

为般若的栽培品种。植株与般若十分相似,除球体密被银白色星状毛以外,主要刺座上着生金黄色刺。花期夏季。

浇水、光照、施肥同般若。
养护难度:★★★

◀多棱般若
(Astrophytum ornatum
'Multicostatum')

为般若的栽培品种，植株球形至圆柱状。茎有8棱以上，直立，表面青灰绿色，被绵毛状鳞片。花漏斗状，黄色。花期夏季。

浇水、光照、施肥同般若。

养护难度：★★★

裸般若▶
(Astrophytum ornatum
'Nudiscula')

为般若的栽培品种，植株单生，球形。株高20~25厘米，株幅15~20厘米。茎8棱，表面青绿色，无星点。花呈漏斗状，黄色。花期夏季。

浇水、光照、施肥同般若。

养护难度：★★★

超级般若▲
(Astrophytum ornatum 'Super')

为般若的栽培品种，植株球形至圆柱状。株高6~8厘米，株幅8~10厘米。茎8棱，表面青灰绿色，密被绵毛状鳞斑。刺座着生褐色绵毛。花漏斗状，黄色。花期夏季。

浇水、光照、施肥同般若。

养护难度：★★★

◀恩冢般若
(Astrophytum ornatum 'Ohzuka')

为般若的栽培品种，植株球形。株高8~12厘米，株幅8~12厘米。茎8棱，表面青绿色，丛卷毛连成不规则的片。刺座上着生3枚黄褐色刺。花漏斗状，黄色。花径3~4厘米。花期夏季。

浇水、光照、施肥同般若。

养护难度：★★★

白云般若▶
(Astrophytum ornatum var.
pubescente)

为般若的变种。株高20~25厘米，株幅10~15厘米。茎8棱，表面青灰绿色，不规则分布有白色星状毛或小鳞片。刺座上着生周围刺6枚，中刺1枚，淡黄褐色。花漏斗状，黄色。花期夏季。

浇水、光照、施肥同般若。

养护难度：★★★

白雪般若▲
(Astrophytum ornatum
'White Snow')

为般若的栽培品种。株高35厘米，株幅10~15厘米。茎6~8棱，表面青灰绿色，被绵毛状鳞片。刺座上着生褐色或黄色刺，周围刺5~8枚，中刺1枚。花漏斗状，黄色。花期夏季。

浇水、光照、施肥同般若。

养护难度：★★★

圆筒仙人掌属

圆筒仙人掌属(*Austrocylindropuntia*)常见有3~4种。

原产地：美洲南部。

形态特征：灌木状，多分枝。茎圆柱状或棍棒状分节，节间长，表面龟裂成瘤块状，不成棱。叶纺锤形或锥形。刺具纸质鞘。花开茎端，无花筒，花黄色或红色。

习性与养护：喜温暖、干燥和阳光充足环境。生长适温18~22℃，冬季温度不低于5℃。较耐寒，耐半阴和干旱，怕水湿和强光。宜肥沃、疏松和排水良好的沙壤土。

养护技巧：盆栽用12~15厘米盆。盆土用肥沃园土、腐叶土和粗沙的混合土，加入少量骨粉和干牛粪。每年春季换盆。春、夏季每周浇水1次，秋季每月浇水1次，冬季盆土保持干燥。生长期施肥2~3次，用腐熟饼肥水。

繁殖：柱状茎用扦插法繁殖，缀化种用嫁接繁殖。

群雀▲

(Austrocylindropuntia cylindrical f. cristata)

为大蛇的缀化品种，植株由细圆棒状茎扁化成鸡冠状。株高10~15厘米，株幅15~20厘米。表面深青绿色，刺座上着生白色绒毛和黄褐色细芒刺。花漏斗状，红色。花期夏季。株态形似"脚板薯"，奇特有趣，适合盆栽观赏。

💧浇水：耐干旱。春、夏季每周浇水1次，秋季每月浇水1次。

☀光照：明亮光照，也耐半阴。

🏺施肥：较喜肥。生长期施肥2~3次。

养护难度：★★★

◀珊瑚树
(Austrocylindropuntia salmiana)

原产美洲南部。株高 40~50 厘米，株幅 20~25 厘米。茎圆柱状，无棱，深绿色。刺座着生不规则，具灰白色小芒刺。花漏斗状，红色。花期秋季。

💧浇水：耐干旱。生长期盆土保持稍湿润，冬季盆土保持干燥。

☀光照：全日照。生长期需充足阳光，盛夏稍遮阴。

🛒施肥：较喜肥。生长期每月施肥 1 次，控制氮肥用量。

养护难度：★★

将军▶
(Austrocylindropuntia subulata)

又名钻形圆筒仙人掌，原产秘鲁。株高 2~4 米，株幅 6~10 厘米。茎圆筒形，深绿色，无棱，由长圆形瘤块所包围，刺座还着生白色刺和芒刺。叶片圆柱形，绿色，生于刺座上。花车轮状，红色。花期秋季。

💧浇水：耐干旱。生长期盆土保持稍湿润，冬季盆土保持干燥。

☀光照：全日照。生长期需充足阳光，盛夏稍遮阴。

🛒施肥：较喜肥。生长期每月施肥 1 次，控制氮肥用量。

养护难度：★★★

◀魔女之冠
(Austrocylindropuntia vestita f. cristata)

为翁团扇的缀化品种，植株由小型细圆筒状茎扁化成鸡冠状。株高 10~20 厘米，株幅 15~25 厘米。表面绿色，刺座上着生白色长绵毛，并长有绿色锥状叶。花漏斗状，红色。花期夏季。

💧浇水：耐干旱。生长期盆土保持湿润，冬季盆土保持干燥。

☀光照：全日照。生长期需充足阳光，盛夏稍遮阴。

🛒施肥：较喜肥。生长期每月施肥 1 次，控制氮肥用量。

养护难度：★★★

皱棱球属

皱棱球属(*Aztekium*)有2种。

原产地：墨西哥北部和东部的干旱地区。

形态特征：生长非常缓慢，具块状肉质根。球体扁圆形，肉质，坚硬，有9~11条纵棱，呈褶皱状，生长点附近多白色绒毛。花漏斗状，白色至淡粉色。

习性与养护：喜温暖、干燥和阳光充足环境。不耐寒，耐阴和耐干旱，怕积水。宜肥沃、疏松和排水良好的沙壤土。生长期土壤稍湿润，其他时间保持干燥。

繁殖：春季播种，发芽温度13~16℃；或于夏季用半成熟根扦插，初夏用子球嫁接。

盆栽摆放：小型珍稀名贵种的盆栽用于点缀窗台、隔断或博古架，是一件很有欣赏价值的"工艺品"，也适合瓶景和组合盆栽观赏。

信氏花笼▶
(Aztekium hintonii)

又叫欣顿花笼或赤花花笼，原产墨西哥，植株扁圆形至长筒形，成年植株群生子球。株高8~12厘米，株幅10~15厘米。茎9~13棱，肉质坚硬，棱间无副棱，墨绿色，表皮上斜沟线密集、整齐。刺座连接并密生白色短绵毛和1~4枚浅黄褐色短刺。花单生，漏斗状，深粉红色。花期春季至秋季。为珍稀濒危植物，观赏性强。

💧浇水：耐干旱。春、夏季每2周浇水1次。

☀光照：明亮光照，也耐半阴。

🏠施肥：较喜肥。生长期施肥3~4次。

养护难度：★★★★

◀花笼
(Aztekium ritteri)

原产墨西哥，植株扁圆形。株高3~5厘米，株幅3~5厘米。茎8~11棱，呈横向褶皱，棱间有副棱，肉质坚硬，刺座密生白色短绵毛和1~4枚灰黄色软刺。花漏斗状，淡粉红色，花径2~3厘米。花期春至秋季。本种生长十分缓慢，播种苗培育10年，球径仅3~4厘米，为世界一级保护植物。

💧浇水：耐干旱。春、夏季每2周浇水1次。

☀光照：明亮光照，也耐半阴。

🏠施肥：较喜肥。生长期施肥3~4次。

养护难度：★★★★

松露玉属

松露玉属（*Blossfeldia*）仅1种，与锦绣玉属（*Parodia*）关系密切。

原产地：玻利维亚和阿根廷的安第斯山地区。

形态特征：植株具粗大肉质根。株型小，不具棱和疣突，刺座呈螺旋状排列。花漏斗状，黄白色。

习性与养护：喜温暖、干燥和阳光充足环境。不耐寒，冬季温度不低于5℃，耐半阴，不耐水湿。宜肥沃、疏松和排水良好的沙壤土。

繁殖：早春播种，发芽温度21℃；或于春末夏初分株繁殖，也可用子球嫁接繁殖。

盆栽摆放：置于客厅博古架或案头，就像一件绿色工艺精品，小巧玲珑，十分耐看。

松露玉 ▲

(Blossfeldia liliputana)

又名梦路玉，原产南美安第斯山地区，植株单生，长大后可群生，球形。株高3~5厘米，株幅4~6厘米。有粗大的肉质主根。茎不分棱，灰绿色或深绿色，刺座呈螺旋状排列，具灰色绒毛，无刺。花漏斗状，淡黄白色，花径1厘米。花期夏季。为稀有小型种。

💧浇水：耐干旱。

☀光照：明亮光照，也耐半阴。

🛒施肥：较喜肥。

养护难度：★★★★

巨人柱属

巨人柱属(*Carnegiea*)仅1种。大型柱状仙人掌。

原产地：美国和墨西哥西北部。

形态特征：生长慢，30年生的巨人柱仅1米高，植株生长到3~4米高时才会分枝和开花，茎具12~30棱。花大，漏斗状或钟状，初夏早晨开放。

习性与养护：喜温暖、干燥和阳光充足环境。不耐寒，冬季温度不低于5℃。适合土层深厚、肥沃、排水良好、富含石灰质的沙壤土。

繁殖：早春用播种繁殖，发芽温度21℃，是仙人掌中的代表性植物。

盆栽摆放：植株高大挺拔，雄伟壮丽，适用于植物园、公园的展览温室或宾馆厅堂的布置。幼苗盆栽摆放居室客厅、门厅，也能给人带来全新的感受。

◀巨人柱
(*Carnegiea gigantea*)

又名弁庆柱、萨瓜罗掌，原产美国、墨西哥，植株高大，柱状直立。株高5~16米，株幅1~3米。具有树一样的茎干，坚硬，有分枝1~8个，呈烛台状，表面灰绿色，棱12~24个，有些甚至有30棱以上。刺座上着生褐色绵毛，有褐色周围刺12~16枚，中刺3~6枚；茎顶刺座无刺。花单生，漏斗状或钟状，白色，花筒长12厘米，由蜂鸟和蝙蝠授粉。花期夏季。

💧浇水：耐干旱。

☀光照：全日照。

🎒施肥：较喜肥。

养护难度：★★★★

翁柱属

翁柱属（*Cephalocereus*）有 3 种。高大柱状种，直立，偶有分枝。

原产地：墨西哥。

形态特征：茎有多棱，刺座密集多毛，成熟植株绵毛生长得更为发达，又称毛状仙人掌。夏季开漏斗状粉红色花。

习性与养护：喜温暖、干燥和阳光充足环境。不耐寒，冬季温度不低于 5℃。生长期适度浇水，冬季保持干燥。生长期每月施低氮素肥 1 次。

繁殖：春季播种，发芽温度 19~24℃。

盆栽摆放：低矮植株盆栽摆放门厅、书房或客厅，憨态可掬，微笑迎客。大型植株可地栽布置植物园、公园或开放式景点，高低错落，配上块石和木雕，形成独特的美洲荒漠地带景观。

◀翁柱
(*Cephalocereus senilis*)

又名玉翁、老人仙人掌，原产墨西哥中部，植株柱状。株高 12 米，株幅 1~2 米。茎有棱 20~30 个。刺座着生有长而弯曲的白毛，其长度随株龄而增长。全株几乎覆盖灰刺，有周围刺 20~30 枚，中刺 3~5 枚。花漏斗状，粉红色，长 5 厘米。花期夏季。适合盆栽或地栽观赏。

💧浇水：耐干旱。生长期适度浇水，冬季保持干燥。

☀光照：全日照。生长期需充足阳光，盛夏稍遮阴。

🧺施肥：较喜肥。生长期每月施低氮素肥 1 次。

养护难度：★★★

天轮柱属

天轮柱属(*Cereus*) 约有 25 种。植株柱状，似树。

原产地：南美至西印度群岛。

形态特征：茎通常有 3~14 个厚棱和绵毛状刺座，着生结实的刺。花夜间开放，宽杯状或漏斗状，有白色或粉红色，从夏季至早秋不断开花。

习性与养护：喜温暖、干燥和阳光充足环境。不耐寒，冬季温度不低于 5℃。宜富含腐殖质、排水良好的微酸性土壤。生长期每月施低氮素肥 1 次，冬季土壤保持干燥。

繁殖：早春播种，发芽温度 19~24℃；或于春末夏初用幼嫩分枝扦插；斑锦品种在春末夏初切取茎段嫁接繁殖。

盆栽摆放：因其茎干挺拔，盆栽摆放客厅、书房或门庭，新奇别致，使居室别具一格。缀化品种峰峦叠翠的株型，十分诱人，盆栽或制作的盆景摆放客厅、书房或地柜，呈现给人崇山峻岭般的自然景观。

岩石狮子▶
(*Cereus peruvianus* 'Monstrosus')

是秘鲁天轮柱的石化品种，植株的茎石化成起伏层叠的山峦状。株高 20~40 厘米，株幅 20~30 厘米。茎表面深绿色，刺座上生有淡褐色细刺。花漏斗状，白色，长 10~16 厘米。花期夏季。峰峦叠翠的株型，可盆栽或制作盆景观赏。

💧浇水：耐干旱。生长期每周浇水 2~3 次。

☀光照：全日照。生长期需充足阳光，盛夏稍遮阴。

🏺施肥：较喜肥。生长期每月施肥 1 次。

养护难度：★★★

◀岩石狮子锦
(*Cereus peruvianus* 'Monstrosus Variegata')

为岩石狮子的斑锦品种，植株具有纵横交错的龟裂条纹。株高 20~30 厘米，株幅 15~20 厘米。全株呈黄色，偶长出灰绿色的疣突，不规则的刺座上着生灰色绒毛和褐色针状刺。花漏斗状，白色，花期夏季。宜作盆景观赏。

💧浇水：耐干旱。生长期每 2 周浇水 1 次，盛夏注意喷水。

☀光照：全日照。生长期需充足阳光，盛夏稍遮阴。

🏺施肥：较喜肥。生长期每月施肥 1 次。

养护难度：★★★

◀姬黄狮子
(Cereus pitahaya f. monst 'Variegata')

又叫山影拳锦,为山影拳的斑锦品种。植株肋棱错乱,形似山峦。株高 20~60 厘米,株幅 15~30 厘米。茎表面深绿色,镶嵌着黄色大斑块,但生长点附近仍为绿色,刺座上着生黄褐色针状刺。花漏斗状,白色,花期夏季。作盆栽或盆景观赏。

💧浇水:耐干旱。生长期每2周浇水1次,盛夏注意喷水。
☀光照:全日照。生长期需充足阳光,盛夏稍遮阴。
🪣施肥:较喜肥。生长期每月施肥1次。

养护难度:★★★

连城角▶
(Cereus tetragonus)

又名四角柱,原产巴西。株高 4~5 米,株幅 20~30 厘米。叶退化,茎柱形,深绿色,4~5 棱,有明显横肋。刺座着生周围刺 5~6 枚,中刺 1 枚,针状深褐色。花侧生,长筒漏斗状,白色,长 10~12 厘米。花期夏季。

💧浇水:耐干旱。生长期每2周浇水1次,盛夏注意喷水。
☀光照:全日照。生长期需充足阳光,盛夏稍遮阴。
🪣施肥:较喜肥。生长期每月施肥1次。

养护难度:★★★

◀连城角锦
(Cereus tetragonus 'Variegata')

为连城角的斑锦品种。茎圆柱形,4~5 棱,表面深绿色,镶嵌着黄色斑块,有明显横肋,刺座着生深褐色针状刺。春末夏初切取茎段嫁接。

💧浇水:耐干旱。生长期每2周浇水1次,盛夏注意喷水。
☀光照:全日照。生长期需充足阳光,盛夏稍遮阴。
🪣施肥:较喜肥。生长期每月施肥1次。

养护难度:★★★

白檀属

白檀属(*Chamaecereus*)只有1种。小型的指状仙人掌，也有人把本属并入仙人掌属(*Echinopsis*)。

原产地：阿根廷北部。

形态特征：茎细长、柔软，茎部布满刚毛状白色或淡褐色短刺。花漏斗状，橙红色，夏季开花。

习性与养护：喜温暖、干燥和阳光充足环境。不耐寒，冬季温度不低于5℃。耐干旱和半阴，怕积水、高温和强光。宜肥沃、疏松和排水良好的沙壤土。

繁殖：主要用扦插和嫁接繁殖。

盆栽摆放：彩色球体若配上白色艺术小盆，摆放于书桌、茶几、案头，新鲜有趣，如制作成组合盆栽、框景，则更能凸显室内装饰的整体美。

白檀▲
(*Chamaecereus silvestrii*)

又名小仙人鞭、花生仙人掌，原产阿根廷，植株丛生，多分枝，茎细圆筒形。株高10厘米，株幅30~60厘米。茎6~9棱，刺座密生周围刺10~15枚，白色，无中刺。花侧生，漏斗状，红色，长7厘米。花期夏季。

💧浇水：耐干旱。春季至秋季每周浇水1次，冬季每半月浇水1次。

☀光照：明亮光照，也耐半阴。

🪴施肥：较喜肥。生长期每月施肥1次。

养护难度：★★★

◀山吹
(Chamaecereus silvestrii var. *aurea)*

又叫黄体白檀，为白檀的斑锦品种，植株丛生，多分枝，细圆筒形。株高 10~15 厘米，株幅8~10 厘米。茎 6~9 棱，全体黄色，刺座密生周围刺 10~15 枚，白色，无中刺。花侧生，漏斗状，红色，长 7 厘米。花期夏季。

💧浇水：耐干旱。春季至秋季每周浇水 1 次，冬季浇水1~2 次。

☀光照：全日照。夏季适当遮阴。

🪴施肥：较喜肥。生长期每月施肥 1 次。

养护难度：★★★

山吹冠▶
(Chamaecereus silvestrii var. *aurea* f. *cristata)*

为山吹的缀化品种，植株的茎部扁化呈鸡冠状，全体黄色。株高 4~5 厘米，株幅 6~7 厘米。刺座上着生白色细刺。花漏斗状，红色，花径 1~1.5厘米。花期夏季。适合盆栽和组合盆景栽观赏。

💧浇水：耐干旱。春季至秋季每周浇水 1 次，冬季浇水1~2 次。

☀光照：全日照。夏季适当遮阴。

🪴施肥：较喜肥。生长期每月施肥 1 次。

养护难度：★★★

◀鲜丽玉锦
(Chamaelobivia x *Senrei-Gyoku* 'Variegata')*

又名红山吹，为白檀与辉凤玉杂交种的斑锦品种。植株丛生，多分枝，细圆筒形。株高 7~8 厘米，株幅 4~5 厘米。茎有 10~12 棱，通体橘红色，刺座上着生红褐色细刺。花侧生，漏斗状，红色，花径 2 厘米。花期夏季。适合于盆栽和瓶景观赏。

💧浇水：耐干旱。春季至秋季每周浇水 1 次，冬季浇 1~2 次。

☀光照：全日照。夏季适当遮阴。

🪴施肥：较喜肥。生长期每月施肥 1 次。

养护难度：★★★

惠毛球属

　　惠毛球属(*Cintia*)是20世纪80年代在墨西哥发现的新属,目前正在繁殖推广之中,十分受仙人掌植物搜集者的喜爱。

　　习性与养护:不耐寒,冬季温度不低于5℃。

　　繁殖:多用嫁接繁殖。

惠毛球▶
(*Cintia napina*)

又名惠毛丸,原产墨西哥。植株丛生,球形至卵圆形。株高3~4厘米,株幅2~3厘米。棱呈疣状突起,表皮墨绿色至咖啡色,光滑无刺。花为车轮状,黄色,花径1~2厘米。花期夏季。

💧 浇水:耐干旱。

☀ 光照:全日照。

👜 施肥:较喜肥。

养护难度:★★★

管花柱属

　　管花柱属(*Cleistocactus*)约有50种。属圆柱状仙人掌。

　　原产地:秘鲁、阿根廷、玻利维亚、巴拉圭等国的高原地区。

　　习性与养护:喜温暖、干燥和阳光充足环境。不耐寒,冬季温度不低于5℃,生长适温18~25℃。耐半阴和干旱,怕水湿和强光暴晒。宜肥沃、疏松、排水良好和石灰质的沙壤土。春季至夏季,每周浇水1次,秋季浇水3~4次,冬季盆土保持干燥。生长期每月施肥1次,用腐熟饼肥水。

　　繁殖:春季播种,发芽适温21℃,播后10~12天发芽,苗株生长较快;也可初夏将成年植株截顶,促使基部萌生子球作接穗,用量天尺作砧木,接后2~3周愈合成活。

◀白芒柱
(*Cleistocactus strausii*)

又名银火炬、吹雪柱,原产玻利维亚。株高1米,株幅1米。茎细圆柱状,基部分枝,茎面浅绿色,约有25棱,密被白色羊毛状细刺,侧生红色长管状花,长8~9厘米。花期夏季。

💧 浇水:耐干旱。春季至夏季每周浇水1次,秋季浇水3~4次,冬季保持干燥。

☀ 光照:全日照。

👜 施肥:较喜肥。生长期每月施肥1次。

养护难度:★★★

龙爪球属

龙爪球属（*Copiapoa*）有 10~20 种。是生长慢的单生或群生仙人掌植物。

原产地：智利北部的高海拔沙漠中。

形态特征：其刺座上着生的刺、毛和苍老的表皮非常特别，深受仙人掌爱好者的青睐。

习性与养护：喜温暖、干燥和阳光充足环境。春季至初秋，需适度浇水和每月施肥 1 次，其余时间盆土保持干燥。室外宜在贫瘠的沙砾土壤和充足阳光下栽培。

繁殖：早春播种，发芽温度 19~24℃；或夏季分株或嫁接繁殖。

黑土冠▶
(Copiapoa dealbata)

原产智利，茎圆筒状。株高 1 米，株幅 15~20 厘米。初为单生，后子球成丛。球体表面灰白色，具 14~18 棱，刺座密生，有刺 5~6 枚，黑色，后减少到 1~2 枚。花黄色，长 3 厘米。花期夏季。

💧浇水：耐干旱。生长期需适度浇水，其余时间保持干燥。

☀光照：全日照。

🪴施肥：耐贫瘠。生长期每月施肥 1 次。

养护难度：★★★

◀鱼鳞球石化
(Copiapoa tenuissima f. monstrosus)

又名珍珠牡丹、星芒球石化，为鱼鳞球的石化品种。植株群生，扁圆形或球形。株高 4~5 厘米，株幅 5~6 厘米。球体质软，疣突棱锥状，细小而密集，表皮灰褐色至墨褐色，刺座上着生周围刺 8~14 枚，无中刺，球体顶部和疣突顶端密生白色毡毛。花钟状，黄色，花径 3~4 厘米。花期夏季。

💧浇水：耐干旱。生长期需适度浇水，其余时间保持干燥。

☀光照：全日照。

🪴施肥：较喜肥。生长期每月施肥 1 次。

养护难度：★★★★

菠萝球属

菠萝球属(*Coryphantha*) 有 45 种。

原产地：美国、墨西哥、加拿大。

形态特征：多数植株为球形，长大后会呈圆筒形。球体被疣突包围，疣突较硬，表面有纵向浅沟，并具毛。花顶生，钟状、黄色、白色或粉红色。

习性与养护：喜温暖、干燥和阳光充足环境。不耐寒，生长适温 20~25℃，冬季温度不低于10℃。耐半阴和干旱，怕水湿和强光。宜肥沃、疏松和排水良好的沙壤土。春季至初秋，每周浇水 1 次，其他时间盆土保持干燥。生长期每月施肥 1 次。

繁殖：春季或初夏播种，发芽适温 19~24℃；斑锦品种采用嫁接法繁殖，接穗用切顶的球体、疣状突起或子球。

盆栽摆放：置于窗台、阳台或书桌，其丰厚的疣状突起十分起眼，居室增添了活泼可爱的气氛。

◀象牙球
(*Coryphantha elephantidens*)

又名象牙仙人球、象牙丸，原产墨西哥西南部。株高 12~15 厘米，株幅 15~20 厘米。植株球形，茎部疣状突起明显，茎面中绿色，光滑，刺座着生黄褐色形似象牙的硬刺 6~8 枚。花深粉红色，长8~10 厘米。花期夏季。

💧浇水：耐干旱。春季至初秋每周浇水 1 次，其他时间盆土保持干燥。

☀光照：全日照。

🛒施肥：较喜肥。生长期施肥 3~4 次。

养护难度：★★★

◀象牙球锦
(Coryphantha elephantidens 'Variegata')

球体形状似象牙球。株高 8~10 厘米，株幅 15~20 厘米。茎面中绿色，光滑，镶嵌浅黄色斑块。十分惹人喜爱。

💧浇水：耐干旱。春季至初秋每周浇水 1 次。
☀光照：全日照。
🛒施肥：较喜肥。生长期施肥 3~4 次。
养护难度：★★★

黄体象牙球▶
(Coryphantha elephantidens 'Aureum')

球体形状似象牙球。株高 8~10 厘米，株幅 15~20 厘米。茎面全黄色。

💧浇水：耐干旱。春季至初秋每周浇水 1 次。
☀光照：半阴。
🛒施肥：较喜肥。生长期施肥 3~4 次。
养护难度：★★★

◀神乐狮子
(Coryphantha pyancantha)

又名菠萝球，原产墨西哥。株高 8~10 厘米，株幅 5~7 厘米。植株球形，很像象牙球，体形稍小。花大，柠檬黄色，直径 4~5 厘米。花期夏季。

💧浇水：耐干旱。春季至初秋每周浇水 1 次。
☀光照：半阴。
🛒施肥：较喜肥。生长期施肥 3~4 次。
养护难度：★★★

玉狮子▶
(Coryphantha radians)

原产墨西哥。株高 10~12 厘米，株幅 6~7 厘米。植株圆筒形，疣突小而密，刺长而多，并紧贴球体。花大，柠檬黄色，直径 6~7 厘米。花期夏季。

💧浇水：耐干旱。春季至初秋每周浇水 1 次。
☀光照：半阴。
🛒施肥：较喜肥。生长期施肥 3~4 次。
养护难度：★★★

隐柱昙花属

隐柱昙花属(*Cryptocereus*)有近20种。大多数为攀援或半下垂附生或岩生植物。

原产地：美国南部、墨西哥、中美洲、哥伦比亚和西印度群岛。

形态特征：具有气生根、叶状茎和大的喇叭状花朵，并在夜间开放。

习性与养护：喜温暖、空气湿度高和半阴环境。不耐寒，冬季温度不低于5℃。生长期每周浇水1次，空气干燥时，每2~3天向叶状茎喷雾1次；冬季每2周浇水1次。生长期每月施肥1次，用稀释饼肥水。

繁殖：种子成熟后即播，发芽温度16~19℃；也可于春夏季用扦插繁殖。

盆栽摆放：盆栽或吊盆植株，用于点缀窗前、走廊或花架，青翠光亮，披垂飘逸，给人们带来无穷乐趣。

隐柱昙花▲
(*Cryptocereus anthonyanus*)

又名齿状昙花、角状蛇鞭柱，原产墨西哥西，植株由叶状茎组成，开展，半下垂。株高50~75厘米，株幅不限定。叶状茎边缘具缺刻，深4.5厘米，形成圆裂，似齿条状，亮绿色。刺座着生2~4枚短刺，淡褐色。花顶生，花朵大，花径可达12厘米，淡黄色或米白色，外瓣红色，夜间开放，花芳香。花期夏季。

💧 浇水：喜湿润。生长期每周浇水1次，冬季每2周浇水1次。

☀ 光照：半阴。

🛒 施肥：较喜肥。生长期每月施肥1次。

养护难度：★★★

圆柱仙人掌属

　　圆柱仙人掌属（*Cylindropuntia*）有 40 多种。现在本属植物已并入仙人掌属（*Opuntia*）。

　　原产地：美国南部、墨西哥。

　　形态特征：茎部为圆柱形，刺座上的刺有一个能脱离的纸鞘，称之膜被，有些种类的膜被已退化。本属与南美的圆筒仙人掌属（*Austrocylindropuntia*）亲缘关系较近，但后者没有上述特征。

　　习性与养护：喜温暖、干燥和阳光充足环境。不耐寒，生长适温 18~25℃，冬季温度不低于 5℃。耐半阴和干旱，怕水湿和强光。宜肥沃、疏松和排水良好的沙壤土。春季至秋季每月浇水 1 次，盆土保持稍湿润；冬季不需浇水，盆土保持干燥。生长期施肥 3~4 次，用腐熟饼肥水。

　　繁殖：常用扦插和嫁接繁殖。

　　盆栽摆放：株型生长不规则，可说"奇形怪状"，盆栽时株体要居中稳当，摆放窗台、茶几或地柜，非常引人注目，具有新鲜感。

松岚▶
(*Cylindropuntia bigelowii*)

原产墨西哥、美国，植株灌木状。株高 80~100 厘米，株幅 50~60 厘米。茎节圆筒状，表面绿色，具不规则疣突，刺座上有芒刺和针状刺 6~10 枚。花漏斗状，淡黄色。花期夏季。

💧浇水：耐干旱。春季至秋季每月浇水 1 次，盆土保持稍湿润；冬季不需浇水，盆土保持干燥。

☀光照：全日照。

🏺施肥：较喜肥。生长期施肥 3~4 次，用腐熟饼肥水。

养护难度：★★★

◀拳骨缀化
(*Cylindropuntia fulgida* var. *mamillata* f. *monstrosa*)

为拳骨柱的缀化品种，植株扁化呈拳套状。株高 20~40 厘米，株幅 20~25 厘米。茎生长不规则，顶部加粗呈拳状，表面青绿色，刺座排列错乱，着生淡黄色细刺。花侧生，漏斗状，粉红色。花期夏季。

💧浇水：耐干旱。春季至秋季每月浇水 1 次，盆土保持稍湿润；冬季不需浇水，盆土保持干燥。

☀光照：全日照。

🏺施肥：较喜肥。生长期施肥 3~4 次，用腐熟饼肥水。

养护难度：★★★

圆盘玉属

圆盘玉属(*Discocactus*) 有 5~7 种。是有棱的球形仙人掌,堪称是巴西的国宝级仙人掌。

原产地:巴西、玻利维亚和巴拉圭的丘陵低地。

形态特征:植株初为球状,后期越长越扁平如盘。成熟的植株顶部长出由垫状毛和刚毛组成的花座,花座越长越大,从中开出白色或粉红色钟状或筒状花。夏季夜间开花,花带清香。

习性与养护:喜温暖、稍湿润和阳光充足环境。不耐寒,冬季温度不低于 5℃。生长季节每 3 周施氮、磷肥 1 次,秋季至早春盆土保持干燥。

繁殖:春季或初夏播种,发芽温度 21~24℃;也可用嫁接繁殖。

奇特球 ▲
(*Discocactus horstii*)

原产巴西东部,是本属中比较小型的种类,植株单生,扁球形。株高 2~3 厘米,株幅 6 厘米,具 15~22 棱,棱高而直,表皮淡褐绿色。刺座排列紧密,着生周围刺 8~10 枚,灰白色至褐色,球体顶部有 1~2 厘米高的花座。花大,漏斗状,白色,花径 8 厘米,夜间开花,有香味。花期夏季。

💧浇水:较喜湿。秋季至早春盆土保持干燥。

🌼光照:全日照。

🛒施肥:较喜肥。生长季节每 3 周施氮、磷肥 1 次。

养护难度 : ★★★

长疣球属

　　长疣球属（*Dolichothele*）有 5~6 种。与乳突球属（*Mammillaria*）亲缘关系较近，有人把长疣球属并入乳突球属。

　　原产地：美国得克萨斯州至墨西哥北部、中部。

　　形态特征：植株圆形或椭圆形，其疣状突起较长，十分典型。花漏斗状，黄色。

　　习性与养护：喜温暖、干燥和半阴环境。不耐寒，耐阴和干旱，怕积水和强光。宜肥沃、疏松和排水良好的沙壤土。春季至秋季，每 2 周浇水 1 次，盆土保持一定湿度；冬季停止浇水，盆土保持干燥。生长期每月施肥 1 次。

　　繁殖：春季播种，发芽适温 19~24℃；或者初夏取子球扦插或嫁接。

　　盆栽摆放：置于书桌、案头或茶几，婀娜多姿，还带有几分娇媚，为居室环境增添情趣。

▼ 金鸟座
(Dolichothele albescens var.*aurea)*

为变白长疣球的黄体变种。株高 6~7 厘米，株幅 8~10 厘米。茎圆球形，不分棱，疣状突出，肉质柔软，球体黄色。刺座密生毛刺，白色。花顶生，漏斗状，黄色，花径 2~3 厘米。花期夏季。夏季取子球嫁接繁殖。

💧 浇水：耐旱。生长期盆土保持湿润，冬季控制浇水，保持干燥。

☀ 光照：半阴。夏季强光时必须遮阴。

🛒 施肥：较喜肥。生长期每月施肥 1 次。

养殖难度：★★★★

◀琴丝
(Dolichothele camptotricha)

又名琴丝球，原产墨西哥中部。株高8厘米，株幅20厘米。茎圆筒形，群生，深绿色，疣突细长呈圆锥形，长2厘米。刺座着生周围刺2~8枚，细而弯曲，淡黄色，无中刺。花漏斗状，白色，花瓣上具1条绿色中线，长2厘米。花期夏季至秋季。也用*Mammillaria camptotricha*的学名。

💧浇水：耐干旱。生长期盆土保持湿润，冬季减少浇水。

☀光照：全日照。夏季强光时适当遮阴。

🛒施肥：较喜肥。生长期每月施肥1次。

养护难度：★★★

◀金星
(Dolichothele longimamma)

又名长疣八卦掌，原产墨西哥中部。株高8~10厘米，株幅15~30厘米。茎圆球形，易丛生，疣突长3~7厘米，肉质柔软，多汁，淡绿色。刺座生于疣突顶端，周围刺9~10枚，灰褐色，中刺1枚，针状，黄白色，先端黑色。花侧生，漏斗状，黄色，花径5~6厘米。花期春末夏初。也用*Mammillaria longimamma*的学名。

💧浇水：耐干旱。春季至秋季每2周浇水1次，冬季停止浇水。

☀光照：全日照。夏季强光时适当遮阴。

🛒施肥：较喜肥。生长期每月施肥1次。

养护难度：★★★

金琥属

金琥属（*Echinocactus*）约 15 种。是一种生长慢的球形或圆筒形仙人掌。

原产地：美国南部和墨西哥。

形态特征：刺棱明显，棱直，刺硬。刺座上生有垫状毡毛，顶部毡毛更密集。花顶生，钟状，黄色、粉色或红色，成年植株夏季开花，昼开夜闭。

习性与养护：喜温暖、干燥和阳光充足环境。不耐寒，生长适温 13~24℃，冬季温度不低于 8℃。耐半阴和干旱，怕水湿和强光。宜肥沃、疏松和排水良好的沙壤土。生长期每周浇水 1 次，春季每 2 周浇水 1 次，冬季停止浇水，空气干燥时，向周围喷水。盆栽必须每年换土、剪根 1 次，换上含石灰质和干牛粪的栽培基质。生长期每 4 周施 1 次肥。

繁殖：春季播种，发芽温度 21℃；也可用嫁接繁殖。

盆栽摆放：球体大，浑圆，布满金黄色硬刺，用于点缀台阶、门厅、客厅，显得金碧辉煌。小球盆栽摆放于窗台、书房或餐室，活泼自然，别有意趣。

◀金琥
(*Echinocactus grusonii*)

又名象牙球、无极球，原产墨西哥中部，植株单生，球形。株高 60~100 厘米，株幅 80~100 厘米。茎亮绿色，有 20~40 棱，刺座上着生周围刺 8~10 枚，中刺 3~5 枚，均为金黄色。花钟形，亮黄色，长 4~6 厘米。花期夏季。是仙人掌中十分流行的种类。

💧浇水：耐干旱。生长期每周浇水 1 次，春季每 2 周浇水 1 次，冬季停止浇水。

☀光照：全日照。生长期光线充足。

🌱施肥：较喜肥。生长期每月施肥 1 次。

养护难度：★★★

◀金琥缀化
(Echinocactus grusonii f. *cristata)*

又名金琥冠，为金琥的缀化品种，植株冠状。株高 15~20 厘米，株幅 20~25 厘米。茎扁化呈不规则的鸡冠状，灰绿色，刺座上密生金黄色硬刺。花钟状，金黄色。花期夏季。

💧浇水：耐干旱。生长期每周浇水 1 次，春季每 2 周浇水 1 次。
☀光照：全日照。
🛒施肥：较喜肥。生长期每月施肥 1 次。

养护难度：★★★

无刺金琥▶
(Echinocactus grusonii var. *inermis)*

又名裸琥，为金琥的变种。株高 10~12 厘米，株幅 12~15 厘米。植株球形，肉质坚硬，刺极短，被刺座上的绒毛所掩盖。花期夏季。

💧浇水：耐干旱。生长期每周浇水 1 次，春季每 2 周浇水 1 次。
☀光照：全日照。
🛒施肥：较喜肥。生长期每月施肥 1 次。

养护难度：★★★

◀狂刺金琥
(Echinocactus grusonii var. *intertextus)*

为金琥的变种。株高 12~15 厘米，株幅 15~30 厘米。植株深绿色，刺座上的周围刺和中刺呈不规则弯曲，金黄色，其中刺比金琥的稍宽。花钟状，黄色，花径 3~4 厘米。花期春季至秋季。

💧浇水：耐干旱。生长期每周浇水 1 次。
☀光照：全日照。
🛒施肥：较喜肥。生长期每月施肥 1 次。

养护难度：★★★★

金琥泉▶
(Echinocactus grusonii 'Morstrosus')*

为金琥的石化品种，植株石化呈山峦状。株高 10~15 厘米，株幅 10~12 厘米。茎棱错乱形成层层横纹相叠，表皮褐红色，茎体上不规则生有象牙色针刺。花钟状，黄色。花期夏季。

💧浇水：耐干旱。生长期每周浇水 1 次，春季每 2 周浇水 1 次。
☀光照：全日照。
🛒施肥：较喜肥。生长期每月施肥 1 次。

养护难度：★★★★

◀短刺金琥
(Echinocactus grusonii 'Tansi Kinshachi')

又名王金琥,为金琥的栽培品种,植株球形。株高 8~10 厘米,株幅 10~15 厘米。茎有 18~22 棱或棱排列不规则,表皮黄绿色或绿色。刺座上密生象牙色短刺,球体顶部刺座密生白色绒毛。花钟状,黄色。花期夏季。

💧浇水:耐干旱。生长期每周浇水 1 次,春季每 2 周浇水 1 次,冬季停止浇水。

☀光照:全日照。生长期光线充足。

🛒施肥:较喜肥。生长期每月施肥 1 次。

养护难度:★★★

金琥锦▶
(Echinocactus grusonii 'Variegata')

为金琥的斑锦品种,植株球形或圆筒形。株高 20~30 厘米,株幅 15~20 厘米。茎有 15~20 棱,表皮深绿色,镶嵌着黄色斑块,刺座上生着金黄色长刺。花钟状,亮黄色。花期夏季。

💧浇水:耐干旱。生长期每周浇水 1 次,春季每 2 周浇水 1 次,冬季停止浇水。

☀光照:全日照。生长期光线充足。

🛒施肥:较喜肥。生长期每月施肥 1 次。

养护难度:★★★

◀黄体金琥
(Echinocactus grusonii 'Variegata aurea')

为金琥的斑锦品种,植株球形或圆筒形。株高 20~30 厘米,株幅 15~20 厘米。茎有 15~20 棱,通体金黄色,刺丛密集,象牙色。

💧浇水:耐干旱。生长期每周浇水 1 次,春季每 2 周浇水 1 次,冬季停止浇水。

☀光照:全日照。生长期光线充足。

🛒施肥:较喜肥。生长期每月施肥 1 次。

养护难度:★★★

◀金琥锦缀化
(Echinocactus grusonii 'Variegata' f. cristata)

为金琥锦的缀化品种,植株冠状。株高10~15厘米,株幅15~20厘米。茎扁化呈鸡冠状或山峦状,表皮淡灰绿色,刺座排列稀,刺为象牙色。

💧浇水:耐干旱。生长期每周浇水1次,春季每2周浇水1次,冬季停止浇水。

☀光照:全日照。生长期光线充足。

🪣施肥:较喜肥。生长期每月施肥1次。

养护难度:★★★

无刺金琥缀化▶
(Echinocactus grusonii var. inermis f. cristata)

又名裸琥冠,为无刺金琥的缀化品种,植株厚实冠状。株高10~12厘米,株幅12~15厘米。茎扁化呈鸡冠状,青绿色,刺座上着生白色短绒毛。花钟状,黄色。花期夏季。

💧浇水:耐干旱。生长期每周浇水1次,春季每2周浇水1次,冬季停止浇水。

☀光照:全日照。生长期光线充足。

🪣施肥:较喜肥。生长期每月施肥1次。

养护难度:★★★

◀狂刺金琥缀化
(Echinocactus grusonii var. intertextus f. cristata)

又名狂刺金琥冠,为狂刺金琥的缀化品种,植株冠状。株高15~20厘米,株幅25~30厘米。茎扁化呈鸡冠状,深绿色,刺座上的周围刺和中刺呈不规则弯曲。花钟状,黄色,长3~4厘米。花期夏季。整个球体形似"刺猬"。

💧浇水:耐干旱。生长期每周浇水1次,春季每2周浇水1次,冬季停止浇水。

☀光照:半阴。生长期光线充足。

🪣施肥:较喜肥。生长期每月施肥1次。

养护难度:★★★

◀绫波
(Echinocactus texensis)

原产美国和墨西哥东北部，扁球形或桶形仙人掌。株高 15 厘米，株幅 30 厘米。具 13~27 棱，茎淡灰绿，刺座排列稀，绵毛状。周围刺 6~7 枚，中刺 1 枚，粗壮，均为红褐色。花淡粉红色，长5~6 厘米，具粉红色或橙红色喉。花期夏季。

💧浇水：耐干旱。生长期每周浇水 1 次，春季每 2 周浇水 1 次，冬季停止浇水。
☀光照：全日照。生长期光线充足。
🛒施肥：较喜肥。生长期每月施肥 1 次。

养护难度：★★★

◀绫波缀化
(Echinocactus texensis
f. cristata)

又名绫波冠，为绫波的缀化品种，植株冠状。株高 15 厘米，株幅 25~30 厘米。茎扁化呈鸡冠状或山峦状，表皮淡灰绿色。刺座排列稀，着生周围刺 6~7 枚，中刺 1 枚，粗壮，均为淡红褐色。花钟状，淡粉红色，长 5~6 厘米。花期夏季。

💧浇水：耐干旱。生长期每周浇水 1 次，春季每 2 周浇水 1 次，冬季停止浇水。
☀光照：全日照。生长期光线充足。
🛒施肥：较喜肥。生长期每月施肥 1 次。

养护难度：★★★

鹿角柱属

鹿角柱属(*Echinocereus*) 约有 45 种。单生或丛生。

原产地：美国南部及西南部、墨西哥的低地沙漠和干燥高原。

形态特征：球状或短柱状，茎直立或横卧，刺密集，少数种在不同季节刺色有变化。花大，位于茎的上侧部，漏斗状或钟状，花径有 5~6 厘米，花萼有刺，柱头裂片粗大呈绿色，花色丰富，昼开夜闭。

习性与养护：喜温暖、干燥和阳光充足环境。不耐寒，生长适温 22~26℃，冬季温度不低于 5℃。耐半阴和干旱，怕水湿。宜肥沃、疏松、排水良好和富含石灰质的沙壤土。春季至初秋，每 10 天浇水 1 次，冬季每月浇水 1 次。生长期每月施肥 1 次。

繁殖：早春播种，发芽温度 21℃；或于春季或夏季用茎扦插繁殖。

盆栽摆放：置于窗台、茶几或地柜，开花时倩影娇艳，异常热闹，给居室带来了喜庆的气氛。

◀白元虾
(Echinocereus albatus)

又名白元，原产墨西哥。株高 15~20 厘米，株幅 10~15 厘米。茎柱状，淡绿色，10~12 棱，棱像疣状突起。刺座着生刺 20~40 枚，针状，灰白色。花侧生，漏斗状，洋红色。白元虾的柱头为绿白色，初开时略深一些，花开足时稍淡一些。花期春末夏初。

💧浇水：耐干旱。生长期可充分浇水。

☀光照：全日照。

🏠施肥：较喜肥。生长期每月施肥 1 次。

养护难度：★★★

◀金龙
(Echinocerus berlandieri)

又名卜虾、伯氏鹿角柱，原产美国、墨西哥。植株低矮，呈匍匐状，易分株，成丛生状。株高12~15厘米，株幅15~20厘米。茎短圆柱状，具5~6棱，绿色，呈螺旋状。刺座着生周围刺6~8枚，刚毛状，白色，中刺1枚，黄褐色。花侧生，漏斗状，长6~8厘米，玫瑰红色，花瓣中间和喉部色深，花径4~5厘米，柱头绿色。花期夏季。

💧浇水：耐干旱。生长期可充分浇水。

☀光照：全日照。

🛒施肥：较喜肥。生长期每月施肥1次。

养护难度：★★★

玄武▶
(Echinocerus blanckii)

原产美国、墨西哥，植株细柱状，开始直立，后匍匐生长。株高15~20厘米，株幅15~25厘米。具5~7个棱缘，具疣突的棱，周围刺6~9枚，灰褐色，中刺1枚，深褐色。花紫红色。花期春季。

💧浇水：耐干旱。生长期可充分浇水。

☀光照：全日照。

🛒施肥：较喜肥。生长期每月施肥1次。

养护难度：★★★

◀弁庆虾缀化
(Echinocerus grandis 'Cristata')

又名弁庆鹿角柱冠，为弁庆虾的缀化品种。株高20~30厘米，株幅15~20厘米。植株圆筒形，扁化呈鸡冠形，开始茎体冠状，后长成山叠状；刺座和周围刺密集，被白色细刺。花紫红色。花期夏季。

💧浇水：耐干旱。生长期可充分浇水。

☀光照：全日照。

🛒施肥：较喜肥。生长期每半月施肥1次。

养护难度：★★★

◀宇宙殿
(Echinocereus knippelianus)

又名极花殿,原产墨西哥东北部。植株球形至球状筒形。株高 20 厘米,株幅 15 厘米。茎具 5~8 圆棱,刺座上着生刚毛状刺 1~3 枚,黄白色。花侧生,漏斗状,粉红色、紫粉色、紫色或白色等,长 4 厘米。花期春季至初夏。球体特殊,形似山核桃,十分有趣,花开美艳,适合盆栽。

💧浇水:耐干旱。春季至秋季生长期每周浇水 1 次,冬季浇水 1~2 次。

☀光照:全日照。

🏺施肥:较喜肥。每 6~8 周施底氮素肥 1 次。

养护难度:★★★

太阳▶
(Echinocereus pectinatus var. rigidissimus)

为三光球的变种,原产美国西南部和墨西哥北部,单生,幼株球形,老株圆筒形。株高 8~35 厘米,株幅 20 厘米。茎具 12~23 低浅的棱。刺座中绿色,密生节齿状淡粉白刺,刺尖色红,有周围刺 16~25 枚,刺覆盖球体,顶部的刺几乎全红。花侧生,漏斗状,黄色,花径 9~10 厘米。花期夏季。

💧浇水:耐干旱。春季至秋季每 10 天浇水 1 次,冬季每月浇水 1 次。

☀光照:全日照。

🏺施肥:较喜肥。生长期每月施肥 1 次。

养护难度:★★★

◀花环冠
(Echinocereus reichenbachii var. baileyi 'Cristata')

为丽光球的缀化品种,茎扁化成连体的鸡冠状植株。刺座上有 10 枚左右的周围刺和 1~3 枚中刺。花粉红色。花期春季至初夏。

💧浇水:耐干旱。春季至秋季每 10 天浇水 1 次,冬季每月浇水 1 次。

☀光照:全日照。

🏺施肥:较喜肥。生长期每月施肥 1 次。

养护难度:★★★

多棱球属

多棱球属（*Echinofossulocactus*）约 10 种。有的资料已将本属改用 *Stenocactus* 属名。本属植物单生或簇生，球形或圆筒形。

原产地：墨西哥的低海拔沙漠地区。

形态特征：棱多而薄，呈波浪状。刺座排列稀，刺多少不一，变化大。花顶生，较大，钟状或漏斗状，淡粉红色，花瓣具深色中条纹。花期早春。

习性与养护：喜温暖、干燥和阳光充足环境。不耐寒，生长适温 20~25℃，冬季温度不低于 5℃。耐半阴和干旱，怕水湿。宜肥沃、疏松和排水良好的沙壤土。生长期每 3~4 周结合浇水施低氮素肥 1 次，其余时间保持土壤适度干燥。

繁殖：早春播种，发芽温度 21℃；或于初夏取子球扦插或嫁接。

盆栽摆放：用于点缀案头、书桌或窗台，四季青翠，体姿怡人，使厅堂更显清新、宁静。

◀雪溪
(Echinofossulocactus albatus)

原产墨西哥，植株单生。株高 15 厘米，株幅 10~12 厘米。扁球形或球形，深灰绿色，具 22~35 棱，棱高而薄，棱缘波状。刺座着生白色短绵毛，周围刺 10~15 枚，刺毛状，白色，中刺 4 枚，向上 1 枚直立扁平，长 3~4 厘米，黄褐色。花顶生，白色，花径 2 厘米。花期早春。

💧浇水：耐干旱。春、夏季生长期每 2 周浇水 1 次，秋季每月浇水 1 次，冬季盆土保持干燥。

☀光照：全日照。夏季防止烈日暴晒。

🌱施肥：较喜肥。生长期每月施肥 1 次。

养护难度：★★★

◀长刺雪溪
(Echinofossulocactus albatus var. *longspinus)*

原产墨西哥,植株单生。株高 15 厘米,株幅 10~12 厘米。球形或圆筒形,具 30~35 棱,棱高而薄。刺座着生白色短绵毛,周围刺 10~20 枚,毫毛状,白色,中刺 4 枚,粗而长,黄褐色。花顶生,漏斗状,白色,花径 2~2.5 厘米。花期早春。球体长有白毛、白刺和白花,格外清新雅致。

💧浇水:耐干旱。春、夏季生长期每 2 周浇水 1 次,秋季每周浇水 1 次。

☀光照:全日照。夏季防止烈日暴晒。

🛒施肥:较喜肥。生长期每半月施肥 1 次。

养护难度:★★★

绀碧玉缀化▶
(Echinofossulocactus albatus var.
nigrispinus 'Cristata')*

为绀碧玉的缀化品种。株高 10~12 厘米,株幅 12~15 厘米。茎由球形或圆筒形扁化成鸡冠状,表面灰绿色,密被褐色和白色细刺。花漏斗状,白色。花期春季。

💧浇水:耐干旱。春、夏季生长期每 2 周浇水 1 次,秋季每月浇水 1 次,冬季盆土保持干燥。

☀光照:全日照。夏季防止烈日暴晒。

🛒施肥:较喜肥。生长期每月施肥 1 次。

养护难度:★★★

◀绀碧玉锦
(Echinofossulocactus albatus var.
nigrispinus 'Variegata')*

为绀碧玉的斑锦品种,植株单生。株高 12 厘米,株幅 10~12 厘米。球形或圆筒形,具 30~35 个脊,薄棱灰绿色,镶嵌黄色斑纹或通体黄色。刺座有白色短绒毛,周围刺 15~20 枚,白色,中刺 1~4 枚,黄褐色。花漏斗状,白色。花期春季。

💧浇水:耐干旱。春、夏季生长期每 2 周浇水 1 次,秋季每月浇水 1 次,冬季盆土保持干燥。

☀光照:全日照。夏季防止烈日暴晒。

🛒施肥:较喜肥。生长期每月施肥 1 次。

养护难度:★★★

◀雪溪锦
(Echinofossulocactus albatus 'Variegatus')

为雪溪的斑锦品种，植株单生。株高 12 厘米，株幅 8~10 厘米。茎球形或卵球形，通体黄色，具20~30 棱，棱扁薄而波折。刺座上具白色短绵毛，周围刺白色，中刺黄褐色。花顶生，漏斗状，白色。花径 2 厘米。花期春季。

💧浇水：耐干旱。生长期可浇水并向球面和地面喷水，冬季盆土保持干燥。

☀光照：全日照。夏季防止烈日暴晒。

🏺施肥：较喜肥。生长期每月施肥 1 次。

养护难度：★★★

◀抢穗玉
(Echinofossulocactus hastatus)

又名戟刺仙人球，原产墨西哥。株高 10 厘米，株幅 12 厘米。茎短圆筒形，有 30~35 棱，亮绿色。刺座着生周围刺 5~6 枚，黄白色，中刺 1 枚，最粗大，长 3~5 厘米，扁平锥状，红褐色。花顶生，钟状，白色带紫红色中肋。花期春季。

💧浇水：耐干旱。春、夏季生长期每2 周浇水 1 次，秋季每月浇水 1 次，冬季盆土保持干燥。

☀光照：全日照。夏季防止烈日暴晒。

🏺施肥：较喜肥。生长期每月施肥 1 次。

养护难度：★★★

◀曲刺剑恋玉锦

(Echinofossulocactus kellerianus 'Tortispinus Variegata')*

为曲刺剑恋玉的斑锦品种，单生，扁球形。株高7~8厘米，株幅4~5厘米。茎具40~45棱，表皮蓝绿色，镶嵌着黄色斑块或通体黄色。刺座着生周围刺2~4枚，中刺1枚，扁平向上，呈不规则弯曲，骨色。花白色，带紫红色中肋。花期春季。

💧浇水：耐干旱。春、夏季每2周浇水1次，秋季每月浇水1次，冬季停止浇水，保持稍干燥。

☀光照：全日照。

🛒施肥：较喜肥。生长期每月施肥1次。

养护难度：★★★

剑恋玉锦▶

(Echinofossulocactus kellerianus 'Variegata')*

为剑恋玉的斑锦品种，植株单生，扁球形。株高7~10厘米，株幅7~10厘米。茎具35~40棱，表皮蓝绿色，镶嵌着黄色斑块，棱呈波状。刺座着生周围刺2~4枚，中刺1枚，扁平向上，骨色。花顶生，漏斗状，白色，花径3厘米，带紫红色中肋。花期春季。

💧浇水：耐干旱。春、夏季每2周浇水1次，秋季每月浇水1次，冬季停止浇水，保持稍干燥。

☀光照：全日照。

🛒施肥：较喜肥。生长期每月施肥1次。

养护难度：★★★

◀千波万波锦

(Echinofossulocactus multicostatus 'Variegata')*

为千波万波的斑锦品种，单生或群生，扁球形或球形。株高10厘米，株幅10厘米。茎具80~100棱或更多，棱缘波状，极薄，镶嵌着黄色斑纹。每个棱上着生2个刺座，具周围刺6~8枚，白色细短，中刺1枚，较长，黄色或灰色。花漏斗状，淡粉紫色或白色，具淡紫色中条纹。花期春季。

💧浇水：耐干旱。春、夏季生长期每2周浇水1次，秋季每月浇水1次，冬季盆土保持干燥。

☀光照：全日照。夏季防止烈日暴晒。

🛒施肥：较喜肥。生长期每月施肥1次。

养护难度：★★★★

◀五刺玉
(Echinofossulocactus pentacanthus)

原产墨西哥。株高 8~10 厘米，株幅 8~10 厘米。茎圆球形，20~40 棱，淡灰蓝绿色，呈不规则波状。刺座白色，着生刺 5 枚，扁平，向上弯曲，骨色。花顶生，漏斗状，淡黄或淡粉红色，花径 2.5~3 厘米。花期春季。

💧浇水：耐干旱。春、夏季每 2 周浇水 1 次，秋季每月浇水 1 次，冬季停止浇水。
☀️光照：全日照。夏季防止强光暴晒。
🛒施肥：较喜肥。生长期每月施肥 1 次。

养护难度：★★★

◀五刺玉锦
(Echinofossulocactus pentacanthus 'Variegata')

为五刺玉的斑锦品种，植株单生，圆球形。株高 8 厘米，株幅 8 厘米。茎具 20~40 棱，呈不规则波状，表皮青绿色，镶嵌着黄色斑块。刺座上着生灰褐色扁刺 5 枚，其中 2 枚粗壮向上。花顶生，漏斗状，淡紫色，具深紫色中脉。花径 2.5~3 厘米。花期春季。

💧浇水：耐干旱。春、夏季每 2 周浇水 1 次，秋季每月浇水 1 次，冬季停止浇水。
☀️光照：全日照。夏季防止强光暴晒。
🛒施肥：较喜肥。生长期每月施肥 1 次。

养护难度：★★★

◀缩玉
(Echinofossulocactus zacatecasensis)

原产墨西哥,植株单生,球形。株高 10 厘米,株幅 10 厘米。茎具 50~55 个薄棱,淡绿色。刺座有白色绒点,着生周围刺 10~12 枚,中刺 1 枚,下部骨色,上部褐色,长 3~4 厘米。花白色,有紫红色中条纹。花期春季。

💧浇水:耐干旱。春、夏季生长期每 2 周浇水 1 次,秋季每月浇水 1 次,冬季盆土保持干燥。

☀光照:全日照。夏季防止烈日暴晒。

🛒施肥:较喜肥。生长期每月施肥 1 次。

养护难度:★★★

长刺缩玉▶
(Echinofossulocactus zacatecasensis 'Longispinus')

为缩玉的栽培品种,植株单生,球形。株高 10 厘米,株幅 10 厘米。茎具 50~55 薄棱,淡绿色。刺座有白色绒点,着生周围刺 10~12 枚,中刺 1 枚特长,灰白色,顶端褐色,长 6~7 厘米。花白色,有紫红色中条纹。花期春季。

💧浇水:耐干旱。春、夏季生长期每 2 周浇水 1 次,秋季每月浇水 1 次,冬季盆土保持干燥。

☀光照:全日照。夏季防止烈日暴晒。

🛒施肥:较喜肥。生长期每月施肥 1 次。

养护难度:★★★

◀缩玉锦
(Echinofossulocactus zacatecasensis 'Variegata')

为缩玉的斑锦品种,植株单生,球形。株高 10 厘米,株幅 10 厘米。茎具 50~55 薄棱,全体黄色。刺座着生周围刺 10~12 枚,中刺 1 枚向上,灰白色,顶端褐色,长 4 厘米。花漏斗状,白色,花瓣有紫红色中条纹,花长 3~4 厘米。花期春季。

💧浇水:耐干旱。春、夏季生长期每 2 周浇水 1 次,秋季每月浇水 1 次,冬季盆土保持干燥。

☀光照:全日照。夏季防止烈日暴晒。

🛒施肥:较喜肥。生长期每月施肥 1 次。

养护难度:★★★

仙人球属

仙人球属（*Echinopsis*）有 50~150 种。有的称海胆球属，有些种类呈灌木状或树状。

原产地：南美低海拔沙漠地区至高海拔干燥灌丛中。

形态特征：球状或短圆筒状，分蘖多。直棱，棱脊较高。刺短而硬。花大，靠近下部侧生，喇叭状至钟状，花以白色为主，也有黄色、红色、紫色和粉红色等，白天开放，花期春季至夏季。

习性与养护：喜温暖、干燥和阳光充足环境。不耐寒，生长适温 18~27℃，冬季温度不低于 5℃。耐半阴和干旱，怕水湿和强光。宜肥沃、疏松、排水良好和含石灰质的沙壤土。春季至秋季，每周浇水 1 次，盆土保持稍湿润，冬季浇水 1~2 次，盆土保持稍干燥。生长期每月施 1 次氮、磷肥，冬季保持干燥。

繁殖：春季播种，发芽温度 21℃，或于春季或夏季分株繁殖。

盆栽摆放：置于窗台、阳台或客厅，金光闪闪，十分醒目，若配上优质盆器，更加亮丽明快。

短毛球缀化 ▶

(Echinopsis eyriesii 'Cristata')

为短毛球的缀化品种，由圆筒形植株扁化成连体的鸡冠状植株。茎棱排列密集肥厚，刺座间距缩小，细刺更加密生。

💧浇水：耐干旱。春季至秋季每周浇水 1 次；冬季浇水 1~2 次，盆土保持稍干燥。

☀光照：全日照。

🛒施肥：较喜肥。生长期每月施 1 次氮、磷肥。

养护难度：★★★

◀ 橙花短毛球

(Echinopsis eyriesii var. *orange)*

为短毛球的变种，植株圆筒形。株高 20~30 厘米，株幅 10~15 厘米。茎具 11~18 直棱，中绿色。刺座上着生淡褐色周围刺 10 枚，中刺 4~6 枚。花侧生，漏斗状，橙红色，长 17~25 厘米。花期夏季。

💧浇水：耐干旱。春季至秋季每周浇水 1 次；冬季浇水 1~2 次，盆土保持稍干燥。

☀光照：全日照。

🛒施肥：较喜肥。生长期每月施 1 次氮、磷肥。

养护难度：★★★

◀世界图
(Echinopsis eyriesii 'Variegata')*

为短毛球的斑锦品种,植株易生子球,初生为球形,长大后呈圆筒形。株高 10~12 厘米,株幅 8~10 厘米。茎具 11~12 直棱,中绿色,镶嵌黄色斑块,有时几乎整个球体呈鲜黄色,仅棱沟或生长锥附近为绿色。刺座上着生淡褐色锥状短刺 10~14 枚。花侧生,漏斗状,白色,长 17~25 厘米。花期夏季。

💧浇水:耐干旱。春季至秋季每周浇水 1 次。
☀光照:全日照。
🛒施肥:较喜肥。生长期每月施氮、磷肥 1 次。

养护难度:★★★

短毛球锦缀化▶
(Echinopsis eyriesii f. *variegata* 'Cristata')*

为短毛球锦的缀化品种,由圆筒形植株扁化成连体的鸡冠状植株。在绿色的茎面上嵌有黄色斑纹,茎棱排列密集肥厚,刺座间距缩小,细刺更加密生。观赏价值高。

💧浇水:耐干旱。春季至秋季每周浇水 1 次;冬季浇水 1~2 次,盆土保持稍干燥。
☀光照:全日照。
🛒施肥:较喜肥。生长期每月施 1 次氮、磷肥。

养护难度:★★★

◀仁王球锦
(Echinopsis rhodotricha 'Variegata')*

为仁王球的斑锦品种,植株单生或丛生,易生子球,幼株单生为球形,老株长成圆筒形。株高 30 厘米,株幅 20 厘米。茎具 8~13 直棱,中绿色,镶嵌着黄白色斑块。刺座上着生周围刺 4~7 枚,中刺 1 枚,红褐色。花侧生,漏斗状,白色,长 15 厘米,昼开夜闭。花期春季至夏季。

💧浇水:耐干旱。春季至秋季每周浇水 1 次;冬季浇水 1~2 次,盆土保持稍干燥。
☀光照:全日照。
🛒施肥:较喜肥。生长期每月施 1 次氮、磷肥。

养护难度:★★★

月世界属

　　月世界属（*Epithelantha*）有 3 种。与乳突球属（*Mammillaria*）关系密切，是一类非常有趣的小型仙人掌植物。

　　原产地：美国和墨西哥，主要生长在石灰质土壤中。

　　形态特征：体形小，球状或圆柱状，有时生有肉质根。疣突小，螺旋状排列。刺细小，密集，白色，紧贴茎体表面。花顶生，漏斗状，白色、橙色或粉红色。

　　习性与养护：喜温暖、干燥和阳光充足环境。不耐寒，生长适温 18~25℃，冬季温度不低于 5℃。耐半阴和干旱，怕水湿和强光。宜富含石灰质、疏松和排水良好的沙壤土。从春季至秋季适度浇水，其余时间保持干燥。生长期每 4~5 周施 1 次低氮素肥。

　　繁殖：早春播种，发芽温度 21℃，也可以嫁接在天轮柱属（*Cereus*）植物上。

　　盆栽摆放：用于点缀案头、博古架或窗台，小巧玲珑，十分可爱。其缀化种形似帽子，盆栽摆放在儿童室或书桌上，很像一件"工艺品"，很讨孩子喜欢。

月世界▲
(*Epithelantha micromeris*)

原产美国、墨西哥，植株单生或丛生，球形至倒卵球形。株高 4 厘米，株幅 4~8 厘米。茎表面浅灰绿色，无棱，小疣突螺旋状排列，疣突顶端有刺座，球体密被毛状细刺。花漏斗状，白色、粉红色或橙色。花期夏季。

💧 浇水：耐干旱。春季至秋季适度浇水，其余时间保持干燥。

☀ 光照：全日照。

🛒 施肥：较喜肥。生长期每 4~5 周施 1 次低氮素肥。

养护难度：★★★

◀小人帽子
(Epithelantha bokei)

原产美国、墨西哥，植株丛生，球形，长大后圆筒形。株高4~8厘米，株幅4~8厘米。茎无棱，疣状突起呈螺旋状排列，球体密被细小的软刺，白色或淡黄色，成熟植株顶部长出白色短绒毛。花顶生，很小，白色或淡红色，花径1厘米。花期夏季。

💧浇水：耐干旱。春、夏季每2周浇水1次，秋季浇水1~2次。
☀光照：全日照。
🛒施肥：较喜肥。生长期施肥2~3次。
养护难度：★★★

小人帽子缀化▶
(Epithelantha micromeres var. *fungifera* 'Cristata')

又名小人帽子冠，为小人帽子的缀化品种，植株冠状。株高3~4厘米，株幅5~7厘米，茎扁化成鸡冠状，顶部凹陷，全株密生细小白刺。花漏斗状，白色。花期夏季。

💧浇水：耐干旱。春、夏季每2周浇水1次，秋季浇水1~2次。
☀光照：全日照。
🛒施肥：较喜肥。生长期施肥2~3次。
养护难度：★★★★

◀乐屋姬
(Epithelantha unguispina)

又名乌月球，原产墨西哥，植株丛生，球形。株高3~4厘米，株幅3~4厘米。茎无棱，疣状突起呈螺旋状排列，球体密被细小的白刺，刺尖黑色，有明显的中刺。花顶生，淡红色，花径1厘米。花期夏季。

💧浇水：耐干旱。春季至秋季适度浇水，其余时间保持稍干燥。
☀光照：全日照。
🛒施肥：较喜肥。生长期每4~5周施1次低氮素肥。
养护难度：★★★

极光球属

极光球属（*Eriosyce*）有2种。是一种生长缓慢的仙人掌植物。

原产地：智利阿卡塔马沙漠地区。

形态特征：单生，球形，成熟株圆筒形，顶部多毛，刺座大，刺色别致。花顶生，钟状，紫红色，但不容易开花。花期春末夏初。

习性与养护：喜温暖、干燥和阳光充足环境。不耐寒，冬季温度不低于8℃。冬季保持干燥。

繁殖：春季播种，发芽温度21℃，也可于初夏用子球扦插或嫁接繁殖。

黑闪光▶
(Eriosyce ausseliana)

又名呵云玉，原产智利，植株扁球形至圆球形。株高20~25厘米，株幅20~25厘米。茎具12~20棱，灰绿色，棱脊疣状突出。刺座着生周围刺7~9枚，细锥状向内弯曲，黑褐色。花顶生，钟状，紫红色，花径2.5~3厘米。花期春末至夏初。

💧浇水：耐干旱。生长期每2周浇水1次，冬季保持稍干燥。

☀光照：全日照。

🪴施肥：较喜肥，每月施肥1次。

养护难度：★★★

◀五百津玉
(Eriosyce ihotzkyanae)

原产智利，植株单生。株高12~15厘米，株幅15~20厘米。茎扁球形至圆球形，具12~15棱，棱缘突起，黄绿色。刺座着生周围刺7~8枚，中刺1枚，略向内弯，黄褐色，新刺尖端黑色。花紫红色。花期春末至夏初。

💧浇水：耐干旱。生长期每2周浇水1次，冬季保持稍干燥。

☀光照：全日照。

🪴施肥：较喜肥，每月施肥1次。

养护难度：★★★

松球属

松球属（*Escobaria*）约有 17 种。小型，球形或圆筒形，单生或丛生的仙人掌植物。

原产地：加拿大南部、美国、墨西哥北部和古巴。

形态特征：茎不分棱，呈疣突状，刺座白色，周围刺密集。花顶生，钟状，夏季开花，昼开夜闭。

习性与养护：喜温暖和阳光充足环境。不耐寒，冬季温度不低于 5℃。生长期适度浇水，其他时间保持干燥。生长期每 4~5 周施 1 次低氮液肥。

繁殖：春季播种，发芽温度 19~24℃，或于夏季分株或嫁接繁殖。

盆栽摆放：适合盆栽和制作瓶景观赏。

◀紫王子
(Escobaria minima)

属濒危种，原产美国，植株群生，圆筒形。株高 4~5 厘米，株幅 10~15 厘米。茎无棱，单球粗 2 厘米，疣突小，刺细而密集，新刺淡粉色，老刺淡褐色。花顶生，钟状，粉红色至淡紫红色。花期夏季。

💧浇水：耐干旱。生长期适度浇水，其他时间保持干燥。

☀光照：全日照。

🛒施肥：较喜肥。生长期每 4~5 周施 1 次低氮液肥。

养护难度：★★★★

老乐柱属

老乐柱属（*Espostoa*）植物有 20 种，柱状，似树，生长慢。有的种类在靠近基部处分枝，呈丛生状。

原产地：厄瓜多尔、秘鲁和玻利维亚。

形态特征：直棱，深至淡灰绿色，有分枝。刺座排列密集，被刺所覆盖。大多数种类的成熟植株能长出一个长的假花座，即杯状花筒，通常在夏季夜间开花。果实球形至卵圆形，绿色或紫红色。

习性与养护：喜温暖、干燥和阳光充足环境。不耐寒，耐半阴和干旱，怕水湿。宜肥沃、疏松和排水良好的沙壤土。

繁殖：早春播种，发芽适温 21℃，或于初夏取顶端茎扦插或嫁接。

盆栽摆放：本属盆栽可用于装饰门庭、客室或书桌，其挺拔俊美，有一种苍古宁静的美。

老乐柱▶
(Espostoa lanata)

为树状或灌木状的柱状仙人掌。株高 1.5 米，株幅 60 厘米。棱 20~30 个，中绿色。茎上密集覆盖白色刺座，着生短刺，通常为淡黄白色，生有长的白色丝状毛。花杯状，长 4~8 厘米。花期夏季。

💧浇水：耐干旱。生长期适度浇水。
☀光照：全日照。
🏺施肥：较喜肥。
养护难度：★★

◀老乐柱缀化
(Espostoa lanata 'Cristata')

又名白凤，为老乐柱的缀化品种。由柱状植株扁化成连体的鸡冠状株体。冠状茎密被白毛和褐色细刺。

💧浇水：耐干旱。生长期适度浇水。
☀光照：全日照。
🏺施肥：较喜肥。每月施肥 1 次。
养护难度：★★★

幻乐▶
(Espostoa melanostele)

为直立的柱状仙人掌。株高 2 米，株幅 10 厘米。茎淡灰绿色，棱 20~30 个，粗 10 厘米。刺座密集，褐色，全株被白色丛状毛，刺开始黄色，后变黑色。花筒状，通常白色，长 5 厘米。花期夏季。

💧浇水：耐干旱。生长期适度浇水。
☀光照：全日照。
🏺施肥：较喜肥。
养护难度：★★

强刺球属

强刺球属(*Ferocactus*)约有 30 种。球形至柱状。

原产地：美国南部、西南部，墨西哥和危地马拉的低海拔地区和多雾、湿度大的山区。

形态特征：通常单生，但有些种类呈丛生状。棱非常明显，刺座大，通常为长条形，着生凶猛强壮的硬刺，色彩鲜艳，中刺常有环纹或有钩。花大顶生，漏斗状或钟状，夏季开花。

习性与养护：喜温暖、干燥和阳光充足环境。较耐寒，生长适温 24~28℃，冬季温度不低于 7℃。耐干旱，怕积水和耐半阴。宜肥沃、含石灰质丰富和排水良好的沙壤土。生长期适度浇水，冬季保持干燥。生长期每月施 1 次液肥。

繁殖：春季播种，发芽温度 10~20℃；或于初夏剥取小球采用嫁接法繁殖。

盆栽摆放：用于点缀窗台、地柜或茶几。其斑锦品种的黄绿间色球体，红褐色的针刺，十分亮丽悦目。

金冠龙▲
(Ferocactus chrysacanthus)

原产墨西哥，植株单生。株高 70~80 厘米，株幅 30~40 厘米。棱 15~20 个，棱缘疣突明显，灰绿色。刺座着生周围刺 4~6 枚，中刺 4~8 枚，尖端略弯，新刺金黄色。花大，黄色。花期春季。

💧浇水：耐干旱。生长期适度浇水，冬季保持干燥。

☀光照：全日照。

🪴施肥：较喜肥。生长期每月施 1 次液肥。

养护难度：★★

◀赤刺金冠龙
(Ferocactus chrysacanthus 'Rubrispinus')

金冠龙的栽培品种，植株单生，球形至圆筒形。株高1米，株幅40厘米。茎深绿色，瘤棱13~22个。刺座着生周围刺4~6枚，白色，中刺4~10枚，扁平，弯曲，红色。花钟状，黄色、淡红黄色至橙色，长4.5厘米，外瓣红褐色或淡粉褐色。花期夏季。

💧浇水：耐干旱。生长期适度浇水，冬季保持干燥。

☀光照：全日照。

🧺施肥：较喜肥。生长期每月施1次液肥。

养护难度：★★★

琥头▶
(Ferocactus cylindraceus)

原产美国、墨西哥，植株单生或群生。株高1~2米，株幅40~50厘米。茎卵圆形至圆筒形，棱13~25个，棱缘疣突明显，灰绿色。刺座着生周围刺10~13枚，红色，中刺1~4枚，扁平，粉红至红色。花黄色。花期夏季。

💧浇水：耐干旱。生长期适度浇水，冬季保持干燥。

☀光照：全日照。

🧺施肥：较喜肥。生长期每月施1次液肥。

养护难度：★★

◀江守玉
(Ferocactus emoryi)

原产美国得克萨斯州和墨西哥，单生仙人掌，幼株扁球形至球形，老株圆筒形。株高1米，株幅30~35厘米。茎灰绿色，具瘤棱22~32个。周围刺5~8枚，中刺1枚，尖端向下弯曲，新刺红白间色，老刺淡黄至淡褐色。钟状花，红色，长6~7厘米。花期春季。

💧浇水：耐干旱。春季至夏末每半月浇水1次，秋季每月浇水1次，冬季停止浇水。

☀光照：全日照。

🧺施肥：较喜肥。生长期施肥3~4次。

养护难度：★★

◀江守玉锦
(Ferocactus emoryi 'Variegata')

为江守玉的斑锦品种,植株单生,球形至圆柱状。株高 10~15 厘米,株幅 12~20 厘米。茎有 22~32 个瘤棱,青绿色,镶嵌着不规则淡黄色斑块。刺座上着生周围刺 8 枚,针状,淡红褐色,中刺 1 枚,红色,先端下弯。花钟状,红色。花期春季。

💧浇水:耐干旱。春季至夏末每半月浇水 1 次,秋季每月浇水 1 次,冬季停止浇水。

☀光照:全日照。

🏺施肥:较喜肥。生长期施肥 3~4 次。

养护难度:★★★

白刺红洋锦▶
(Ferocactus fordii 'Albispinus Variegata')

为红洋球的斑锦品种,植株单生,球形至圆柱状。株高 30~40 厘米,株幅 30~40 厘米。茎球形至圆筒形,有 21 个瘤棱,灰绿色,镶嵌不规则淡黄色斑块。刺座着生15 枚周围刺和中刺,均为白色。花漏斗状,深粉至紫色。花期夏季。

💧浇水:耐干旱。生长期适度浇水,冬季保持干燥。

☀光照:全日照。

🏺施肥:较喜肥。生长期每月施 1 次液肥。

养护难度:★★★

◀王冠龙
(Ferocactus glaucescens)

原产墨西哥,植株球形。株高 30~40 厘米,株幅 30~40 厘米。棱 11~14 个,棱沟深。刺座密集,具白毛,周围刺 6~8 枚,黄色,中刺 1 枚。花大,黄色,直径 2~3 厘米。花期春季。

💧浇水:耐干旱。春季至夏末每半月浇水 1 次,秋季每月浇水 1 次,冬季停止浇水。

☀光照:全日照。

🏺施肥:较喜肥。生长期每月施肥 1 次。

养护难度:★★

◀无刺王冠龙
(Ferocactus glaucescens 'Nudus')

为王冠龙的栽培品种。外形似王冠龙,茎面蓝绿色,通体无刺,刺座上密生灰白色绒毛。花大,黄色,直径2~3厘米。花期春季。

💧浇水:耐干旱。春季至夏末每半月浇水1次,秋季每月浇水1次,冬季停止浇水。
☀光照:全日照。
🏺施肥:较喜肥。生长期每月施肥1次。

养护难度:★★

刈(yì)穗玉▶
(Ferocactus gracilis)

又名神仙玉,原产墨西哥,植株单生,球形至圆筒形。株高30~50厘米,株幅20~30厘米。棱19~21个,棱脊圆而低,表面深绿色。刺座具灰白毛茸,周围刺6~9枚,白色,中刺6~8枚,中间1枚特长,尖端向下弯曲,暗红色。花钟状,黄色,中脉红色,径4~5厘米。花期春季。

💧浇水:耐干旱。生长期适度浇水,冬季保持干燥。
☀光照:全日照。
🏺施肥:较喜肥。生长期每月施1次液肥。

养护难度:★★

◀荒鹫缀化
(Ferocactus guirocobensis f. cristata)

又名荒鹫冠,为荒鹫的缀化品种,植株冠状。株高8~10厘米,株幅10~15厘米。茎扁化呈鸡冠状,刺座上着生淡灰褐色针刺。花钟状,黄色。花期春末夏初。

💧浇水:耐干旱。生长期适度浇水,冬季保持干燥。
☀光照:全日照。
🏺施肥:较喜肥。生长期每月施1次液肥。

养护难度:★★★

◀春楼
(Ferocactus herreae)

原产墨西哥,植株单生,球形至圆筒形。株高80~100厘米,株幅30~40厘米。茎表面深绿色,棱13~18个,棱脊高,周围刺5~6枚,中刺1枚,顶端稍下弯,红褐色。花钟状,深黄色,中肋有浅红色纵条纹,花径4~6厘米。花期春末夏初。

💧浇水:耐干旱。生长期适度浇水,冬季保持干燥。
☀光照:全日照。
🛒施肥:较喜肥。生长期每月施1次液肥。
养护难度:★★

春楼缀化▶
(Ferocactus herreae 'Cristata')

为春楼的缀化品种,由圆筒形株体扁化成连体的鸡冠状株体。茎表面深绿色,刺座上密生红褐色针刺。

💧浇水:耐干旱。生长期适度浇水,冬季保持干燥。
☀光照:全日照。
🛒施肥:较喜肥。生长期每月施1次液肥。
养护难度:★★★

◀巨鹫玉
(Ferocactus horridus)

原产墨西哥,植株单生,球形至圆筒形。株高1米,株幅30厘米。茎深绿色,棱13个,棱背高而薄,呈螺旋状排列。刺座大,周围刺11枚,白色,中刺4枚,长,最长达7~15厘米,扁平带钩,红褐色。花漏斗状,橙红色,长7~8厘米。花期春末夏初。

💧浇水:耐干旱。春季至夏末每半月浇水1次,秋季每月浇水1次。
☀光照:全日照。盛夏适当遮阴,但时间不宜长。
🛒施肥:较喜肥。生长期每月施肥1次。
养护难度:★★

◀日之出球
(Ferocactus latispinus)

原产墨西哥中部和南部，常为单生，凹球形。株高 10~40 厘米，株幅 40 厘米。茎淡灰绿色，具 15~23 个脊薄的棱。刺座大，着生周围刺 6~15 枚，黄色，中刺 4 枚，红色，最下面的刺呈扁平状，有钩。花钟状，有白色、红色、紫色或黄色，长 4 厘米。花期夏季。

💧浇水：耐干旱。春季至秋季每半月浇水 1 次，秋季每月浇水 1 次，冬季停止浇水。

☀️光照：全日照。

🛒施肥：较喜肥。生长期每月施肥 1 次。

养护难度：★★

金鸥玉缀化▶
(Ferocactus latispinus var. flavispinus 'Cristata')

为日之出球的黄刺变种。由扁圆株体扁化成连体的鸡冠状株体。茎表面深绿色，刺座上密生黄色刺。

💧浇水：耐干旱。春季至秋季每半月浇水 1 次，秋季每月浇水 1 次，冬季停止浇水。

☀️光照：全日照。

🛒施肥：较喜肥。生长期每月施肥 1 次。

养护难度：★★★

◀日之出锦
(Ferocactus latispinus 'Variegata')

为日之出球的斑锦品种，植株单生，球形。株高 10~15 厘米，株幅 10~15 厘米。茎顶端凹陷，具 15~20 棱，棱脊黄色，棱沟青绿色。刺座着生周围刺 6~10 枚，黄褐色，中刺 4 枚，红色，其中向下弯曲的 1 刺，扁平有钩。花钟状，粉红色，长 4 厘米。花期夏季。

💧浇水：耐干旱。春季至秋季每半月浇水 1 次，秋季每月浇水 1 次，冬季停止浇水。

☀️光照：全日照。

🛒施肥：较喜肥。生长期每月施肥 1 次。

养护难度：★★★

◀伟冠龙锦
(*Ferocactus peninsulae* var. *viscainensis* 'Variegata')

为伟冠龙的斑锦品种，植株
单生，球形至圆筒形。株高
30~35 厘米，株幅 30~35 厘米。
茎具 13~15 棱，深绿色，镶嵌
不规则黄斑。刺座着生周围刺
9~11 枚，黄白色，中刺 5 枚，
其中 1 枚宽扁，尖端具钩。花
顶生，钟状，黄色，带紫红色条
纹，花径 4~5 厘米。花期春季。

💧浇水：耐干旱。生长期适度浇水，冬
季保持干燥。

☀光照：全日照。

🪴施肥：较喜肥。生长期每月施 1 次
液肥。

养护难度：★★★

◀黄彩玉
(*Ferocactus schwarzii*)

又名黄彩球，原产墨西哥，植株
单生，球形。株高 60~80 厘米，
株幅 30~50 厘米。棱 13~17 个，
棱脊高，表面淡绿色。刺座狭长，
具褐色绒毛，刺少，3~5 枚，黄色，
有黑尖。花黄色，直径 3~4 厘米。
花期春季。

💧浇水：耐干旱。生长期适度浇水，冬
季保持干燥。

☀光照：全日照。

🪴施肥：较喜肥。生长期每月施 1 次
液肥。

养护难度：★★★

◀金赤龙
(Ferocactus wislizenii)

原产美国西南部、墨西哥西北部，植株单生，球形，老株圆筒形。株高 1.5 米，株幅 80 厘米。茎具 15~25 直棱，深绿至灰绿色。刺座着生周围刺 12~30 枚，淡灰黄色，中刺 8 枚或更多，较长，扁平，有钩，黄色、褐色或灰色，弯曲，刺端淡红褐色。花顶生，钟状，黄色、褐色或红色，长 5~8 厘米，内瓣绿色。花期夏季。

💧浇水：耐干旱。生长期适度浇水，冬季保持干燥。

☀光照：全日照。

🌱施肥：较喜肥。生长期每月施 1 次液肥。

养护难度：★★★

◀金赤龙锦
(Ferocactus wislizenii 'Variegata')

为金赤龙的斑锦品种，植株单生，球形至短柱形。株高 15~20 厘米，株幅 12~15 厘米。茎具 15~28 棱，深绿色，镶嵌黄色虎纹斑。刺座着生米色细刺和棕褐色粗刺，中刺先端有钩。花顶生，钟状，黄色。花期夏季。

💧浇水：耐干旱。生长期适度浇水，冬季保持干燥。

☀光照：全日照。

🌱施肥：较喜肥。生长期每月施 1 次液肥。

养护难度：★★★

士童属

士童属(*Frailea*)有 10~15 种。是一种矮小的球状或圆筒状仙人掌。

原产地：玻利维亚东部、巴西南部、巴拉圭、乌拉圭和阿根廷北部的丛林和草原。

形态特征：棱不明显，棱沟浅，有时棱分割成小瘤块，刺细小。花顶生，钟状或漏斗状，黄色，花苞不易开花，在充足阳光下才能开出，自花授粉，容易受精结果。

习性与养护：喜温暖、湿润和阳光充足环境。不耐寒，冬季温度不低于 5℃。春季至秋季的生长期保持适度湿润，冬季保持干燥。生长期每月施肥 1 次。

繁殖：春季播种，发芽温度 15~21℃；或初夏用子球嫁接繁殖。

士童▶
(*Frailea castanea*)

原产阿根廷、巴西和乌拉圭，植株单生，小型，扁圆形。株高 1~2 厘米，株幅 3~5 厘米。茎具 10~15 棱，表皮深红褐色或巧克力棕色，偶有淡蓝绿色，平滑饱满。刺座小，生有白色毡毛和 8 枚褐色刺，紧贴表皮。花漏斗状，淡黄色至金黄色，花径 3~5 厘米，昼开夜闭。花期夏季。

💧浇水：较喜湿。春季至秋季的生长期保持适度湿润，冬季保持干燥。

☀光照：全日照。夏季适当遮阴。

🎒施肥：较喜肥。生长期每月施肥 1 次。

养护难度：★★★

◀龙之子冠
(*Frailea pygmaea* f. *cristata* 'Dedakii')

为龙之子的缀化品种，植株冠状。株高 15~18 厘米，株幅 20~25 厘米。茎扁化呈鸡冠状，表皮紫褐色。刺座上具灰色短绵毛和呈圈形的细刺。花钟状，黄色，花径 3 厘米。花期夏季。可作形似奇山异石的盆栽观赏。

💧浇水：较喜湿。春季至秋季的生长期保持适度湿润，冬季保持干燥。

☀光照：全日照。夏季适当遮阴。

🎒施肥：较喜肥。生长期每月施肥 1 次。

养护难度：★★★

裸玉属

裸玉属(*Gymnocactus*)约有 12 种。又叫白狼玉属,是仙人掌植物中的小型种。

原产地:墨西哥。

形态特征:刺细弱,但刺色多样。株体球形至圆筒形,棱常分割成疣突。花顶生,紫红色或白色。

习性与养护:喜温暖和阳光充足环境。不耐寒,冬季温度不低于 5℃。生长期每 4~5 周施肥 1 次,夏季适当遮阴,冬季盆土保持干燥。

繁殖:春季播种,发芽温度 19~24℃;或于初夏用子球嫁接繁殖。

◀黑枪球
(Gymnocactus gielsdorfianus)

濒危种,原产墨西哥,植株球形。株高 5~7 厘米,株幅 4~6 厘米。茎具不规则圆锥状疣突的棱,表皮蓝灰绿色。刺座上着生细锥状刺 6~8 枚,深褐色。花钟状,白色或红色,长 2.5 厘米。花期春季。

💧浇水:耐干旱。生长期每 2 周浇水 1 次,冬季保持干燥。

☀光照:全日照。夏季适当遮阴。

🧺施肥:较喜肥。生长期每 4~5 周施肥 1 次。

养护难度:★★★

裸萼球属

裸萼球属（*Gymnocalycium*）有 50 种。多呈球形至圆筒形。

原产地：巴西、玻利维亚、巴拉圭、阿根廷和乌拉圭的岩石荒漠地带和草原上。

形态特征：棱清楚、平缓，有横沟，分割成颚状突起。花顶生，杯状，花苞的表面平滑，初夏开花，昼开夜闭。

习性与养护：喜温暖、干燥和阳光充足环境。不耐寒，生长适温 18~25℃，冬季温度不低于 5℃。耐半阴和干旱，怕水湿和强光。宜肥沃、疏松和排水良好的沙壤土。春、夏季需浇水，每 4~5 周施低氮素肥 1 次，光照过强需遮阴，冬季保持盆土干燥。

繁殖：冬末或早春播种，发芽温度 19~24℃；或于春季分株，初夏嫁接繁殖。

盆栽摆放：本属植物栽培容易，也容易开花，除赏花之外，球体色泽缤纷多彩，形态变化多样，可以说是"常年不败的花朵"。适合盆栽和瓶景观赏，可点缀案头、书房或窗台，十分素雅别致。

翠晃冠石化 ▲
(*Gymnocalycium anisitsii* 'Monstrosus')

又名翠晃石，为翠晃冠的石化品种。由于生长锥呈现出不规则的分生和增殖，使株体的棱肋错乱，形成了奇特的山峦状。

💧浇水：耐干旱。春、夏季每周浇水 1 次，秋季每月浇水 1 次，冬季停止浇水。

☀光照：全日照。

🏺施肥：较喜肥。生长期每月施肥 1 次。

养护难度：★★★

白花瑞昌冠▶

Gymnocalycium baldianum 'Albiflorum Cristata')

为白花瑞昌玉的缀化品种。株高 10~12 厘米，株幅 15~20 厘米。球体由圆球形扁化成鸡冠状，茎面深绿色，有圆疣状突起。刺座着生周围刺 5~7 枚。花顶生，漏斗状，白色。花期春末夏初。

💧浇水：耐干旱。春、夏季每周浇水 1 次，秋季每月浇水 1 次，冬季停止浇水。

☀光照：全日照。

🛒施肥：较喜肥。生长期每月施肥 1 次。

养护难度：★★★

◀绯花玉

(Gymnocalycium baldianum)

又名瑞昌玉，原产阿根廷，植株单生或簇生，球形或扁球形。株高 8 厘米，株幅 7~8 厘米。茎具 9~11 浅棱，深绿色，圆疣状突起。刺座着生周围刺 5~7 枚，灰黄色。花顶生，漏斗状，紫红色，长 5~6 厘米。花期春末夏初。

💧浇水：耐干旱。春、夏季每周浇水 1 次，秋季每月浇水 1 次，冬季停止浇水。

☀光照：全日照。

🛒施肥：较喜肥。生长期每月施肥 1 次。

养护难度：★★★

◀轮环绯花玉

(Gymnocalycium baldianum var. *vanturianum* 'Cylivar')

又名绯花玉石化，为绯花玉的栽培品种。其株体由球形变成扁球形，表面深绿色，棱瓣饱满整齐，尤其顶部凹槽的变化较大。由于棱肋错乱多变，造成形状各异，有圆形的、五角星形的、双球形的等。这也是仙人掌爱好者喜欢收集的品种之一。

💧浇水：耐干旱。春、夏季每周浇水 1 次，秋季每月浇水 1 次，冬季停止浇水。

☀光照：全日照。

🛒施肥：较喜肥。生长期每月施肥 1 次。

养护难度：★★★

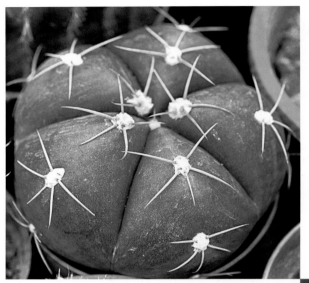

◀圣王球
(Gymnocalycium buenekeri)

植株单生或群生，球形。株高6~7厘米，株幅7~10厘米。茎具5~7个宽厚疣突直棱，表面深绿色。刺座上着生周围刺4~5枚，黄色或淡褐色。花钟状，花筒长，白至粉红色。花期春末夏初。

💧浇水：耐干旱。春、夏季每周浇水1次，秋季每月浇水1次，冬季停止浇水。

☀光照：全日照。

🛒施肥：较喜肥。生长期每月施肥1次。

养护难度：★★★

圣王球锦▶
(Gymnocalycium buenekeri 'Variegata')

又名圣王锦，为圣王球的斑锦品种，植株单生，基部易生子球，球形。株高6~7厘米，株幅7~10厘米。茎具5~7个宽厚疣突直棱，表皮深绿色，无光泽，镶嵌不规则的黄色、浅红色斑块。刺座上着生周围刺4~5枚，黄色或淡褐色。花钟状，花筒长，白色至粉红色。花期春末夏初。

💧浇水：耐干旱。春、夏季每周浇水1次，秋季每月浇水1次，冬季停止浇水。

☀光照：全日照。

🛒施肥：较喜肥。生长期每月施肥1次。

养护难度：★★★

◀光琳球
(Gymnocalycium cardenasianum)

又称光琳玉，原产玻利维亚，植株单生。株高18~20厘米，株幅16~18厘米。茎扁球形或圆球形，具9~13个低疣突的棱，青灰绿色。有周围刺4~6枚，弯曲相互交织，紧贴球体，新刺褐色，老刺灰褐色。花顶生，钟状，浅红色，直径4厘米。花期春末夏初。

💧浇水：耐干旱。春、夏季每周浇水1次，秋季每月浇水1次，冬季停止浇水。

☀光照：全日照。

🛒施肥：较喜肥。生长期每月施肥1次。

养护难度：★★★

◀蛇龙球
(Gymnocalycium denudatum)

原产阿根廷至巴西，植株单生，球形或扁圆形。株高10厘米，株幅15厘米。茎深绿色，阔棱5~8个。刺座隆起，着生周围刺5~8枚，黄白色，锥状，长1~1.5厘米。花漏斗状，白色或粉色，花径7厘米。花期夏季。

💧浇水：耐干旱。春、夏季每周浇水1次，秋季每月浇水1次，冬季停止浇水。
☀光照：全日照。
🛍施肥：较喜肥。生长期每月施肥1次。
养护难度：★★★

天王球锦▶
(Gymnocalycium denudatum var. *backebergii* 'Variegata')*

又名天王锦，为天王球的斑锦品种。植株球形，基部易生子球。株高10~12厘米，株幅10~12厘米。茎具5~8个圆疣肥厚的棱，通体黄色。刺座上着生黄色周围刺5~7枚。花顶生，漏斗状，白色，花径7~8厘米。花期春季。

💧浇水：耐干旱。春、夏季每周浇水1次，秋季每月浇水1次，冬季停止浇水。
☀光照：全日照。
🛍施肥：较喜肥。生长期每月施肥1次。
养护难度：★★★

◀海王球
(Gymnocalycium denudatum var. *paraguayense)*

又名裸萼仙人球，原产巴西、巴拉圭、乌拉圭和阿根廷，植株扁球形。株高8~10厘米，株幅12~15厘米。茎具5~8个圆疣肥厚的棱。刺座着生周围刺5~7枚，黄褐色，弯曲紧贴球面。花顶生，钟状，白色，花径6~7厘米。花期夏季。

💧浇水：耐干旱。春、夏季每周浇水1次，秋季每2~3周浇水1次，冬季停止浇水。
☀光照：半阴。生长期保持充足阳光。
🛍施肥：较喜肥。生长期每月施肥1次。
养护难度：★★★

◀海王锦
(Gymnocalycium denudatum var. *paraguayense* 'Variegata')

为天王球的斑锦品种,植株扁球形或球形。株高 8~10 厘米,株幅 12~15 厘米。茎具 6~8 个宽厚的疣突直棱,表皮黄绿相间。刺座着生 5~9 枚弯曲、黄色的细刺。花顶生,钟状,白色。花期夏季。

💧浇水:耐干旱。春、夏季每周浇水 1 次,秋季每月浇水 1 次,冬季停止浇水。

☀光照:全日照。

🧺施肥:较喜肥。生长期每月施肥 1 次。

养护难度:★★★

耕花锦▶
(Gymnocalycium denudatum 'Kokamaru Variegata')

为蛇龙球的斑锦品种,植株球形。株高 10 厘米,株幅 15 厘米。茎具 8~15 个疣突直棱,表皮黄绿相间。刺座着生淡黄色细刺 5~8 枚。花顶生,漏斗状,白色,花径 7 厘米。花期夏季。

💧浇水:耐干旱。春、夏季每周浇水 1 次,秋季每月浇水 1 次,冬季停止浇水。

☀光照:全日照。

🧺施肥:较喜肥。生长期每月施肥 1 次。

养护难度:★★★

◀瑞云
(Gymnocalycium mihanovichii)

又名瑞云牡丹,原产巴拉圭,植株单生或群生,球形。株高 3~5 厘米,株幅 4~5 厘米。茎表面灰绿色至紫褐色,阔棱 8~12 个,刺座着生在棱脊上,周围刺 5~6 枚,灰黄色,弯曲,并伴随着白色绒毛。花常数朵同开,漏斗状,粉红色,花径 3~4 厘米。花期春末夏初。

💧浇水:耐干旱。生长期盆土保持湿润。

☀光照:全日照。生长期需阳光充足,盛夏强光时遮阴,但时间不宜过长。

🧺施肥:较喜肥。生长期每月施肥 1 次。

养护难度:★★★★

◀ 瑞云牡丹缀化
(Gymnocalycium mihanovichii f. cristata)

为瑞云的缀化品种，由球形株体扁化呈鸡冠状。茎表面灰绿色。刺座密集，开花也多。

💧 浇水：耐干旱。生长期盆土保持湿润。

☀ 光照：全日照。生长期需阳光充足，盛夏强光时遮阴，但时间不宜过长。

🛒 施肥：较喜肥。生长期每月施肥 1 次。

养护难度：★★★

瑞云锦 ▶
(Gymnocalycium mihanovichii 'Variegata')

为瑞云的斑锦品种，球形。株高 3~4 厘米，株幅 4~5 厘米。茎表面灰绿色至紫褐色，间杂黄色斑块或通体黄色。刺座着生在棱脊上，周围刺 5~6 枚，浅褐色。

💧 浇水：耐干旱。生长期盆土保持湿润。

☀ 光照：全日照。生长期需阳光充足，盛夏强光时遮阴，但时间不宜过长。

🛒 施肥：较喜肥。生长期每月施肥 1 次。

养护难度：★★★

◀ 牡丹玉
(Gymnocalycium mihanovichii var. friedrichii)

为瑞云球的变种，原产巴拉圭，最初单生，后易萌生子球，扁球形至椭圆形。株高 8~10 厘米，株幅 10~12 厘米。茎青绿色，具 8~12 个脊薄的棱，棱壁有横肋。刺座上有"颚状"突起，有周围刺 4~6 枚，黄白色，中刺 1~3 枚，新刺黄褐色，老刺灰褐色。花顶生，漏斗状。花期春、夏季。

💧 浇水：耐干旱。春、夏季每周浇水 1 次，秋季每 2~3 周浇水 1 次，冬季停止浇水。

☀ 光照：全日照。

🛒 施肥：较喜肥。生长期每月施肥 1 次。

养护难度：★★★

◀黑牡丹玉
(Gymnocalycium mihanovichii var. *friedrichii* 'Black')

为牡丹玉的栽培品种，植株扁球形或椭圆形。株高 8~10 厘米，株幅 8~10 厘米。茎具 8~12 棱，棱壁有横肋，表皮墨绿色。刺座着生周围刺 4~6 枚，黄白色，中刺 1~3 枚，黄褐色。花顶生，漏斗状，桃红色，花径 3~4 厘米。花期春季至夏季。

💧浇水：耐干旱。春、夏季每周浇水 1 次，秋季每 2~3 周浇水 1 次，冬季停止浇水。

☀光照：全日照。

🛒施肥：较喜肥。生长期每月施肥 1 次。

养护难度：★★★

黑牡丹冠▶
(Gymnocalycium mihanovichii var. *friedrichii* 'Black' f. *cristata*)

为黑牡丹玉的缀化品种，植株冠状。株高 10~12 厘米，株幅 12~15 厘米。茎扁化呈鸡冠状，表皮黑绿色。刺座密集，白色，长有灰白色细刺。花多，钟状，粉红色。花期春季。

💧浇水：耐干旱。春、夏季每周浇水 1 次，秋季每 2~3 周浇水 1 次，冬季停止浇水。

☀光照：全日照。

🛒施肥：较喜肥。生长期每月施肥 1 次。

养护难度：★★★

◀绯牡丹锦
(Gymnocalycium mihanovichii var. *friedrichii* 'Hibotan Nishiki')

又名锦云仙人球，为牡丹玉的斑锦品种，植株扁球形至球形。株高 3~4 厘米，株幅 3~5 厘米。茎具 8 棱，表皮青褐色，镶嵌有不规则的红色斑块，或通体红色。刺座上着生 3~5 枚粉红色周围刺。花顶生，漏斗状，淡红色。花期春末夏初。

💧浇水：耐干旱。生长期每 1~2 天对球体喷水 1 次，冬季控制浇水。

☀光照：全日照。冬季需充足阳光。

🛒施肥：较喜肥。生长过程中每 10 天施肥 1 次。

养护难度：★★★

◀绯牡丹锦缀化
(Gymnocalycium mihanovichii var. friedrichii 'Hibotan Nishiki' f. *cristata)*

又名绯牡丹锦冠，为绯牡丹锦的缀化品种，植株冠状，株高5~7厘米，株幅8~10厘米。茎扁化呈鸡冠状。表皮鲜红与紫褐间杂。刺座上着生3~5枚淡黄褐色中刺。花漏斗状，淡红色。花期春末夏初。

💧浇水：耐干旱。生长期每1~2天对球体喷水1次，冬季控制浇水。

☀光照：全日照。冬季需充足阳光。

🛒施肥：较喜肥。生长过程中每10天施肥1次。

养护难度：★★★

胭脂牡丹▶
(Gymnocalycium mihanovichii var. friedrichii 'Magentum Variegata'*)*

为牡丹玉的斑锦品种，植株扁球形，基部易萌生子球。株高3~6厘米，株幅3~6厘米。茎具8棱，棱壁有横肋，通体胭脂红色。刺座着生3~5枚淡粉色周围刺，无中刺。花顶生，漏斗状，淡红色，长3~5厘米。花期春末夏初。

💧浇水：耐干旱。春、夏季每周浇水1次，秋季每2~3周浇水1次，冬季停止浇水。

☀光照：全日照。

🛒施肥：较喜肥。生长期每月施肥1次。

养护难度：★★★

◀绯牡丹冠
(Gymnocalycium mihanovichii var. friedrichii 'Rubra' f. *cristata)*

又名红球缀化，为绯牡丹的缀化品种，植株冠状。株高5~7厘米，株幅8~10厘米。茎扁化呈鸡冠状，表皮通体鲜红色。刺座着生3~5枚淡粉白色周围刺。花漏斗状，淡红色。花期春末夏初。

💧浇水：耐干旱。生长期每1~2天对球体喷水1次，冬季控制浇水。

☀光照：全日照。冬季需充足阳光。

🛒施肥：较喜肥。生长过程中每10天施肥1次。

养护难度：★★★★

多花玉▶

(Gymnocalycium multiflorum)

又名多花球,原产巴拉圭和巴西,植株单生或丛生,球形或扁球形。株高 10~12 厘米,株幅 10~12 厘米。茎蓝绿色,棱 10~15 个,有低疣状突起。周围刺 5~7 枚,向球面弯曲,新刺黄色。花漏斗状,白或粉色,花径 4~5 厘米。花期春末夏初。

💧浇水:耐干旱。生长期每 1~2 天对球体喷水 1 次,冬季控制浇水。

☀️光照:全日照。冬季需充足阳光。

🛒施肥:较喜肥。生长过程中每 10 天施肥 1 次。

养护难度:★★

◀绯牡丹(朱红型)

(Gymnocalycium mihanovichii var. *friedrichii* 'Vermilion Variegata')

又名红球,为牡丹玉的斑锦品种,植株扁球形。株高 3~6 厘米,株幅 3~6 厘米。茎具 8 棱,通体鲜红色,棱有横脊。刺座着生 3~5 枚淡粉色周围刺。花顶生,漏斗状,淡红色,花长 3~5 厘米。花期春末夏初。

💧浇水:耐干旱。生长期每 1~2 天对球体喷水 1 次,冬季控制浇水。

☀️光照:全日照。冬季需充足阳光。

🛒施肥:较喜肥。生长过程中每 10 天施肥 1 次。

养护难度:★★★

◀新天地

(Gymnocalycium saglione)

原产阿根廷西北部,单生,球形,顶部扁平,是本属中株型最大的。株高 10 厘米,株幅 30 厘米。茎绿色或淡蓝绿色,棱 10~30 个,具突起的球形小瘤块。刺座着生红褐色至黄色刺,周围刺 7~15 枚,中刺约 3 枚。花宽漏斗状,花径 2 厘米,内花瓣淡粉白色和淡绿色,外瓣有粉红色晕。花期初夏。

💧浇水:耐干旱。春、夏季每周浇水 1 次,秋季每 2~3 周浇水 1 次,冬季停止浇水。

☀️光照:全日照。

🛒施肥:较喜肥。生长期每月施肥 1 次。

养护难度:★★

◀新天地缀化
(Gymnocalycium saglione 'Cristata')

又称新天地冠，为新天地的缀化品种。由球形株体扁化成鸡冠状，顶部横向中脊线上，刺座和刺密集。不容易开花。

💧浇水：耐干旱。春、夏季每周浇水 1 次，秋季每 2~3 周浇水 1 次，冬季停止浇水。

☀光照：全日照。

🛒施肥：较喜肥。生长期每月施肥 1 次。

养护难度：★★★

新天地锦▶
(Gymnocalycium saglione 'Variegata')

为新天地的斑锦品种，植株单生，球形。株高 10 厘米，株幅 10 厘米。茎具 10~13 个圆瘤状突起的厚棱，表面深绿色，镶嵌黄色斑块。刺座着生 10~12 枚周围刺，中刺 1~3 枚，灰褐色至黑红色。花钟状，淡粉红色。花期初夏。

💧浇水：耐干旱。春、夏季每周浇水 1 次，秋季每 2~3 周浇水 1 次，冬季停止浇水。

☀光照：全日照。

🛒施肥：较喜肥。生长期每月施肥 1 次。

养护难度：★★★

◀黄体新天地
(Gymnocalycium saglione 'Variegata Aureum')

为新天地的斑锦品种，植株单生，球形。株高 10~12 厘米，株幅 10~12 厘米。茎具 10~13 个圆瘤突起的厚棱，表面通体黄色。刺座着生周围刺 12 枚，中刺 1~3 枚，黑红色至灰褐色、淡粉红色。花期初夏。

💧浇水：耐干旱。春、夏季每周浇水 1 次，秋季每 2~3 周浇水 1 次，冬季停止浇水。

☀光照：全日照。

🛒施肥：较喜肥。生长期每月施肥 1 次。

养护难度：★★★

黄金纽属

　　黄金纽属(*Hildewintera*) 仅 1 种。是匍匐的细柱状茎仙人掌,但本属在分类归属上比较混乱,曾用过花冠柱属(*Borzicactus*)、管花冠柱属(*Cleistocactus*) 等属名。

　　原产地:玻利维亚的热带草原上。

　　习性与养护:喜温暖、干燥和阳光充足环境。不耐严寒,耐半阴和干旱,怕水湿。宜肥沃、疏松和排水良好的沙壤土。

　　繁殖:在我国栽培比较普遍,栽培和繁殖也比较容易。多于初夏取茎段扦插或嫁接,成活率高。

　　盆栽摆放:置于客厅、书房或儿童房,其金光闪闪的柱状细茎十分耀眼。

黄金纽▶
(Hildewintera aureispina)

原产玻利维亚,植株柱状。株高 1.5 米,株幅 3~5 厘米。茎细柱状,有 16~17 棱,刺座着生周围刺 30 枚,中刺 20 枚,均为金黄色。花侧生,外瓣橘黄色,有红色中条纹,内瓣淡粉色,花径 5 厘米。花期夏季。

💧浇水:耐干旱。春、夏季每 2 周浇水 1 次,秋季每月浇水 1 次,冬季盆土保持干燥。

☀光照:全日照。

🏺施肥:较喜肥。生长期每月施肥 1 次。

养护难度:★★

◀黄金纽冠
(Hildewintera aureispina f. cristata)

又叫黄金纽缀化,为黄金纽的缀化品种,植株冠状。株高 15~20 厘米,株幅 15~20 厘米。茎扁化呈鸡冠状,刺座密集着生金黄色细刺。花单生,漏斗状,橘黄色,花径 5 厘米。花期夏季。

💧浇水:耐干旱。春、夏季每 2 周浇水 1 次,秋季每月浇水 1 次,冬季盆土保持干燥。

☀光照:全日照。

🏺施肥:较喜肥。生长期每月施肥 1 次。

养护难度:★★

龙凤牡丹属

龙凤牡丹属（*Hylocalycium*）仅 1 种，是 20 世纪 70 年代由日本园艺学家用量天尺和绯牡丹属嫁接培育出的嵌合体。

习性与养护：喜温暖、干燥和阳光充足环境。不耐寒，冬季温度不低于 10℃。耐半阴和干旱，怕水湿。宜肥沃、疏松和排水良好的沙壤土。春、夏季生长期需充足阳光，使球体更加鲜艳夺目，每 3~4 周施肥 1 次。冬季盆土保持干燥。

繁殖：初夏取部分扭曲茎嫁接繁殖。

盆栽摆放：盆栽或组合成的框景，能装饰室内环境，非常新颖有趣，具有较高的观赏性和趣味性。

◀龙凤牡丹
(*Hylocalycium singulare*)

又名游龙戏珠，植株有扭曲似游龙的量天尺状的茎，茎上长出大小不一的绯牡丹。龙凤牡丹色彩鲜艳，姿态优美，找不出同一式样。株高 10~20 厘米，株幅 10~20 厘米。通常茎扭曲，具 3 棱，棱脊具刺座，有细刺 5~7 枚，灰白色。扭曲茎比量天尺细，但坚实，有气生根，表面深绿色，具不规则深红色和褐绿色条状或块状色斑。棱脊刺座上长出的不规则小球与绯牡丹一样，橙红色，基部深，顶部浅，密集丛生。在红球上开出花，为漏斗状的淡红色花。

💧浇水：耐干旱。春、夏季每周浇水 1 次，秋季每月浇水 1 次，冬季严格控制浇水。

☀光照：全日照。生长期需阳光充足。

🌱施肥：较喜肥。生长期每月施肥1次。

养护难度：★★★

量天尺属

量天尺属(*Hylocereus*) 仅 1 种。

原产地：墨西哥、西印度群岛。

习性与养护：喜温暖、湿润和半阴环境。不耐寒，冬季温度不低于 12℃。怕低温霜雪，怕强光。宜肥沃、疏松和排水良好的酸性沙壤土。

繁殖：春季播种，发芽适温 19~24℃；或于春、夏季取茎段扦插。

盆栽摆放：置于窗台、案头、书桌，绿意浓浓，清新喜人。

火龙果▶
(*Hylocereus trigonus*)

又名三角量天尺，原产墨西哥。株高、株幅均为 2~4 米。肉质茎三角状，具硬刺。花白色，花径 25 厘米。花期夏、秋季。果实大，果皮红色，果肉白色，散布似芝麻状黑色种子。可观赏也可食用。

💧浇水：较喜水。春、夏季生长期必须充分浇水和喷水。

☀光照：全日照，也耐半阴。

🏺施肥：较喜肥。生长期每月施肥 1 次。

养护难度：★★★

◀量天尺
(*Hylocereus undatus*)

又名三角柱，原产西印度群岛、热带美洲，攀援性肉质植物。株高、株幅均为 2~4 米。茎柱状，有 3 棱，薄棱翼状，棱缘波浪形。刺座着生 3 刺，深褐色或灰褐色。花大，白色，有香气，花径能达 30 厘米。花期夏季。常作嫁接砧木。

💧浇水：较喜水。春、夏季生长期必须充分浇水和喷水。

☀光照：全日照，也耐半阴。

🏺施肥：较喜肥。生长期每月施肥 1 次。

养护难度：★★

量天尺锦▶
(*Hylocereus undatus* 'Variegata')

为量天尺的斑锦品种。外形同量天尺，茎呈黄色或黄绿色。

💧浇水：较喜水。春、夏季生长期必须充分浇水和喷水。

☀光照：半阴。

🏺施肥：较喜肥。生长期每月施肥 1 次。

养护难度：★★★

光山属

光山属（*Leuchtenbergia*）仅1种。具有肥厚分叉的块茎状根状茎，有时从基部分枝。

原产地：墨西哥北部和中部的丘陵地区。

形态特征：主茎圆柱状，顶端簇生棱锥状长疣突，疣突质硬。刺座位于疣突先端，刺座着生扁平、纸质和弯曲的刺。花着生在新生疣突顶端的刺座上，花大，漏斗状，黄色，夏、秋季开花。

习性与养护：喜温暖、干燥和阳光充足环境。不耐寒，生长适温16~28℃，冬季温度不低于5℃。耐半阴和干旱，怕水湿和强光。宜肥沃、疏松和排水良好的含石灰质沙壤土。春末至初秋的生长期，适当浇水和每6~8周施肥1次，中秋至早春保持盆土干燥。

繁殖：春季播种，发芽温度19~24℃；或于夏季嫁接，接穗用疣状突起或幼株，成活率高。

盆栽摆放：其体形特别，形似龙舌兰，为稀少、珍贵种类，盆栽可点缀博古架、窗台或书桌，十分别致有趣。

光山▶
(*Leuchtenbergia principis*)

又名龙舌兰仙人掌，原产墨西哥北部和中部的高原地带，植株单生或有分枝，根肥厚肉质，形似萝卜。株高30~60厘米，株幅30厘米。茎具3棱，疣状突起长10~12厘米，很像叶片，呈螺旋状排列。刺座大，灰色，着生周围刺8~14枚，中刺1~2枚，长达15厘米，淡黄色。花漏斗状，淡黄色，长8厘米。花期夏、秋季。一级保护植物。

💧浇水：耐干旱。春末至秋初每2周浇1次，冬季每月浇1次。
☀光照：全日照。
🛒施肥：较喜肥。生长期每1~2月施肥1次。
养护难度：★★★★

◀光山锦
(*Leuchtenbergia principis* 'Variegata')

为光山的斑锦品种，植株单生或有分枝，根肥厚肉质，形似萝卜，圆柱形。株高20~30厘米，株幅15~20厘米。茎具3棱，表面灰绿色，镶嵌不规则的黄色斑纹。属仙人掌中的珍贵品种。

💧浇水：耐干旱。春末至秋初每2周浇水1次，冬季每月浇水1次。
☀光照：全日照。
🛒施肥：较喜肥。春、夏季生长盛期每月施肥1次。
养护难度：★★★★

丽花球属

丽花球属(*Lobivia*) 约有 200 种。单生或丛生。

原产地：玻利维亚、秘鲁和阿根廷。

形态特征：球形或短圆筒形，棱具有斧状突起。刺放射状。花漏斗状或钟状，红色或黄色。

习性与养护：喜温暖和阳光充足环境。不耐寒，冬季温度不低于 5℃。生长期适度浇水。

繁殖：春季播种，发芽温度 21℃；或于春、夏季用子球分株或嫁接繁殖。

盆栽摆放：盆栽点缀茶几、书桌。

光虹锦▶
(*Lobivia arachnacantha*)

为光虹球的斑锦品种。株高 6~8 厘米，株幅 4~5 厘米。茎具 10~14 个低疣突起的棱，通体黄色或嵌有不规则的黄色斑块。刺座着生周围刺 13~15 枚，短小细刺，黄褐色，中刺 1 枚，深褐色。花侧生，漏斗状，橙黄色，花径 6~7 厘米。花期春季。

💧 浇水：耐干旱。生长期适度浇水，冬季保持干燥。

☀ 光照：全日照。

🏺 施肥：较喜肥。生长期每月施肥 1 次。

养护难度：★★★

◀赤花光虹锦
(*Lobivia arachnacantha* 'Roseiflora Variegata')

为光虹锦的红花品种。植株外形与光虹锦相似，表面通体黄色或嵌有不规则的黄色斑块。花侧生，漏斗状，红色，花径 6~7 厘米。花期春季。

💧 浇水：耐干旱。生长期适度浇水，冬季保持干燥。

☀ 光照：全日照。

🏺 施肥：较喜肥。生长期每月施肥 1 次。

养护难度：★★★

朱丽球锦▶
(*Lobivia hermanniana* 'Variegata')

植株易蘖生子球，群生。株高 15~20 厘米，株幅 4~5 厘米。茎具 10~15 棱，疣突呈颚状，表面深绿色。刺座着生周围刺 8~10 枚和中刺 1 枚，新刺黄白色，老刺褐色。花侧生，漏斗状。花期春季。

💧 浇水：耐干旱。生长期适度浇水，冬季保持干燥。

☀ 光照：全日照。

🏺 施肥：较喜肥。生长期每月施肥 1 次。

养护难度：★★★

鸡冠柱属

鸡冠柱属（*Lophocereus*）有9种，也用摩天柱 *Pachycereus* 属名，是一些圆柱形树状仙人掌。

原产地：美国和墨西哥。

形态特征：有的自基部多分枝，呈灌木状，直棱，棱数少，刺座排列稀，刺短小。花小，漏斗状，夜间开花。

习性与养护：喜温暖、干燥和阳光充足环境。不耐寒，生长适温 19~27℃，冬季温度不低于 10℃。耐干旱和半阴，不耐水湿和强光暴晒。宜肥沃、疏松和排水良好的沙壤土。春夏季需浇水，其他时间保持盆土干燥。生长期每 4~5 周施低氮素肥 1 次。

繁殖：春季播种，发芽温度 19~24℃；或于夏季取茎的顶部扦插繁殖。

盆栽摆放：其株型奇特，青翠光滑，盆栽摆放客厅、书桌或儿童室，会带来好心情、好运气。

◀ 福禄寿
(*Lophocereus schottii* 'Monstrosus')

又名福乐寿，为上帝阁的石化品种，植株柱状。株高 1~2 米，株幅 50~60 厘米。茎石化，棱肋错乱，表面灰绿色，光滑，呈乳状突起，刺座无或着生少量短针刺，褐红色。花白色，夜间开花。花期夏季。

💧**浇水：**耐干旱。生长期每 2 周浇水 1 次，其他时间盆土保持干燥。

☀**光照：**全日照。

🌸**施肥：**较喜肥。生长期每月施肥 1 次。

养护难度：★★★

乌羽玉属

乌羽玉属(*Lophophora*)有2种。是一种含生物碱,具有麻醉功效,能使人产生幻觉的仙人掌。

原产地:美国南部的得克萨斯州、墨西哥的北部及东部的干旱地区。

形态特征:有粗大的肉质根,扁平的球状茎。老株变成圆筒形,幼株在刺座上着生少数软刺,以后长出少数白毛。花单生,顶生钟状花,昼开夜闭。

习性与养护:喜温暖、干燥和阳光充足环境。不耐寒,冬季温度不低于10℃。耐半阴和干旱,怕水湿和强光。宜肥沃、疏松和排水良好的沙壤土。从中春至夏末,适度浇水,其余时间保持干燥。生长期每6~8周施肥1次。

繁殖:春季播种,发芽温度19~24℃;或于初夏用子球扦插或嫁接繁殖。

盆栽摆放:用于点缀窗台、阳台或书桌,四季青翠,姿色光润,开花不断,让人感到亮丽明快。可制作瓶景观赏。

银冠玉 ▲
(Lophophora echinata var. diffusa)

又名黄花乌羽玉,原产美国、墨西哥,植株圆形。株高5厘米,株幅5~7厘米。茎具8个低圆疣突棱,表面深蓝绿色,刺座着生黄白色绒毛。花顶生,钟状,黄色。花期春至秋季。

💧浇水:耐干旱。从中春至夏末适度浇水,其余时间保持干燥。

☀光照:全日照,也耐半阴。

🏺施肥:较喜肥。生长期每6~8周施肥1次。

养护难度:★★★

◀银冠玉缀化
(Lophophora echinata var. *diffusa* 'Cristata')*

为银冠玉的缀化品种，由圆形的株体扁化成鸡冠状株体，表面深蓝绿色，十分美观。属稀有品种。

💧浇水：耐干旱。从中春至夏末适度浇水，其余时间保持干燥。

☀光照：全日照，也耐半阴。

🛒施肥：较喜肥。生长期每 6~8 周施肥 1 次。

养护难度：★★★★

疣银冠玉▶
(Lophophora echinata var. *diffusa* 'Ooibo Kabuto')*

为银冠玉的栽培品种。其疣突的伸长下垂比普通银冠玉的要明显。属仙人掌中的精品。

💧浇水：耐干旱。从中春至夏末适度浇水，其余时间保持干燥。

☀光照：全日照，也耐半阴。

🛒施肥：较喜肥。生长期每 6~8 周施肥 1 次。

养护难度：★★★★

◀乌羽玉
(Lophophora willansii)

又名仙人蓲，原产美国、墨西哥。植株扁圆形，质软，有肥大的直根。株高 5 厘米，株幅 10~30 厘米。茎扁圆形，深蓝绿色，有 4~14 浅棱，刺座无刺，生有黄白色绒毛。花顶生，钟状，粉红至洋红色，花径为 2.5 厘米。花期春至秋季。

💧浇水：耐干旱。春、夏季每 2 周浇水 1 次，秋季浇水 1~2 次。

☀光照：全日照。

🛒施肥：较喜肥。生长期施肥 3~4 次。

养护难度：★★★

◀乌羽玉缀化
(Lophophora willians ii
'Cristata')

为乌羽玉的缀化品种,扁圆形的
株体扁化成鸡冠状株体,表面深
蓝绿色,形似仙人掌科以外的
"多肉植物"。

💧浇水:耐干旱。春、夏季每2周浇水
1次,秋季浇水1~2次。
☀光照:全日照。
🛒施肥:较喜肥。生长期施肥3~4次。

养护难度:★★★★

◀龟甲乌羽玉
(Lophophora williansii
'Kitsuko')

为乌羽玉的栽培品种,植株扁圆
形,质软,有肥大的直根。株高
3~4厘米,株幅4~5厘米。茎具
5~8个圆瘤状的棱,表面灰绿色,
刺座上方具横向沟槽。

💧浇水:耐干旱。春、夏季每2周浇水
1次,秋季浇水1~2次。
☀光照:全日照。
🛒施肥:较喜肥。生长期施肥3~4次。

养护难度:★★★★

◀乌羽玉锦
(Lophophora williansii 'Variegata')

为乌羽玉的斑锦品种,植株扁圆形,质软,有肥大的直根。株高3~4厘米,株幅4~5厘米。茎具5~8个圆瘤状的棱,表面灰绿色,镶嵌黄白斑块。刺座无刺,生有黄白色绒毛。花顶生,钟状,粉红至洋红色,花径2~2.5厘米。花期春季至秋季。

💧浇水:耐干旱。春、夏季每2周浇水1次,秋季浇水1~2次。
☀光照:全日照。
🛒施肥:较喜肥。生长期施肥3~4次。
养护难度:★★★

◀子吹乌羽玉锦
(Lophophora williansii f. *variegata* 'Caespitosa')

又名千头仙人蓲锦,为乌羽玉的斑锦品种,植株子球群生。株高10~12厘米,株幅12~15厘米。呈叠罗汉状,球体紧贴球体,通体橘黄色,形似"南丰蜜橘"。花钟形,粉红色。花期春、夏季。

💧浇水:耐干旱。春、夏季每2周浇水1次,秋季浇水1~2次。
☀光照:全日照。
🛒施肥:较喜肥。生长期施肥3~4次。
养护难度:★★★

乳突球属

乳突球属(*Mammillaria*)有 150~400 种,是整个仙人掌族群中最大的,球形至圆筒形或柱状。单生或丛生,有的具肉质根。

原产地:墨西哥和美国南部、西印度群岛、中美洲、哥伦比亚和委内瑞拉的半沙漠地区。

形态特征:茎不具棱,全被排列规则的疣突包围,疣突圆锥状或圆柱状,很多种类具白色乳汁。花漏斗状或钟状,花色丰富,有白色、黄色、橙色、红色、粉色和紫色,昼开夜闭,大多数种类的花在球体顶端成圈状着生。

习性与养护:喜温暖、干燥和阳光充足环境。不耐严寒,冬季温度不低于 7℃。耐半阴和干旱,怕水湿。宜肥沃、疏松和排水良好的沙壤土。中春至秋季的生长期,适度浇水,冬季控制浇水。春末至夏季每月施肥 1 次。

繁殖:冬末或早春播种,发芽温度 19~24℃;或于早春分株,初夏扦插或嫁接繁殖。

盆栽摆放:用于点缀案头、书桌、茶几,十分潇洒。如群生盆栽,好似山石盆景自然雅致,非常值得品味。

芳香球▲
(Mammillaria baumii)

又名香花球,原产墨西哥东北部,植株群生。株高 8~10 厘米,株幅 10~12 厘米。茎球形至卵球形,中绿色,刺座着生 30~35 枚白色周围刺,像线团一样,有 5~6 枚稍长的淡黄色中刺。花黄色。花期夏季。

💧浇水:耐干旱。春季至初秋每 2 周浇水 1 次,冬季停止浇水。

☀光照:全日照。

🏠施肥:较喜肥。生长期每月施肥 1 次。

养护难度:★★★

◀高砂
(Mammillaria bocasana)

又名雪球仙人掌，原产墨西哥中部，植株丛生，球形。株高5厘米，株幅不限定。茎表皮蓝绿色，具8~13个由细长锥形疣突螺旋排列的棱。刺座密集，着生周围刺25~50枚，白色，软毛状，中刺1~2枚，有时达到5枚，红色或黄褐色，尖端钩状。花钟状，粉白色，花瓣具红色或粉红色中条纹，花径1.5厘米。花期春季。

💧浇水：耐干旱。春季至初秋每2周浇水1次。

☀光照：全日照。

🌱施肥：较喜肥。生长期每月施肥1次。

养护难度：★★★

高砂石化▶
(Mammillaria bocasana f. monstrosus)

为高砂的石化品种，植株群生或单生，陀螺状。株高2~3厘米，株幅2~3厘米。茎无棱，光滑，表面淡绿色，疣突不明显，呈莲座排列。花钟状，淡红色。花期春季。

💧浇水：耐干旱。春季至初秋每2周浇水1次，冬季停止浇水。

☀光照：全日照。

🌱施肥：较喜肥。生长期每月施肥1次。

养护难度：★★★

◀满月
(Mammillaria candida var.rosea)

又名红花雪白球，原产墨西哥。株高15厘米，株幅15厘米。茎扁球形至球形，顶部略凹，绿色，疣突圆柱状，呈螺旋状排列。刺座着生周围刺50枚，白色刺尖红色，中刺8~12枚。花钟状，粉白色，花瓣中间具红色条纹，长2厘米。花期春、夏季。

💧浇水：耐干旱。春季至初秋每2周浇水1次，冬季停止浇水。

☀光照：全日照。

🌱施肥：较喜肥。生长期每月施肥1次。

养护难度：★★★

◀金刚球锦
(Mammillaria centricirha 'Variegata')

为金刚球的斑锦品种，植株单生或群生。株高10~15厘米，株幅10~15厘米。茎球形，浅灰绿色，间杂黄色斑纹或通体黄色，具8~13个菱锥形疣突组成的螺旋棱。刺座长有白色绵状毛和周围刺4~6枚，针状，白色。花钟状，紫红色。花期春季。

💧 浇水：耐干旱。春季至初秋每2周浇水1次，冬季停止浇水。

☀ 光照：全日照。

🛒 施肥：较喜肥。生长期每月施肥1次。

养护难度：★★★

雪头冠▶
(Mammillaria chinoceophala 'Cristata')

为雪头球的缀化品种。株高10~15厘米，株幅15~20厘米。由球形株体扁化成鸡冠状，青绿色，肥厚冠状茎上密生白色刚毛状周围刺和褐色细针状中刺。花淡紫红色。花期春季至夏季。

💧 浇水：耐干旱。春季至初秋每2周浇水1次，冬季停止浇水。

☀ 光照：全日照。

🛒 施肥：较喜肥。生长期每月施肥1次。

养护难度：★★★

◀白龙球
(Mammillaria compressa)

原产墨西哥，植株单生。株高20厘米，株幅20~30厘米。茎球形，深灰绿色，具8~13个菱锥形疣突组成的螺旋棱。刺座长有白色绵状毛和4~6枚周围刺，针状，灰白色。花钟状，紫红色，花径1~1.2厘米。花期春季。

💧 浇水：耐干旱。春季至初秋每2周浇水1次，冬季停止浇水。

☀ 光照：全日照。

🛒 施肥：较喜肥。生长期每月施肥1次。

养护难度：★★★

◀白龙球锦
(Mammillaria compressa 'Variegata')

为白龙球的斑锦品种,植株单生。株高20厘米,株幅20~30厘米。茎球形,深灰绿色,间杂黄色斑纹或通体黄色,具8~13个菱锥形疣突组成的螺旋棱。刺座长有白色绵状毛和周围刺4~6枚,灰白色。花紫红色。花期春季。

💧浇水:耐干旱。春季至初秋每2周浇水1次,冬季停止浇水。
☀光照:全日照。
🛒施肥:较喜肥。生长期每月施肥1次。

养护难度:★★★

长刺白龙球▶
(Mammillaria compressa 'Longiseta')

又名长刺白龙丸,白龙球的栽培品种。株高20厘米,株幅20~30厘米。外形与白龙球相似,特点是从刺座上长出的针刺特长,有5~6厘米以上。花期春季。

💧浇水:耐干旱。春季至初秋每2周浇水1次,冬季停止浇水。
☀光照:半阴。
🛒施肥:较喜肥。生长期每月施肥1次。

养护难度:★★★

◀长刺白龙球锦
(Mammillaria compressa
'Longiseta Variegata')

为长刺白龙球的斑锦品种,植株单生。株高20厘米,株幅20~30厘米。外形与长刺白龙球相似,茎球形,深灰绿色,间杂黄色斑纹或通体黄色,刺座上长出的针刺特长。

💧浇水:耐干旱。春季至初秋每2周浇水1次,冬季停止浇水。
☀光照:全日照。
🛒施肥:较喜肥。生长期每月施肥1次。

养护难度:★★★

◀杜威疣球
(Mammillaria duwei)

又名杜威丸，原产墨西哥，植株群生。株高8~10厘米，株幅3~5厘米。茎圆筒形，肉质柔软，深灰绿色。刺座上密生周围刺30~40枚，基本覆盖球体，中刺1~2枚，特长，先端带钩。花黄色。花期春季。

💧浇水：耐干旱。春季至初秋每2周浇水1次，冬季停止浇水。

☀光照：全日照。

🛒施肥：较喜肥。生长期每月施肥1次。

养护难度：★★★

金手指▶
(Mammillaria elongata)

原产墨西哥中部，植株单生至群生。株高10~15厘米，株幅20~30厘米。茎圆筒形，肉质柔软，中绿色。刺座着生周围刺15~20枚，黄白色，中刺3枚，黄褐色。花白色或黄色。花期夏季。

💧浇水：耐干旱。春季至秋季每2周浇水1次，冬季停止浇水，保持盆土稍干燥。

☀光照：全日照。

🛒施肥：较喜肥。生长期每月施肥1次。

养护难度：★★

◀金手指缀化
(Mammillaria elongata f. cristata)

又名金毛冠，为金手指的缀化品种，植株冠状。株高15厘米，株幅25厘米。茎扭曲卷叠呈螺旋状，密生细小黄褐色短刺。花钟状，淡黄色。花期夏季。

💧浇水：耐干旱。春季至秋季每2周浇水1次，冬季停止浇水，保持盆土稍干燥。

☀光照：全日照。

🛒施肥：较喜肥。生长期每月施肥1次。

养护难度：★★★

◀白玉兔
(Mammillaria geminispina)

原产墨西哥。株高 25 厘米，株幅 50 厘米。茎球形至圆筒形，中绿色。刺座具白色绵毛，着生周围刺 16~20 枚，白色，中刺 2~4 枚，白色，顶端褐色。花钟状，白色，长 1.5 厘米，具红色条纹。花期夏、秋季。

💧浇水：耐干旱。春季至秋季每 2 周浇水 1 次，冬季停止浇水，保持盆土稍干燥。

☀光照：全日照。

🪴施肥：较喜肥。生长期每月施肥 1 次。

养护难度：★★★

银手球▶
(Mammillaria gracilis)

原产墨西哥中部，植株群生。株高 5~8 厘米，株幅 15~20 厘米。茎圆筒形，肉质柔软，鲜绿色。刺座着生周围刺 12~17 枚，黄白色，中刺 3~5 枚，褐色。花黄白色。花期春季至夏季。

💧浇水：耐干旱。春季至秋季每 2 周浇水 1 次，冬季停止浇水，保持盆土稍干燥。

☀光照：全日照。

🪴施肥：较喜肥。生长期每月施肥 1 次。

养护难度：★★

◀丽光殿
(Mammillaria guelzowiana)

原产墨西哥。株高 4~6 厘米，株幅 7~8 厘米。茎球形，绿色，肉质柔软。刺座着生周围刺 60~80 枚，白色毛状，中刺 1 枚，红褐色，顶端钩状。花漏斗状，紫红色，花径 5~6 厘米。花期夏季。

💧浇水：耐干旱。春季至秋季每 2 周浇水 1 次，冬季停止浇水，保持盆土稍干燥。

☀光照：全日照。

🪴施肥：较喜肥。生长期每月施肥 1 次。

养护难度：★★★

◀玉翁冠
(Mammillaria hahniana 'Cristata')

又名玉仙人球,为玉翁的缀化品种。株高20厘米,株幅40厘米。由球形株体扁化成鸡冠状,中绿色,肥厚冠状茎上密生短小白毛和白色至褐色细刺。花钟状,淡紫红色,长1厘米。花期春季至夏季。

💧浇水:耐干旱。春季至秋季每2周浇水1次,冬季停止浇水,保持盆土稍干燥。

☀光照:全日照。

🪴施肥:较喜肥。生长期每月施肥1次。

养护难度:★★★

无毛玉翁▶
(Mammillaria hahniana 'Nudiscula')

又名裸玉翁,为玉翁的栽培品种,植株单生。株高20~25厘米,株幅30~40厘米。茎球形,中绿色,球径12厘米。刺座着生20~30枚周围刺和1~3枚中刺,无白色绒毛。花浅紫红色。花期春季至夏季。

💧浇水:耐干旱。春季至秋季每2周浇水1次,冬季停止浇水,保持盆土稍干燥。

☀光照:全日照。

🪴施肥:较喜肥。生长期每月施肥1次。

养护难度:★★★

◀裸玉翁缀化
(Mammillaria hahniana 'Nudiscula Cristata')

为裸玉翁的缀化品种。株高10~15厘米,株幅20~25厘米。由球形株体扁化成鸡冠状,冠状茎肥厚,中绿色。刺座上不长白色绒毛,长有褐色刚毛状细刺。

💧浇水:耐干旱。春季至秋季每2周浇水1次,冬季停止浇水,保持盆土稍干燥。

☀光照:全日照。

🪴施肥:较喜肥。生长期每月施肥1次。

养护难度:★★★

◀豪氏沙布疣球
(Mammillaria haudeana)

原产墨西哥,植株群生。株高 1~2 厘米,株幅 1~2 厘米。茎矮,圆筒形,表皮橄榄绿色,疣突小而软。刺座圆形,白色,有毛,周围刺多而短,平展,白色。花漏斗状,淡紫红色,喉部白色。本种为小球大花种。

💧浇水:耐干旱。春季至秋季每 2 周浇水 1 次,冬季停止浇水,保持盆土稍干燥。

☀光照:全日照。

🌱施肥:较喜肥。生长期每月施肥 1 次。

养护难度:★★★

白鸟▶
(Mammillaria herrerae)

原产墨西哥中部,单生或群生,球形。株高 3~4 厘米,株幅 3~4 厘米。茎质软,表皮中绿色。刺座上密生白色周围刺,布满整个球体。花钟状,淡粉红至淡紫红色,长 2.5 厘米。花期春、夏季。

💧浇水:耐干旱。春季至秋季每 2 周浇水 1 次,冬季停止浇水,保持盆土稍干燥。

☀光照:全日照。

🌱施肥:较喜肥。生长期每月施肥 1 次。

养护难度:★★★

◀雪衣
(Mammillaria longicoma)

原产墨西哥,植株易群生,圆球形。株高 4~5 厘米,株幅 4~5 厘米。茎具由 8~13 枚细长锥状疣突螺旋排列成的棱,表皮深青绿色。刺座着生长的白色软毛状周围刺和尖端钩状的黄褐色中刺。花钟状,淡黄色,具红褐色中脉纹。花径 1~1.2 厘米。花期春季。

💧浇水:耐干旱。春季至秋季每 2 周浇水 1 次,冬季停止浇水,保持盆土稍干燥。

☀光照:全日照。

🌱施肥:较喜肥。生长期每月施肥 1 次。

养护难度:★★★

◀卢氏乳突球
(Mammillaria luethyi)

植株群生，球形至圆筒形。株高 3~5 厘米，株幅 4~6 厘米。茎质软，表皮墨绿色，疣突呈棒状，顶端刺座具白色细毛状刺。花钟状，紫红色，喉部白色。花期春、夏季。

💧浇水：耐干旱。春季至秋季每 2 周浇水 1 次，冬季停止浇水，保持盆土稍干燥。

☀光照：全日照。

🛒施肥：较喜肥。生长期每月施肥 1 次。

养护难度：★★★

阳炎▶
(Mammillaria pennispinosa)

原产墨西哥，植株单生。株高 5~8 厘米，株幅 6~10 厘米。茎卵圆形，绿色，疣突具短毡毛，不久即脱落。刺座着生周围刺 16~20 枚，羽状，灰白色，中刺 1~3 枚，红褐色，有钩。花淡黄色至粉色。花期春、夏季。

💧浇水：耐干旱。春季至秋季每 2 周浇水 1 次，冬季停止浇水，保持盆土稍干燥。

☀光照：全日照。

🛒施肥：较喜肥。生长期每月施肥 1 次。

养护难度：★★★

◀大福丸缀化
(Mammillaria perbella 'Cristata')

又名大福冠，为大福丸的缀化品种。植株冠状，肥厚，密被白色刚毛状周围刺和黑褐色至浅褐色细针状中刺。

💧浇水：耐干旱。春季至秋季每 2 周浇水 1 次，冬季停止浇水，保持盆土稍干燥。

☀光照：全日照。

🛒施肥：较喜肥。生长期每月施肥 1 次。

养护难度：★★★

◀大福变异缀化
(Mammillaria perbella 'Lenta Cristata')

为大福丸的缀化品种。植株冠状，肥厚，密被白色刚毛状周围刺和浅褐色细针状中刺。疣瘤更密，刺更细小。

💧浇水：耐干旱。春季至秋季每 2 周浇水 1 次，冬季停止浇水，保持稍干燥。

☀光照：全日照。

🛒施肥：较喜肥。生长期每月施肥 1 次。

养护难度：★★★

白星▶
(Mammillaria plumosa)

原产墨西哥北部，植株群生。株高 12 厘米，株幅 40 厘米。茎球形，表皮中绿色，具 8~13 个长锥形疣突，呈螺旋排列的棱，腋间有白色绵毛。刺座着生周围刺 40 枚，呈白色羽毛状，无中刺。花钟状，黄绿色，长 1.5 厘米。花期夏末。

💧浇水：耐干旱。春季至初秋每 2 周浇水 1 次，不要对毛刺喷淋；冬季停止浇水。

☀光照：全日照。夏季适当遮阴。

🛒施肥：较喜肥。生长期每月施肥 1 次。

养护难度：★★★

◀松霞
(Mammillaria prolifera)

原产西印度群岛，植株群生。株高 4~6 厘米，株幅 20 厘米。茎圆筒形，深绿色，粗 3~4 厘米，具 5~6 个圆锥疣突的螺旋棱。刺座无毛，周围刺 60 枚，白色刚毛状，中刺 5~9 枚，细针状，黄褐色。花钟状，黄白色，长 1.5~2 厘米。花期春季。

💧浇水：耐干旱。生长过程中以稍干燥为好，春季至秋季每 2 周浇水 1 次，冬季停止浇水。

☀光照：全日照。

🛒施肥：较喜肥。生长期每半月施肥 1 次。

养护难度：★★

◀猩猩球
(Mammillaria spinosissima)

原产墨西哥，植株单生。株高 20~30 厘米，株幅 10~15 厘米。茎圆筒形，疣突腋部有绵毛和刺毛，刺座着生周围刺 20~30 枚，白色或黄色，中刺 7~15 枚，其中 1 枚有钩。花淡紫红色。花期春季。

💧浇水：耐干旱。春季至秋季每 2 周浇水 1 次。

☀光照：全日照。

🏺施肥：较喜肥。生长期每月施肥 1 次。

养护难度：★★★

猩猩球缀化▶
(Mammillaria spinosissima f. cristata)

为猩猩球的缀化品种，植株冠状。株高 10~15 厘米，株幅 12~18 厘米。茎扁化呈鸡冠状，表皮深绿色，刺座着生黄褐色细刺。花漏斗状，紫红色。花期春季。

💧浇水：耐干旱。春季至秋季每 2 周浇水 1 次。

☀光照：全日照。

🏺施肥：较喜肥。生长期每月施肥 1 次。

养护难度：★★★

◀艳珠球
(Mammillaria spinosissima 'Pico')

又名艳珠丸，为猩猩球的栽培品种，植株球形。株高 10~12 厘米，株幅 10~12 厘米。茎表皮青绿色，其棱变成锥状疣突，顶端刺座着生 1 枚特长的黄褐色中刺，新刺白色。花钟状。花期夏季。

💧浇水：耐干旱。春季至秋季每 2 周浇水 1 次。

☀光照：全日照。

🏺施肥：较喜肥。生长期每月施肥 1 次。

养护难度：★★★

艳珠缀化▶
(Mammillaria spinosissima 'Pico' f. cristata)

为艳珠球的缀化品种，植株冠状。株高 10~12 厘米，株幅 15~20 厘米。茎扁化呈鸡冠状，表皮青绿色，其锥状疣突顶端刺座着生特长的白色中刺。花钟状，紫红色。花期夏季。

💧浇水：耐干旱。春季至秋季每 2 周浇水 1 次。

☀光照：全日照。

🏺施肥：较喜肥。生长期每月施肥 1 次。

养护难度：★★★

黛丝疣冠▶
(Mammillaria theresae f. cristata)

又名黛丝疣缀化，为黛丝疣球的缀化品种，植株冠状。株高 4~6 厘米，株幅 6~8 厘米。茎扁化呈鸡冠状，表皮红色，扭曲卷叠的茎上生有羽毛状短毛刺。花筒状，洋红色，花径 3 厘米。花期夏季。

💧 浇水：耐干旱。春季至秋季每 2 周浇水 1 次，冬季停止浇水，保持盆土稍干燥。

☀ 光照：全日照。

🛒 施肥：较喜肥。生长期每月施肥 1 次。

养护难度：★★★

白仙玉属

　　白仙玉属（*Matucana*）有 15 种，为中小型植株，球形至圆柱状。单生或丛生。有些种类已归入刺翁柱属（*Oreocereus*）。

　　原产地：秘鲁。

　　形态特征：刺密集，细而硬。花顶生，花筒细长，花小，色彩艳丽。

　　习性与养护：喜温暖、干燥和阳光充足环境。不耐寒，耐半阴和干旱，怕水湿。宜肥沃、疏松、排水良好和富含石灰质的沙壤土。

　　繁殖：早春播种，发芽适温 21~24℃；或于初夏切顶嫁接。

　　盆栽摆放：幼年刺美，成年花美，盆栽摆放写字台、窗台、地柜、茶几、镜前等处，十分新鲜有趣。也可装饰商场橱窗或精品柜，具有独特的观赏价值。

◀奇仙玉
(Matucana madisonionum)

又名麦迪逊白仙玉，原产秘鲁，植株单生或群生。株高 10~12 厘米，株幅 7~8 厘米。茎球形至圆筒形，灰绿色，具 12~18 个低矮的棱。刺座小，排列稀，刺 1~3 枚，黑褐色至灰色，基部黄色。花顶生，长管喇叭状，鲜红色，直径 5 厘米。花期初夏。

💧 浇水：耐干旱。生长期每 2 周浇 1 次水。

☀ 光照：全日照。

🛒 施肥：较喜肥，生长期每月施肥 1 次。

养护难度：★★★

花座球属

花座球属(*Melocactus*)有20多种。球形或长球形,偶有分枝。

原产地:美洲的中部和南部、古巴及西印度群岛的海岸地区。

形态特征:具明显的刺棱。成年植株都会在球体顶部长出一个由刚毛和绒毛组成的台状花座,有些种类逐渐伸长可超过1米。花着生在花座上,漏斗状,昼开夜闭,花期夏季。

习性与养护:喜温暖、干燥和阳光充足环境。不耐寒,冬季温度不低于16℃,但可耐5℃短暂低温。耐干旱,怕水湿。宜肥沃、疏松和排水良好的酸性沙壤土。生长期适度浇水,切忌向花座上浇水,冬季控制浇水,在湿冷情况下易引起根部腐烂。生长期每月施肥1次。

繁殖:春季播种,发芽温度19~24℃,或于初夏取旁生子球嫁接。

盆栽摆放:置于客厅、窗台或书房,让人眼前一亮,使居室充满生机。

层云▶
(Melocactus amoenus)

原产哥伦比亚。株高12~14厘米,株幅12~14厘米。茎单生,扁圆形,棱10~12个,蓝绿色。周围刺7~8枚,淡褐色,中刺1枚,褐色。花淡红色,花座紫红与白色间杂。花期夏季。

💧浇水:耐干旱。春季至秋季每2周浇水1次,冬季停止浇水。

☀光照:全日照。

🪴施肥:较喜肥。生长期每月施肥1次。

养护难度:★★★

◀蓝云
(Melocactus azureus)

原产巴西东部,植株单生,球形至圆筒形。株高14~30厘米,株幅14~20厘米。茎具9~12直棱,棱脊较高,表皮较厚,蓝色至蓝绿色。刺座着生周围刺7~9枚,中刺1枚,均为灰白色,尖端深褐色。花座高3.5厘米,花径7厘米,着生白色绵毛夹杂着红色刚毛,花漏斗状。花期夏季。

💧浇水:耐干旱。春季至秋季每2周浇水1次,冬季停止浇水。

☀光照:全日照。

🪴施肥:较喜肥。生长期每月施肥1次。

养护难度:★★★

◀蓝云冠
(Melocactus azureus 'Cristata')

为蓝云的缀化品种。茎部呈鸡冠状,红刺排列两侧。

💧浇水:耐干旱。春季至秋季每2周浇水1次,冬季停止浇水。
☀光照:全日照。
🌡施肥:较喜肥。生长期每月施肥1次。

养护难度 : ★★★★

蓝云锦▶
(Melocactus azureus 'Variegata')

为蓝云的斑锦品种,植株单生,球形。株高14~20厘米,株幅10~15厘米。茎具9~12个直棱,表皮通体黄色,顶部生长锥附近为蓝绿色。刺座着生周围刺7~9枚,中刺1枚,均为灰白色,尖端深褐色。花漏斗状,粉红色。花期夏季。

💧浇水:耐干旱。春季至秋季每2周浇水1次,冬季停止浇水。
☀光照:全日照。
🌡施肥:较喜肥。生长期每月施肥1次。

养护难度 : ★★★

◀凉云
(Melocactus bahiensis)

原产巴西,株型较大,单生,圆筒形。株高20~30厘米,株幅15~20厘米。茎具9~11个直棱,棱间宽而平坦,表面绿色。刺座着生刚刺6~8枚,灰褐色。花座密生灰褐色刚毛。花漏斗状,紫红色,花径1~1.2厘米。花期夏季。

💧浇水:耐干旱。春季至秋季每2周浇水1次,冬季停止浇水。
☀光照:全日照。
🌡施肥:较喜肥。生长期每月施肥1次。

养护难度 : ★★★★

◀黄金云
(Melocactus broadwayi)

原产巴西,植株单生,球形。株高 18~20 厘米,株幅 8~10 厘米。茎具 13~18 棱,棱缘薄,表面灰绿色。刺座着生周围刺 8~10 枚,中刺 1 枚,新刺金黄色,老刺黄褐色。花座浅褐色。花漏斗状,紫粉色,花径 1.5~2 厘米。花期夏季。

💧浇水:耐干旱。春季至秋季每 2 周浇水 1 次,冬季停止浇水。

☀光照:全日照。

🌱施肥:较喜肥。生长期每月施肥 1 次。

养护难度:★★★

姬云锦▶
(Melocactus concinnus 'Variegata')

又名翠云锦,为姬云的斑锦品种,植株单生,球形。株高 8~10 厘米,株幅 10~12 厘米。茎具 10~15 直棱,表皮深绿色,分布黄色斑块,棱脊高。刺座圆形,着生周围刺 8~10 枚,中刺 1 枚,新刺红色,后变褐色至灰褐色。花漏斗状,洋红色。花期夏季。

💧浇水:耐干旱。春季至秋季每 2 周浇水 1 次,冬季停止浇水。

☀光照:全日照。

🌱施肥:较喜肥。生长期每月施肥 1 次。

养护难度:★★★

◀紫云
(Melocactus disciformis)

原产巴西,植株单生,球形。株高 12~15 厘米,株幅 12~15 厘米。茎具 11~13 棱,表面深绿色。刺座着生刚刺 9~11 枚,褐色或灰褐色。花座低,白色。花漏斗状,桃红色,花径 1~2 厘米。花期夏季。

💧浇水:耐干旱。春季至秋季每 2 周浇水 1 次,冬季停止浇水。

☀光照:全日照。

🌱施肥:较喜肥。生长期每月施肥 1 次。

养护难度:★★★

◀茜云
(Melocactus ernestii)

原产巴西，株型较大，单生，球形。株高 15~20
厘米，株幅 15~20 厘米。茎具 10~12 棱，棱缘
有时弯曲，表面蓝绿色。刺座着生刺 10~15 枚，
红褐色，其中 1 枚长而粗。花座与球体基本一
样大，密生褐红色刚毛。花漏斗状，紫红色，花
径 1~1.2 厘米。花期夏季。

💧浇水：耐干旱。春季至秋季每 2 周浇水 1 次，冬季停止
浇水。

☀光照：全日照。

🏺施肥：较喜肥。生长期每月施肥 1 次。

养护难度：★★★

彩云▶
(Melocactus intortus)

原产西印度群岛，扁球形。株高 1 米，株幅 25 厘
米。茎深绿色，成年植株茎伸长，棱 12~24 个，
具黄褐色刺，周围刺 10~14 枚，中刺 1~3 枚。白
色花座着生浅褐色刚毛。花小，粉红色。花期夏季。
也用 *Melocactus communis* 的学名。

💧浇水：耐干旱。夏季多浇水，盛夏增加喷水，冬季减少
浇水。

☀光照：全日照。

🏺施肥：较喜肥。生长期每半月施肥 1 次。

养护难度：★★★

◀赫云
(Melocactus macrocanthos)

又名沙云，原产巴西东部，植株单生，球形至圆
筒形。株高 14 厘米，株幅 18 厘米。茎具 13~15 棱，
表面较厚，浅蓝绿色。刺座有白色绒毛，着生
周围刺 6~10 枚，中刺 1 枚，均为淡褐色。花座
低，发育慢，有白绒毛。花漏斗状，玫红色，花
1.5~2.5 厘米。花期夏季。

💧浇水：耐干旱。春季至秋季每 2 周浇水 1 次，冬季停止
浇水。

☀光照：全日照。

🏺施肥：较喜肥。生长期每月施肥 1 次。

养护难度：★★★

残雪柱属

残雪柱属(*Monvillea*)有 20 种。茎细长，圆柱形，直立，匍匐或攀援的仙人掌。

原产地：南美洲的热带地区。

形态特征：棱少，刺座密集，花长 6~13 厘米，花钟状至漏斗状，夜间开放，仅开一个晚上。其茎面的颜色受温度的变化，有时灰绿色，有时蓝绿或褐红色，非常特殊，具有较高趣味性与欣赏性。

习性与养护：喜温暖、干燥和阳光充足环境。较耐寒，生长适温 18~22℃，冬季温度不低于 5℃。耐半阴和干旱，怕水湿和强光。以肥沃、疏松和排水良好的沙壤土为宜。生长期充足浇水，每 4~5 周施肥 1 次，夏季高温、强光时适当遮阴。

繁殖：春季播种，发芽温度 19~24℃；还可扦插和嫁接繁殖。

残雪之峰▶

(Monvillea spegazzinii f. cristata)

为残雪柱的缀化品种。植株冠状。株高 20~40 厘米，株幅 20~30 厘米。茎扁化呈鸡冠状，表皮蓝灰色，由于分枝性能强，其形状千变万化，形成高低错落的山峰，其表皮颜色因湿度的变化，有时出现灰绿色或褐红色。顶端部刺座密集，着生棕褐色细短刺。花漏斗状，白色，夜开昼闭。花期夏季。

💧浇水：耐干旱。春、夏季每 2 周浇水 1 次，秋季每月浇水 1 次，冬季盆土保持干燥。

☀光照：全日照。

🪣施肥：较喜肥。生长期施肥 2~3 次。

养护难度：★★★

龙神柱属

龙神柱属(*Myrtillocactus*)有4种,灌木状或树状仙人掌。

原产地:墨西哥和危地马拉的半干旱地区。

形态特征:丛生,圆柱状或棱柱状。茎具5~8棱,表皮淡蓝绿色至深蓝绿色,刺座稀,刺少。花漏斗状,花筒短。花期夏季。

习性与养护:喜温暖、干燥环境,不耐寒,冬季温度不低于10℃。耐半阴和干旱,怕水湿和强光。宜肥沃、疏松和排水良好的沙壤土。中春至初秋的生长期适度浇水,期间每月施低氮素肥1次。

繁殖:春季播种,发芽温度19~24℃;春末夏初取茎部扦插;夏季用嫁接繁殖。

盆栽摆放:幼株盆栽点缀窗台或客厅,素雅新奇,大株盆栽摆放在商厦橱窗,蓝绿光润,雄伟壮丽。

龙神木▶
(Myrtillocactus geometrizans)

原产墨西哥,植株树状,从基部分枝。株高4米,株幅2米。茎粗10厘米,具5~6棱,表面浅蓝绿色。刺座稀疏,刺细短。花漏斗状,白色。花期夏季。

💧浇水:耐干旱。生长期盆土保持湿润。

☀光照:全日照。

🛒施肥:较喜肥。生长期每月施肥1次。

养护难度:★★★

◀龙神木缀化
(Myrtillocactus geometrizans f. cristata)

又名龙神冠,为龙神木的缀化品种,植株冠状。株高20~40厘米,株幅10~20厘米。茎扁化呈鸡冠状或山峦状,粗10厘米,表皮蓝绿色,被白霜。刺座稀疏,有周围刺5~9枚,红褐色,中刺1枚,稍长,黑色。花漏斗状,白色。花期夏季。

💧浇水:耐干旱。生长期每2周浇水1次,其他时间保持稍干燥。

☀光照:全日照。

🛒施肥:较喜肥。生长期每月施肥1次。

养护难度:★★★

龙神柱锦▶
(Myrtillocactus geometrizans 'Variegata')

又名龙神木锦，为龙神木的斑锦品种，植株柱状。株高
2~4 米，株幅 1~2 米。茎粗 10 厘米，具 5~6 直棱，表皮
淡蓝绿色，镶嵌着黄色斑纹或通体黄色、略带蓝绿色斑
纹。刺座稀，着生 3 枚黑色短刺。花漏斗状，白色，花
径 2~2.5 厘米。花期夏季。

💧 浇水：耐干旱。生长期每 2 周浇水 1 次，其他时间保持稍干燥。

☀ 光照：全日照。

🪴 施肥：较喜肥。生长期每月施肥 1 次。

养护难度：★★★

大凤龙属

大凤龙属（*Neobuxbaumia*）约有 8 种。

原产地：墨西哥的干燥至潮湿地区。

形态特征：植株树状或柱状。分枝少，棱多而低，刺座密集。花小，圆筒形或钟状，晚间开花，
有白色、粉红和红色。

习性与养护：喜温暖、干燥和阳光充足环境。不耐寒，冬季温度不低于 15℃。耐干旱和半阴，
怕高温和水湿。宜肥沃、疏松和排水良好的沙壤土。中春至夏末的生长期正常浇水，其余时间保
持干燥。生长期每月施肥 1 次。

繁殖：春季或夏季播种，发芽温度 19~24℃；或于初夏取顶茎扦插或嫁接。

盆栽摆放：幼株盆栽可供室内观赏。

◀大凤龙
(Neobuxbaumia polylopha)

原产墨西哥中部，植株单生。株高 2~3 米，株幅 35 厘米。
茎圆柱状，粗 30~35 厘米，表皮浅绿色，具 20~50 浅棱。
刺座着生白色绵毛和黄色刚毛，有周围刺 7~9 枚，中刺
1 枚，稍短，均为黄色。花侧生，漏斗状，黄或粉红色，
长 5~8 厘米。花期夏季。

💧 浇水：耐干旱。生长期每 2 周浇水 1 次，其余时间保持干燥。

☀ 光照：全日照。

🪴 施肥：较喜肥。生长期每月施肥 1 次。

养护难度：★★★

智利球属

智利球属 (*Neoporteria*) 有 20~30 种。植株单生，有时群生。

原产地：智利的海岸地区。少数种类在秘鲁南部和阿根廷西部。

形态特征：肉质根粗大，茎球形至短圆筒形，茎上有棱、刺，表皮深褐色至黑色，常被各种形状的瘤块分割。花通常单生，漏斗状或钟状。

习性与养护：喜温暖、干燥和阳光充足环境。不耐寒，冬季温度不低于 5℃。耐干旱和半阴，怕高温和水湿。宜肥沃、疏松和排水良好的沙壤土。中春至初秋的生长期，正常浇水，其余时间保持干燥。生长期每月施肥 1 次。

繁殖：春季或夏季播种，发芽温度 19~24℃；或于初夏取顶茎扦插或嫁接。

盆栽摆放：用于点缀窗台、书桌或茶几，极像一个工艺小鸟窝，非常有趣。

庆鹊玉 ▶
(*Neoporteria castanea*)

原产智利。株高 20~25 厘米，株幅 12~15 厘米。茎长球状或圆筒形，灰绿色，棱 15~24 个，分割为瘤块状。刺座着生周围刺 10~15 枚，灰白色，中刺 4~8 枚，深褐色。花红色。花期春季。

💧 浇水：耐干旱。生长期每2周浇水1次，其余时间保持干燥。

☀ 光照：全日照。

🏺 施肥：较喜肥。生长期每月施肥 1 次。

养护难度：★★★

◀白翁玉
(*Neoporteria gerocephala*)

原产智利。株高 10~15 厘米，株幅 7~8 厘米。茎球状或圆筒形，灰绿色，棱 18~25 个。刺座灰白色，密生短绵毛，周围刺 25~30 枚，灰白色，中刺 5~8 枚，黄褐色。花顶生，筒状漏斗形，桃红色，花径 3.5~4 厘米。花期早春。

💧 浇水：耐干旱。生长期每2周浇水1次，其余时间保持干燥。

☀ 光照：全日照。

🏺 施肥：较喜肥。生长期每月施肥 1 次。

养护难度：★★★

◀粉花秋仙玉
(Neoporteria hankeana 'Roseiflora')

为秋仙玉的栽培品种,植株短圆筒形。株高 10~15 厘米,株幅 10~15 厘米。茎具 13~15 个疣突组成的棱,表皮深绿色。刺座上着生灰白色的周围刺和黄色的中刺。花漏斗状,淡粉红色。花期秋季。

💧浇水:耐干旱。生长期每 2 周浇水 1 次,其余时间保持干燥。
☀光照:全日照。
🪴施肥:较喜肥。生长期每月施肥 1 次。
养护难度:★★★

王将球▶
(Neoporteria mamillarioides)

原产智利。株高 15~20 厘米,株幅 10~12 厘米。茎长球状或圆筒形,浅绿色,棱 15~18 个,分割为疣突状。刺座着生周围刺 10~12 枚,灰白色,中刺 4~6 枚,红褐色。花红色。花期春季。

💧浇水:耐干旱。生长期每 2 周浇水 1 次,其余时间保持干燥。
☀光照:全日照。
🪴施肥:较喜肥。生长期每月施肥 1 次。
养护难度:★★★

◀银翁玉
(Neoporteria nidus)

又名鸟巢仙人掌,原产智利北部的半荒漠地带,植株单生或群生,球形或短圆筒形。株高 30 厘米,株幅 10 厘米。茎具 16~18 个低疣突组成的棱,表皮深绿色,棱脊上的每个刺座上着生约 30 枚向上弯曲的周围刺,淡灰色、米色或黄色,几乎把整个球体覆盖。花漏斗状,淡红色,花径 3~3.5 厘米。花期春季。

💧浇水:耐干旱。生长期每 2 周浇水 1 次,其余时间保持干燥。
☀光照:全日照。
🪴施肥:较喜肥。生长期每月施肥 1 次。
养护难度:★★★

令箭荷花属

令箭荷花属（*Nopalxochia*）植物有 4 种，为有分枝的附生类仙人掌，与昙花属关系非常密切。

原产地：墨西哥南部和中美洲的热带雨林中。

形态特征：茎舌状，具节，无刺，基部常圆筒形，具缺刻的边缘。春末至夏季开花，花漏斗状、钟状或杯状，昼开夜闭，每花开 3~4 天。果实卵圆形，红色。

习性与养护：喜温暖、湿润和半阴环境。不耐寒，怕强光。宜肥沃、疏松和排水良好的微酸性腐叶土。

繁殖：春季播种，发芽适温 19~24℃；或于花后取茎段扦插。

盆栽摆放：放于客室或厅堂，花叶色彩艳丽，可带来迎客的气氛。若用多种花色的令箭荷花布置展览，同样让参观者流连忘返。

令箭荷花 ▲
(Nopalxochia ackermannii)

又名孔雀仙人掌，原产墨西哥。株高 45 厘米，株幅 40 厘米。有叶状茎，扁平，披针形似令箭，鲜绿色，边缘略带红色，有粗锯齿，中脉有明显突起。花大，着生于茎先端两侧，花径 15~20 厘米。花期春、夏季。

💧浇水：喜湿润。生长期每周浇水 1~2 次，花后减少浇水，冬季每 10 天浇水 1 次。

☀光照：怕强光，也耐半阴。

🏺施肥：较喜肥。生长期每 20 天施 1 次肥，但氮肥不宜过多，适量施磷、钾肥。

养护难度：★★★

南国玉属

南国玉属(Notocactus)有20多种,植株单生。有的已将本属归入锦绣玉属(Parodia)中。

原产地:巴西、乌拉圭和阿根廷的草原地带。

形态特征:球状至长球状,少数种圆柱状,最高可达1米,棱数不一,直棱或螺旋状排列,刺座多绵毛、针状或刚毛状刺。花顶生,漏斗状,黄色、紫红色或玫瑰红色。

习性与养护:喜温暖、干燥和阳光充足环境。不耐寒,耐半阴和干旱,怕水湿和强光。生长适温18~25℃,冬季温度不低于10℃。宜肥沃、疏松和排水良好的沙壤土。中春至夏末适度浇水,其余时间保持稍湿润。生长期每6~8周施用低氮素肥1次。

繁殖:春季或夏季播种,发芽温度19~24℃;也可用子球扦插和嫁接繁殖。

盆栽摆放:用于点缀窗台、案头或书桌,其奇特的球形,格外活泼有趣。

海神球▶

(Notocactus corassigibbus)

原产巴西,植株扁球形。株高8~10厘米,株幅10~12厘米。茎具8~10直棱,表皮青绿色,刺座着生周围刺10~14枚,黄褐色,中刺1~3枚,红褐色。花漏斗状,黄色,柱头紫红色,花径7~10厘米。花期夏季。

💧浇水:耐干旱。生长期适当浇水,保持盆土稍湿润。

☀光照:全日照。盛夏适当遮阴。

🏺施肥:较喜肥。全年施肥3~4次。

养护难度:★★★

◀黄雪光

(Notocactus graessneri)

原产巴西南部,植株单生,球形。株高10~15厘米,株幅10厘米。茎具50~60棱,表皮深绿色,具小疣状突起,呈螺旋状排列。刺座白色,着生金黄色、淡褐色至白色刺,其中周围刺约55枚,中刺3~5枚。花漏斗状。花期春季。

💧浇水:耐干旱。生长期适当浇水,保持盆土稍湿润。

☀光照:全日照。盛夏适当遮阴。

🏺施肥:较喜肥。全年施肥3~4次。

养护难度:★★★

◀雪光
(Notocactus haselbergii)

又名白雪光，原产巴西南部，植株单生，有时从基部萌生子球，球形。株高4~15厘米，株幅18厘米。茎具30~60棱，具小疣状突起，呈螺旋状排列。刺座具白色绵毛，着生淡黄色至黄色刺，周围刺25~60枚，中刺3~5枚，稍长。花漏斗状，橙红色或橙黄色，花径1.5厘米。花期冬季。

💧浇水：耐干旱。春、夏季每2周浇水1次，秋、冬季浇水3~4次。

☀光照：全日照。盛夏适当遮阴。

🛒施肥：较喜肥。全年施肥3~4次。

养护难度：★★

雪光冠▶
(Notocactus haselbergii 'Cristata')

为雪光的缀化品种，植株冠状。株高6~8厘米，株幅10~12厘米。茎扁化呈鸡冠状，表皮深绿色，整个冠状茎上长有白色和褐色混杂的刚毛状刺。花漏斗状，黄色，花径4~5厘米。花期夏季。

💧浇水：耐干旱。春、夏季每2周浇水1次，秋、冬季浇水3~4次。

☀光照：全日照。盛夏适当遮阴。

🛒施肥：较喜肥。全年施肥3~4次。

养护难度：★★★

◀金晃
(Notocactus leninghausii)

原产巴西南部，植株单生或群生，球形至柱状。株高60厘米，株幅20厘米。茎中绿色，粗10厘米，棱30~35个，在每个角上着生绵毛。刺座具白色绵毛，着生淡黄色、深黄色或淡褐色刺，周围刺15~20枚或更多，中刺3~4枚。花漏斗状，亮黄色或柠檬黄色，花径4~5厘米。花期夏季。

💧浇水：耐干旱。春、夏季每2周浇水1次，秋、冬季浇水3~4次。

☀光照：全日照。盛夏时稍遮阴，遮阴时间不宜过长。

🛒施肥：较喜肥。生长期每月施肥1次。

养护难度：★★

◀金晃冠
(Notocactus leninghausii f. cristata)

又名金晃缀化，为金晃的缀化品种，植株冠状。株高 6~8 厘米，株幅 8~12 厘米。茎扁化呈鸡冠状，表皮中绿色。刺座排列紧密，着生周围刺 15 枚，刚毛状，黄白色，中刺 3~4 枚，细针状，黄色。花漏斗状，黄色，花径 4~5 厘米。花期夏季。

💧浇水：耐干旱。春、夏季每 2 周浇水 1 次，秋、冬季浇水 3~4 次。

☀光照：全日照。盛夏时稍遮阴，遮阴时间不宜过长。

🏺施肥：较喜肥。生长期每月施肥 1 次。

养护难度：★★★

英冠玉▶
(Notocactus magnifica)

又名莺冠玉，原产巴西南部。植株单生，有时群生，球形至柱形。株高 7~15 厘米，株幅 45 厘米。茎淡蓝绿色，粗 15 厘米，棱 11~15 个。刺座灰色，着生黄色或褐色刺，周围刺 12~15 枚，中刺12 枚以上，稍长。花漏斗状，深黄色，花径 5 厘米。花期夏季。

💧浇水：耐干旱。春、夏季每 2 周浇水 1 次，秋、冬季浇水 3~4 次。

☀光照：全日照。盛夏时稍遮阴，遮阴时间不宜过长。

🏺施肥：较喜肥。生长期每月施肥 1 次。

养护难度：★★

◀英冠玉锦
(Notocactus magnifica 'Variegata')

又名莺冠锦，为英冠玉的斑锦品种。植株球形至圆筒形。株高 7~15 厘米，株幅 20~40 厘米。茎具 10~15 个直棱，表皮通体黄色，稍带绿晕。刺座上密生黄白色绒毛状周围刺和中刺。花漏斗状，黄色，花径 5 厘米。花期夏季。

💧浇水：耐干旱。春、夏季每 2 周浇水 1 次，秋、冬季浇水 3~4 次。

☀光照：全日照。盛夏时稍遮阴，遮阴时间不宜过长。

🏺施肥：较喜肥。生长期每月施肥 1 次。

养护难度：★★★

◀ 红花南国玉
(Notocactus roseiflorus)

原产乌拉圭，植株单生。株高 12 厘米，株幅 6~8 厘米。茎圆球形，棱 14~18 个，中绿色。刺座密集，细锥状，刺黑、红相间。花漏斗状，淡玫瑰红，花径 3~3.5 厘米。花期夏季。

💧浇水：耐干旱。春、夏季每2周浇水1次。秋、冬季浇水3~4次。

☀光照：全日照。盛夏时稍遮阴，遮阴时间不宜过长。

🏮施肥：较喜肥。生长期施肥3~4次。

养护难度：★★★

小町 ▶
(Notocactus scopa)

植株单生或群生，球形至圆筒形。株高 5~20 厘米，株幅 10 厘米。茎深绿色具刺状绵毛，棱 25~40 个。刺座着生周围刺 35~40 枚或更多，细而短，中刺 3~4 枚，褐色。花漏斗状。花期夏季。

💧浇水：耐干旱。春、夏季每2周浇水1次。秋、冬季浇水3~4次。

☀光照：全日照。盛夏时稍遮阴，遮阴时间不宜过长。

🏮施肥：较喜肥。生长期施肥3~4次。

养护难度：★★

◀ 红小町
(Notocactus scopa var. ruberrimus)

为小町的变种，植株单生或群生。球形至圆筒形，外形比小町稍大，其中刺稍长，洋红色。花黄色。花期夏季。

💧浇水：耐干旱。春、夏季每2周浇水1次。秋、冬季浇水3~4次。

☀光照：全日照。盛夏时稍遮阴，遮阴时间不宜过长。

🏮施肥：较喜肥。生长期施肥3~4次。

养护难度：★★

红露冠锦 ▶
(Notocactus scopa var. ruberrimus 'Variegata')

又名红小町锦缀化，为红小町锦的缀化品种。株体由球状扁化成冠状茎，株型优美，冠状茎上密生红褐色和白色混杂的刚毛状刺。花期夏季。

💧浇水：耐干旱。春、夏季每2周浇水1次。秋、冬季浇水3~4次。

☀光照：全日照。盛夏时稍遮阴，遮阴时间不宜过长。

🏮施肥：较喜肥。生长期施肥3~4次。

养护难度：★★★★

◀小町锦
(Notocactus scopa 'Vrieigata')

为小町的斑锦品种，植株球形至圆筒形。株高10~15厘米，株幅7~8厘米。茎具30~35个细小疣状突起的棱，通体黄色，刺座上密生白色周围刺和褐色中刺。花漏斗状，黄色，花径3~4厘米。花期春季。

💧浇水：耐干旱。春、夏季每2周浇水1次，秋、冬季浇水3~4次。

☀光照：全日照。盛夏时稍遮阴，遮阴时间不宜过长。

🛒施肥：较喜肥。生长期施肥3~4次。

养护难度：★★★

鬼云锦▶
(Notocactus mammulosus 'Variegata')

为鬼云球的斑锦品种，植株单生。株高10~13厘米，株幅6~8厘米。茎球形，具13~21棱，深绿色，镶嵌黄色斑纹或通体黄色。刺座着生周围刺6~25枚和中刺2~4枚，灰色或浅褐色。花金黄色。花期夏季。

💧浇水：耐干旱。春、夏季每2周浇水1次，秋、冬季浇水3~4次。

☀光照：全日照。盛夏时稍遮阴，遮阴时间不宜过长。

🛒施肥：较喜肥。生长期施肥3~4次。

养护难度：★★★

◀狮子王球
(Notocactus submammulosus var. *pampeanus)*

为细粒玉的变种，原产巴西南部和乌拉圭东北部，植株单生，球形。株高10~13厘米，株幅6厘米。茎深绿色，具绵毛，棱13~21个。刺座白色，着生白色、米白色、灰色或灰褐色刺，周围刺6~25枚，中刺2~4枚，稍长。花漏斗状，淡白至金黄色，花径3.5~5厘米，具血红色柱头。花期夏季。

💧浇水：耐干旱。春、夏季每2周浇水1次，秋、冬季浇水3~4次。

☀光照：全日照。盛夏时稍遮阴，遮阴时间不宜过长。

🛒施肥：较喜肥。生长期施肥3~4次。

养护难度：★★★

帝冠属

帝冠属（*Obregonia*）仅 1 种，是一种生长慢的仙人掌，植株单生，有时群生。本属与岩牡丹属（*Ariocarpus*）关系密切。

原产地：墨西哥东北部的干燥石砾丘陵地带。

形态特征：具粗大肉质根。茎被似叶的疣状突起覆盖，呈莲座状，顶端中心着生白色绵毛。花顶生，漏斗状，白或粉红色。花期夏季。

习性与养护：喜温暖、干燥和阳光充足环境。较耐寒，生长适温 18~25℃，冬季温度不低于5℃。耐半阴和干旱，怕水湿，也耐强光。宜肥沃、疏松、排水良好和含石灰质的沙壤土。高温强光时适当遮阴，中春至夏末生长期，适度浇水，秋季减少浇水，冬季至早春保持干燥。生长期每4~5 周施低素氮肥 1 次。

繁殖：春季或夏季播种，发芽温度 21℃；也可在夏季用嫁接繁殖。

盆栽摆放：适用于室内书桌、案头和茶几上摆设，由于株型很像僧帽，使居室显得自然活泼。

▲ 帝冠

(Obregonia denegrii)

原产墨西哥东北部，植株单生，根块状，肉质肥大，变态茎扁球形，似皇冠。株高 7~10 厘米，株幅 12 厘米。茎被菱形疣突包围，疣突三角形，呈螺旋状排列，刺座生于疣突顶端，着生绵状毛和细弱稍弯的白色软刺 2~4 枚。花单生，漏斗状，花瓣窄，白色或淡粉红色，花径 2~2.5 厘米。花期夏季。

💧 浇水：耐干旱。生长期适度浇水，忌积水；秋、冬季每月浇水 1 次。

☀ 光照：全日照。

🛒 施肥：较喜肥。生长期每月施肥 1 次。

养护难度：★★★★

◀帝冠缀化
(Obregonia denegrii f. cristata)

为帝冠的缀化品种,植株冠状。株高 7~10 厘米,株幅 10~15 厘米。茎扁化呈鸡冠状,表皮深绿色,冠状茎上的菱形疣突生有白色绵状毛和细小白色弯刺。花单生,漏斗状,白色。花期夏季。

💧 浇水:耐干旱。生长期适度浇水,防止盆土过湿或积水;秋、冬季每月浇水 1 次。

☀ 光照:全日照。生长期需充足阳光。

🛒 施肥:较喜肥。生长期每月施肥 1 次。

养护难度:★★★★

白帝冠缀化▶
(Obregonia denegrii f. cristata 'Variegata')

为白帝冠的缀化品种,植株冠状。株高 3~4 厘米,株幅 4~5 厘米。茎扁化呈鸡冠状,表皮通体白色,冠状茎上的疣突顶端着生刺座,上有白色或淡褐色弯刺和白色绵状毛。花单生,漏斗状,白色。花期夏季。

💧 浇水:耐干旱。生长期适度浇水,防止盆土过湿或积水;秋、冬季每月浇水 1 次。

☀ 光照:全日照。生长期需充足阳光。

🛒 施肥:较喜肥。生长期每月施肥 1 次。

养护难度:★★★★

◀小叶帝冠缀化
(Obregonia denegrii f. cristata 'Small Tubercles')

为帝冠的缀化品种,植株冠状。株高 6~9 厘米,株幅 8~10 厘米。茎扁化呈鸡冠状,表皮灰绿色,冠状茎上的长三角形疣突小巧密集,中间生长点连成线状,并生有细小白色弯刺。花单生,漏斗状,白色。花期夏季。

💧 浇水:耐干旱。春季至夏季每周浇水 1 次,秋、冬季每月浇水 1 次。

☀ 光照:全日照,也耐半阴。

🛒 施肥:较喜肥。生长期施肥 3~4 次。

养护难度:★★★★

◀小叶白帝冠缀化
(Obregonia denegrii f. *cristata* 'Variegata')

为小叶白帝冠的缀化品种，植株冠状。株高3~4厘米，株幅6~8厘米。茎扁化呈鸡冠状，表皮通体白色，冠状茎上的长三角形疣突，小巧密集，中间生长点连成线状，并生有白色绵状毛和细小白色弯刺。花单生，漏斗状，白色。花期夏季。

💧浇水：耐干旱。春季至夏季每周浇水1次，秋、冬季每月浇水1次。

☀光照：全日照，也耐半阴。

🛒施肥：较喜肥。生长期施肥3~4次。

养护难度：★★★★

帝冠锦缀化▶
(Obregonia denegrii f. *cristata* 'Variegata')

为帝冠斑锦的缀化品种，植株冠状。株高4~5厘米，株幅5~6厘米。茎扁化呈鸡冠状，表皮深绿色，镶嵌着黄色斑块，冠状茎上的三角形疣突顶端着生刺座，上有黄色弯刺和白色绵状毛。花单生，漏斗状，白色。花期夏季。

💧浇水：耐干旱。生长期可适度浇水，但切忌盆土过湿或积水；秋、冬季每月浇水1次。

☀光照：全日照。生长期需充足阳光。

🛒施肥：较喜肥。生长期每月施肥1次。

养护难度：★★★★

◀黄帝冠
(Obregonia denegrii 'Variegata')

为帝冠的斑锦品种，植株单生，扁球形。株高3~4厘米，株幅4~5厘米。茎被菱形疣突包围，疣突三角形呈螺旋状排列，表皮通体黄色，稍带绿晕。疣突顶端的刺座生有白色绵状毛和黄色弯刺。花单生，漏斗状，白色。花期夏季。

💧浇水：耐干旱。生长期适度浇水，但切忌盆土过湿或积水；秋、冬季每月浇水1次。

☀光照：全日照。生长期需充足阳光。

🛒施肥：较喜肥。生长期每月施肥1次。

养护难度：★★★★

仙人掌属

仙人掌属 (*Opuntia*) 约有 200 种，植株大小相差悬殊，有高山植物和地被植物，灌木和乔木。

原产地：美洲北部、中部和南部以及西印度群岛，分布极广。

形态特征：仙人掌属植物通常叶扁平状，有时圆筒状、棍棒状或球状，部分有分枝。刺座着生刺和钩毛，少数种类有似叶的鳞片，但不久脱落。成年植株在顶端或侧生刺座上单生漏斗状或碗状花。花期春季或夏季。白天开花。

习性与养护：喜温暖、干燥和阳光充足环境。大多数种类冬季温度不应低于 7℃，少数种类可耐 0℃ 以下低温。早春至中秋生长期应适度浇水，其余时间保持干燥。生长期每 3~4 周施肥 1 次。

繁殖：春季播种，发芽温度 21℃；或于初夏扦插或嫁接繁殖。

盆栽摆放：用于点缀窗台、客厅或儿童房，幼嫩植株的线绿茎节和红色新芽，十分清新宜人，使居室充满活泼可爱和生机。

昼之弥撒▶
(Opuntia articulata var. *papyracantha)*

又名纸刺，原产阿根廷，植株球节状，卵圆形，不分枝。株高 8~10 厘米，株幅 2~4 厘米。茎表皮灰绿色。刺座上具灰白色钩毛，有刺 1~3 枚，纸质，白色，长 3~10 厘米。花漏斗状，白色。花期夏季。

💧浇水：耐干旱。春季至秋季每月浇水 1 次，不要将茎片淋湿，防止雨水冲淋；冬季不需浇水。

☀光照：全日照，也耐半阴。

🏺施肥：较喜肥。生长期每月施肥 1 次。

养护难度：★★★★

◀仙人掌
(Opuntia dillenii)

原产美国、西印度群岛，植株灌木状，多分枝。株高 2~3 米，株幅 75~100 厘米。茎节倒卵形至长圆形，绿色至灰绿色，长 20~25 厘米，宽 10~20 厘米。钩毛黄色或浅褐色，至多 10 枚。花大，碗状，淡黄色。花期夏季。

💧浇水：耐干旱。春季至秋季每月浇水 1 次，不要将茎片淋湿，防止雨水冲淋；冬季不需浇水。

☀光照：全日照，也耐半阴。

🏺施肥：较喜肥。生长期每月施肥 1 次。

养护难度：★★★★

◀锁链掌
(Opuntia imbricata)

原产墨西哥和美国西南部,植株树状,分枝多。株高 2~3 米,株幅 1 米。茎节圆柱状,形似锁链,长 10~40 厘米,直径 3~4 厘米,表皮中绿色至蓝绿色,有圆的疣和筒状叶。有大的黄色刺座,着生 8~30 枚芒刺,褐色、淡红黄色或白色。花漏斗状,紫或红色,花径 4~8 厘米。花期春末至夏季。

💧浇水:耐干旱。春季至秋季每月浇水 1 次,冬季不需浇水。
☀光照:全日照,也耐半阴。
🧺施肥:较喜肥。生长期施肥 3~4 次。
养护难度:★★★

青海波▶
(Opuntia lanceolata f. cristata)

又名木耳掌,为宝剑的缀化品种,植株冠状。株高 10~15 厘米,株幅 15~20 厘米。茎扁化呈鸡冠状,并卷曲聚集在一起,外形极像新鲜木耳。表皮深绿色,株体散生刺座,着生黄褐色芒刺和白色针刺。花漏斗状,黄色,花径 5 厘米。花期初夏。

💧浇水:耐干旱。春季至秋季每月浇水 1 次,冬季不需浇水。
☀光照:全日照,也耐半阴。
🧺施肥:较喜肥。生长期施肥 3~4 次。
养护难度:★★★

◀黄毛掌
(Opuntia microdasys)

又名细刺仙人掌,原产墨西哥北部和中部。植株灌木状,茎扁平,长圆形,倒卵形或几乎圆形。株高 40~60 厘米,株幅 40~60 厘米。茎节淡绿色至中绿色,长 6~15 厘米。刺座白色,着生细小、黄色钩毛,通常无刺。花碗状,亮黄色,花径 4~5 厘米,外瓣常有红晕。花期夏季。

💧浇水:耐干旱。春季换盆或新栽时不宜立即浇水,只需喷水,使盆土稍湿润,3~4 天后逐渐浇水;夏季防止雨水冲淋。
☀光照:全日照。
🧺施肥:较喜肥。
养护难度:★★

◀白毛掌
(Opuntia microdasys var. *albispina)*

为黄毛掌变种。植株比黄毛掌矮,茎较小,刺座较稀,钩毛白色。花蕾红色,花黄白色。花期夏季。

💧浇水:耐干旱。春季至初秋每月浇水1次。
☀光照:全日照。
🛒施肥:较喜肥。生长期每月施肥1次。
养护难度:★★

红毛掌▶
(Opuntia microdasys var. *rufida)*

为黄毛掌的栽培品种。植株与白毛掌接近,茎节宽而厚,灰绿色。刺座略稀,钩毛红褐色。花黄色。花期夏季。

💧浇水:耐干旱。春季至初秋每月浇水1次。
☀光照:全日照。
🛒施肥:较喜肥。生长期每月施肥1次。
养护难度:★★

◀月月掌
(Opuntia vulgaris)

又名普通仙人掌,原产加拿大、美国,树状。株高20~40厘米,株幅20~30厘米。茎节长10~30厘米,宽5~15厘米,刺少,灰色,钩毛黄色,新芽红色。花碗状,淡黄色,花径5厘米。花期夏季。

💧浇水:耐干旱。春季至初秋每月浇水1次。
☀光照:全日照。
🛒施肥:较喜肥。生长期每月施肥1次。
养护难度:★★

初日之出▶
(Opuntia vulgaris 'Variegata')

为月月掌的斑锦品种。植株灌木状,茎节长椭圆形。株高20~40厘米,株幅15~25厘米。茎表皮蓝绿色,镶嵌着黄色斑纹或通体黄色。刺座上着生淡褐色芒刺1~2枚。花碗状,黄色。花期夏季。

💧浇水:耐干旱。春季至初秋每月浇水1次。
☀光照:全日照。
🛒施肥:较喜肥。生长期每月施肥1次。
养护难度:★★★

刺翁柱属

刺翁柱属 (*Oreocereus*) 约有 6 种,主要是直立的柱状仙人掌。

原产地:南美洲的安第斯山地区。

形态特征:茎粗,圆筒形,棱多,通常从基部分枝,有疣状突起和刺座,许多种类茎体覆盖长毛。花单生,筒状或漏斗状,红色,花通常靠近顶部,花期夏季。

习性与养护:喜温暖、干燥和阳光充足环境。不耐严寒,冬季温度不低于 10℃。耐半阴和干旱,怕水湿。宜肥沃、疏松、排水良好和富含石灰质的沙壤土。春季至夏季适度浇水,生长期每月施肥 1 次。其余时间保持干燥。

繁殖:春季或夏季播种,发芽温度 21℃。

盆栽摆放:摆放于客室、书房或门庭,球体密生丝状白毛,在圣诞节来临之际,好似"圣诞老人"。

武烈柱▶
(Oreocereus neocelsianus var. bruennowii)

又名南美老人、安第斯山老头,原产秘鲁、玻利维亚、阿根廷,植株圆柱状。株高 1 米,株幅 8~12 厘米。茎具 10~17 棱,棱脊圆,表皮绿色,刺座大,着生白色短绵毛和丝状毛,长 5 厘米,茎顶部位着生的毛状物略带红色,有周围刺 9 枚,针状,中刺 1~4 枚,黄褐色。花单生,漏斗状,红色,花径 5~7 厘米。花期夏季。

💧浇水:耐干旱。春、夏季每周浇水 1 次,秋季浇水 2~3 次。

☀光照:全日照,也耐半阴。

🪴施肥:较喜肥。生长期每月施肥 1 次。

养护难度:★★★

◀白云锦
(Oreocereus trollii)

原产秘鲁、玻利维亚、阿根廷,植株球形至圆柱状。株高 50~60 厘米,株幅 10~12 厘米。茎具 15~25 棱,棱脊低,表皮绿色。刺座间距 3 厘米,着生白色或浅灰色绵毛,长 7 厘米,有周围刺 10~15 枚,中刺 1~3 枚,针状,红褐色。花漏斗状,玫红色,长 4~5 厘米。花期夏季。

💧浇水:耐干旱。春、夏季每周浇水 1 次,秋季浇水 2~3 次。

☀光照:全日照,也耐半阴。

🪴施肥:较喜肥。生长期每月施肥 1 次。

养护难度:★★★

髯玉属

髯玉属(*Oroya*)有2~3种。

原产地：秘鲁4000米的高海拔地区。

形态特征：植株单生，球形或扁球形。具肉质根，棱直，分成颚状瘤突。刺呈栉状排列。花漏斗状或钟状。

习性与养护：喜温暖、干燥和阳光充足环境。不耐寒，耐半阴和干旱，怕水湿。宜肥沃、疏松和排水良好的沙壤土。

繁殖：春季播种，发芽适温18~21℃。

盆栽摆放：置于窗台、阳台或书房，褐黄色的密刺闪闪耀眼，使居室环境高雅迷人，充满魅力。

丽髯玉▶
(*Oroya neoperuviana*)

又名秘鲁髯玉，原产秘鲁，植株单生。株高15~20厘米，株幅15厘米。茎球形，深绿色或淡蓝绿色，棱35个。刺座长，周围刺10~30枚，中刺6枚，淡褐黄色。花钟状，淡红色，基部黄色，长1.5~3厘米。花期夏季。

💧浇水：耐干旱。生长期每2周浇水1次。

☀️光照：全日照，也耐半阴。

🏠施肥：较喜肥。生长期每月施肥1次。

养护难度：★★★

◀丽髯玉缀化
(*Oroya neoperuviana* 'Cristata')

为丽髯玉的缀化品种，植株冠状。株高10~15厘米，株幅15厘米。茎扁化呈鸡冠状，表皮浅蓝绿色，冠状茎的刺座上着生浅褐黄色周围刺和中刺。花钟状，淡红色。花期夏季。

💧浇水：耐干旱。生长期每2周浇水1次。

☀️光照：全日照，也耐半阴。

🏠施肥：较喜肥。生长期每月施肥1次。

养护难度：★★★

锦绣玉属

锦绣玉属（*Parodia*）有 35~50 种。

原产地：哥伦比亚、巴西、玻利维亚、巴拉圭、阿根廷和乌拉圭。

形态特征：单生或基生子球呈群生状，主要是球形，有时变成柱状，基部分枝。棱呈螺旋状排列，新刺座有毛，中刺直或具钩。花顶生，钟状或漏斗状，昼开夜闭。

习性与养护：喜温暖和阳光充足环境。不耐寒，冬季温度不低于 5℃。中春至夏末适度浇水，其余时间保持稍湿润。生长期每 6~8 周施用低氮素肥 1 次。

繁殖：春季或夏季播种，发芽温度 19~21℃；也可用子球扦插和嫁接繁殖。

盆栽摆放：适于居室窗台装饰。

◀魔神球
(*Parodia maasii*)

原产玻利维亚和阿根廷，植株单生。株高 15~20 厘米，株幅 10~15 厘米。茎球形至圆筒形，绿色，有 13~21 棱，螺旋状排列。刺座着生周围刺 8~15 枚，黄色，中刺 4 枚，其中 1 枚向下弯的中刺较长，先端有钩。花顶生，漏斗状，橙红色。花期春季。

💧浇水：耐干旱。中春至夏末适度浇水，其余时间保持稍湿润。

☀光照：全日照。

🪣施肥：较喜肥。生长期每 6~8 周施用低氮素肥 1 次。

养护难度：★★★

◀魔神之红冠
(Parodia maasii var. brunispina f. cristata)

又名红魔之冠,为魔神球的缀化品种,植株冠状。株高 10~15 厘米,株幅 15~20 厘米。茎扁化呈鸡冠状,表皮中绿色或灰绿色,冠状茎的刺座上着生黄褐色周围刺和中刺,其中 1 枚向下弯的中刺较长,尖端弯曲。花顶生,漏斗状,橙黄色,花径 3~4 厘米。花期春季。

💧浇水:耐干旱。中春至夏末适度浇水,其余时间保持稍湿润。

☀光照:全日照。

🛒施肥:较喜肥。生长期每 6~8 周施用低氮素肥 1 次。

养护难度:★★★★

红刺魔神球▶
(Parodia maasii 'Rubrispinus')

为魔神球的栽培品种,植株单生。株高 15~20 厘米,株幅 10~15 厘米。茎球形至圆筒形,绿色,有 12~18 棱,螺旋状排列。刺座着生周围刺 10~15 枚,黄色,中刺 4 枚,其中 1 枚特长,尖端弯曲,橙红色。花漏斗状,橙红色。花期春季。

💧浇水:耐干旱。中春至夏末适度浇水,其余时间保持稍湿润。

☀光照:全日照。

🛒施肥:较喜肥。生长期每 6~8 周施用低氮素肥 1 次。

养护难度:★★★

◀绯绣玉
(Parodia sanguiniflora)

原产阿根廷北部,植株单生。株高 20 厘米,株幅 10 厘米。茎球形至圆筒形,顶部下凹,中绿色,具 12~18 瘤状棱,刺座白色,着生周围刺 10~25 枚,中刺 3~4 枚,稍长,白色,红色至褐色。花漏斗状,黄色或红色。花期春季至夏季。也用 *Parodia microsperma* 的学名。

💧浇水:耐干旱。中春至夏末适度浇水,其余时间保持稍湿润。

☀光照:全日照。

🛒施肥:较喜肥。生长期每 6~8 周施用低氮素肥 1 次。

养护难度:★★★

飞鸟属

飞鸟属（*Pediocactus*）约 6 种，又称月华玉属，单生或丛生，小型圆筒形仙人掌。

原产地：美国西部和南部的沙砾地区。

形态特征：肉质柔软，由小疣突组成的棱呈螺旋状排列。刺质软，长短不一。花钟状，有白、黄绿、粉红等色。

习性与养护：喜温暖和阳光充足环境。较耐寒，冬季温度不低于 2℃。春季至夏季适度浇水，其余时间保持干燥。生长期每 6~8 周施用低氮素肥 1 次。

繁殖：春季播种，发芽温度 19~21℃；或初夏用嫁接繁殖。

月之童子▶
(*Pediocactus papyracanthus*)

原产美国，植株单生，成年后群生，圆筒形。株高 5~6 厘米，株幅 4 厘米。茎肉质柔软，由小疣状突起组成，表皮绿色，疣突顶端的刺座上着生灰白色周围刺 5~8 枚，中刺 1 枚，特长，淡褐色。花钟状，白色。花期春季。也用 *Sclerocactus papyracanthus* 的学名。

💧 浇水：耐干旱。春季至夏季适度浇水，其余时间保持干燥。

☀ 光照：全日照。生长期需充足阳光。

🏺 施肥：较喜肥。生长期每 6~8 周施用低氮素肥 1 次。

养护难度：★★★★

◀斑鸠
(*Pediocactus peeblesianus* var. *fickeisenii*)

原产美国，植株单生，成年后群生，球形或卵圆形。株高 6 厘米，株幅 4 厘米。茎肉质柔软，由小疣状突起组成，表皮淡绿色，疣突顶端的刺座上着生浅褐色周围刺 3~7 枚，中刺 1 枚，特长，刺柔软呈羊角状。花钟状，白色或乳黄色，具粉红色中肋。花期春季。

💧 浇水：耐干旱。春季至夏季适度浇水，其余时间保持干燥。

☀ 光照：全日照。生长期需充足阳光。

🏺 施肥：较喜肥。生长期每 6~8 周施用低氮素肥 1 次。

养护难度：★★★★

斧突球属

斧突球属（*Pelecyphora*）有 3 种。是濒危保护的小型仙人掌植物。

原产地：墨西哥中部含石灰质的高原地区。

形态特征：肉质根，茎球形，球体被斧状或菱叶状疣突覆盖，疣突呈螺旋状排列，刺座长栉形。花单生或簇生顶端，钟状或漏斗状，洋红或紫红色。花期春季。

习性与养护：喜温暖和阳光充足环境。不耐寒，冬季温度不低于 8℃。春夏季适度浇水，其余时间保持干燥。生长期每 5~6 周施用低氮素肥 1 次。

繁殖：春季播种，发芽温度 19~21℃；或初夏取子球嫁接繁殖。

盆栽摆放：用于点缀书桌和博古架。全属种类均为濒危种，为珍稀多肉植物。

精巧球▶
(*Pelecyphora asseliformis*)

又名青红球，原产墨西哥，植株小，圆球形，丛生。株高 10 厘米，株幅 4~5 厘米。茎肉质较坚硬，棱不明显，斧头形和疣突呈螺旋状排列，表皮灰绿色。刺座细长形，着生细刺 8~60 枚，灰白色，排列成篦齿状。花顶生，钟状，紫红色，中脉红色，花径 3 厘米。花期早春。

💧浇水：耐干旱。生长期盆土不宜过湿，冬季盆土保持稍干燥。

☀光照：全日照。生长期需充足阳光。

🏮施肥：较喜肥。生长期每 5~6 周施肥 1 次。

养护难度：★★★★

◀精巧殿
(*Pelecyphora pseudopectinata*)

又名仙人斧，原产墨西哥，植株圆球形至长卵形。株高 6~7 厘米，株幅 4~5 厘米。茎肉质较坚硬，棱不明显，斧头形疣突呈螺旋状排列，表皮深绿色。刺座细长形，着生灰白色短刺，排列成篦齿状。花顶生，钟状，淡粉红色，中脉红色，花径 2.5~3 厘米。花期早春。

💧浇水：耐干旱。生长期盆土不宜过湿，冬季盆土保持稍干燥。

☀光照：全日照。生长期需充足阳光。

🏮施肥：较喜肥。生长期每 5~6 周施肥 1 次。

养护难度：★★★★

叶仙人掌属

叶仙人掌属（*Pereskia*）有 16 种。乔木状、攀援或灌木状仙人掌。

原产地：美国、墨西哥、中美洲、南美洲热带至阿根廷北部和西印度群岛的丘陵地区。

形态特征：本属植物有刺、有分枝，成年植株木质化。有些种类有块状根。叶片肉质，通常常绿，披针形至圆形或长圆形，有的种类休眠期落叶。花单生或腋生，碗状，有白、粉或红色。花期春夏季。

习性与养护：喜温暖、湿润和阳光充足环境。不耐寒，冬季温度不低于 10℃。高温强光时应适当遮阴。中春至夏末，应充分浇水，冬季适度浇水。生长期每 5~6 周施低氮素肥 1 次。

繁殖：春季播种，发芽温度 19~21℃；或春末至夏季取茎扦插。

盆栽摆放：用于点缀窗台、阳台或门庭，亮绿色的叶片青翠宜人，使居室更显高雅简洁。在南方，用于绿篱、墙垣、花架，花时非常热闹。

叶仙人掌▶
(Pereskia aculeata)

又名木麒麟，原产美国佛罗里达州、西印度群岛、巴拉圭至巴西南部，攀援、落叶仙人掌。株高 8~10 米，株幅无限制。茎具刺，肉质叶深绿色，披针形或椭圆形至卵圆形，柔软，长 11 厘米。刺座褐色，着生 1~3 枚淡黄褐色刺。花白色或玫红色，花径 5 厘米，具橙色雄蕊。花期夏季。

💧浇水：喜湿润。生长期每2周浇水1次，冬季每月浇水1次。

☀光照：全日照，也耐半阴。

🛒施肥：较喜肥。生长期施肥3~4次。

养护难度：★★

◀美叶麒麟
(Pereskia aculeata 'Godseffliana')

又名金烂锦，为叶仙人掌的栽培品种，植株为落叶蔓性灌木。株高 2~3 米，株幅 1 米。茎具刺，着生 1~3 枚淡黄褐色刺，叶披针形或长椭圆形，叶面绿色带红，具金黄色斑晕。圆锥花序，花紫红色，花径 5 厘米。花期夏季。

💧浇水：喜湿润。生长期每2周浇水1次，冬季每月浇水1次。

☀光照：全日照，也耐半阴。

🛒施肥：较喜肥。生长期施肥3~4次。

养护难度：★★★

子孙球属

子孙球属(*Rebutia*) 约有 40 种, 又名宝山属, 大多数为矮生小型仙人掌, 单生或群生。

原产地: 玻利维亚、阿根廷北部和西北部的海拔 4000 米的高山地区。

形态特征: 本属植物具有美丽的花色, 有橘黄、黄、红等色, 容易栽培。球形至圆筒形, 有些种类棱分裂成大量疣状突起, 刺座有许多短刺毛。夏季靠近茎的基部, 着生许多喇叭状花, 昼开夜闭。

习性与养护: 喜温暖、干燥和阳光充足环境。不耐寒, 生长适温 18~25℃, 冬季温度不低于5℃。耐半阴和干旱, 怕水湿和强光。宜肥沃、疏松和排水良好的沙壤土。怕高温, 春季至夏季适度浇水, 其余时间保持稍干燥。生长期每 3~4 周施肥 1 次。

繁殖: 早春播种, 发芽温度 21℃; 或于春、夏季分株或嫁接繁殖。

盆栽摆放: 用于点缀窗台、客厅茶几或书桌。

红宝山▶
(*Rebutia heliosa*)

原产玻利维亚, 最初单生, 后丛生, 扁球形至锥形。株高 10~12 厘米, 株幅 15~18 厘米。茎灰绿色, 具 15~40 棱, 呈螺旋状排列。刺座着生周围刺 24 枚左右, 小而整齐, 呈篦齿状。花橙色或玫红色, 花径 4 厘米, 内瓣有淡紫色条纹。花期夏季。

💧浇水: 耐干旱。春季至夏季适度浇水, 其余时间保持稍干燥。

☀光照: 全日照, 也耐半阴。

🛒施肥: 较喜肥。生长期每 3~4 周施肥 1 次。

养护难度 : ★★★

◀奴丸冠
(*Rebutia krainziana* 'Spiniflora' f. *cristata*)

为奴丸的缀化品种, 由球形株体扁化成宽阔的鸡冠状株体。扁平的扇状体上生有白色刚毛状短刺。花鲜红色。花期夏季。

💧浇水: 耐干旱。春季至夏季适度浇水, 其余时间保持稍干燥。

☀光照: 全日照, 也耐半阴。

🛒施肥: 较喜肥。生长期每 3~4 周施肥 1 次。

养护难度 : ★★★

◀绿冠
(Rebutia minuscula f. cristata)

又名宝山缀化，为宝山的缀化品种，植株冠状。株高 4~6 厘米，株幅 6~10 厘米。茎扁化呈鸡冠状或重叠状，表皮浅绿色，刺座上生有细短带黄色刚毛状刺。花小，喇叭状，红色，花径 3 厘米。花期夏季。

💧浇水：耐干旱。春季至夏季适度浇水，其余时间保持稍干燥。

☀光照：全日照，也耐半阴。

🛒施肥：较喜肥。生长期每 3~4 周施肥 1 次。

养护难度：★★★

黑丽球▶
(Rebutia rauschii)

又名青蛙王，原产玻利维亚，植株群生，卵球形。株高 5 厘米，株幅 10 厘米。单茎粗 3 厘米，具 16 个以上呈螺旋性排列的矮疣突，表皮黑绿色至紫色，白毡状刺座上着生黄色或黑色周围刺。花喇叭状，紫红色，花径 3 厘米。花期夏季。也用 *Sulcorebutia rauschii* 的学名。

💧浇水：耐干旱。春季至秋季每 2 周浇水 1 次，冬季不浇水。

☀光照：全日照，也耐半阴。

🛒施肥：较喜肥。春、夏季每月施肥 1 次。

养护难度：★★★

◀金蝶球
(Rebutia senilis var. kesselringiana)

为翁宝球的变种，植株单生至群生，扁球形至圆球形，顶部下凹。株高 8~12 厘米，株幅 14~18 厘米。茎灰绿色，具 14~20 棱，呈螺旋状排列。刺座着生周围刺 30~35 枚，白色或黄白色。花金黄色，花径 4~5 厘米。花期夏季。

💧浇水：耐干旱。春季至夏季适度浇水，其余时间保持稍干燥。

☀光照：全日照，也耐半阴。

🛒施肥：较喜肥。生长期每 3~4 周施肥 1 次。

养护难度：★★★

假昙花属

假昙花属(*Rhipsalidopsis*)约有 6 种，现已并入念珠掌属(*Hatiora*)。为附生类或陆生类，多分枝仙人掌。

原产地：巴西热带雨林或石砾地区。

形态特征：茎细长，一般分叉，直立或下垂。茎节 2~4 棱，棱缘有少量刺座，着生细小刚毛。花喇叭状或漏斗状，昼开夜闭。

习性与养护：喜温暖、稍湿润和阳光充足环境。不耐寒，生长适温 16~24℃，冬季温度不低于 12℃。耐半阴，怕积水和强光。宜腐殖质丰富、疏松和排水良好的酸性沙壤土。生长期充分浇水，冬季保持适当湿度，直到芽发育期可增加浇水量。生长期每月施低氮素肥 1 次。

繁殖：春季播种，发芽温度 21~24℃，或于春、夏季用扦插或嫁接繁殖。

盆栽摆放：用于装饰居室中的窗台、阳台或客厅，优美大方，能衬托出热情喜庆的氛围。

假昙花▶
(Rhipsalidopsis gaertneri)

又名复活节仙人掌，原产巴西，植株灌木状，半下垂。株高 15 厘米，株幅 25 厘米。茎叶状，扁平，肉质，长圆形，中绿色，长 4~7 厘米。每个叶状茎有 3~5 个疣状突起，每刺座着生 1~2 枚黄褐色刚毛。花着生在新的叶状茎上，漏斗状，鲜红色，长 4~8 厘米。花期春季。

💧浇水：较喜湿润。生长期每周浇水 1 次，冬季盆土保持稍湿润。

☀光照：全日照，也耐半阴。夏季高温期注意遮阴。

🛒施肥：较喜肥。生长期每月施肥 1 次。

养护难度：★★★

◀落花之舞
(Rhipsalidopsis rosea)

原产巴西东南部，灌木状，分枝稠密。株高 20~25 厘米，株幅 25~30 厘米。茎叶状，扁平，长 2~4 厘米。具 3~5 棱或仅 2 棱，中绿色，具薄的红色边缘。刺座极小，着生少量淡褐色短绵毛和刚毛。花喇叭状，玫瑰红色，长 3~4 厘米。花期早春。

💧浇水：较喜湿润。生长期每周浇 1 次水，冬季盆土保持稍湿润。

☀光照：全日照，也耐半阴。

🛒施肥：较喜肥。生长期每月施肥 1 次。

养护难度：★★★

丝苇属

丝苇属（*Rhipsalis*）植物约有 50 种，大多数为附生或岩生多年生仙人掌。

原产地：美洲中部和南部以及西印度群岛的热带雨林地区。其中有 1 种原产热带非洲的马达加斯加和斯里兰卡。

形态特征：茎上常具气生根和分枝，茎节形状从圆筒形至翅状或扁平似叶，还可分棱或角，有些种类有刺或毛。刺座着生单个或小的群生花，花小，漏斗状，昼开夜闭。

习性与养护：喜温暖、干燥和阳光充足环境。不耐寒，耐半阴和干旱，怕水湿。宜肥沃、疏松、排水良好和富含石灰质的沙壤土。

繁殖：春季播种，发芽适温 21~24℃；或于春季或夏季扦插。

盆栽摆放：置于客室、窗台、阳台或门庭，清新优美，给人以宁静祥和的气氛。

丝苇▶
(*Rhipsalis cassutha*)

又名槲寄生仙人掌，原产马达加斯加、斯里兰卡、热带美洲，附生类仙人掌。株高 4 米，株幅 60 厘米。变态茎柔软分节，中绿色，光滑，无刺，每节长 10~20 厘米。花单生，漏斗状，白色，长 5~10 毫米。花期冬季至春季。

💧浇水：耐干旱。生长期每 2 周浇水 1 次，冬季每月浇水 1 次。

☀光照：全日照，也耐半阴。

🏺施肥：较喜肥。每月施肥 1 次。

养护难度：★★★

◀猿恋苇
(*Rhipsalis salicornioides*)

又名念珠掌，原产巴西东部，附生类仙人掌。株高 40 厘米，株幅 30 厘米。主茎直立，分枝横卧或悬垂，植株无叶也无刺，刺座有绵毛。花钟状，黄色，径 1 厘米。花期春末。

💧浇水：耐干旱。生长期每 2 周浇水 1 次，冬季每月浇 1 次。

☀光照：全日照，也耐半阴。

🏺施肥：较喜肥。每月施肥 1 次。

养护难度：★★★

仙人指属

仙人指属(Schlumbergera)约有6种。灌木状,附生类或岩生类仙人掌。

原产地:巴西东南部的热带雨林中。

形态特征:植株直立后转悬垂,肉质茎分裂,呈扁平、长圆形或倒卵形、截形,叶状裂片,有些种类叶状茎边缘几乎呈锯齿状,末端茎节的先端刺座能开花和萌生茎节。花喇叭状,红色。花期多冬末春初。

习性与养护:喜温暖、湿润和半阴环境。不耐寒,怕强光和雨淋。宜肥沃、疏松的沙壤土。生长期需充足水分和较高的空气湿度,花后保持适当湿度,生长期每4周施1次高磷肥,每3~4年在春季换盆1次。

繁殖:春季播种,发芽温度21~24℃;或春季、初夏取叶状茎扦插或嫁接繁殖。

盆栽摆放:用于点缀门庭、客厅或走廊,花时密集下垂的紫红色花朵,十分诱人。

仙人指▶
(Schlumbergera x buckleyi)

附生类仙人掌。株高35厘米,株幅1米。茎叶状,长圆形或倒卵形,中脉明显,中绿色,边缘浅波状,长2~5厘米。花紫红色,两侧对称,长7厘米。花期冬末。

💧浇水:较喜湿润。生长期、开花期每周浇水2次,花后保持干燥,其他时间每2周浇水1次。

☀光照:半阴。

🪴施肥:较喜肥。生长期每月施肥1次。

养护难度:★★

◀蟹爪兰
(Schlumbergera truncata)

又名圣诞仙人掌,原产巴西东南部,植株为附生性仙人掌。株高30厘米,株幅30厘米。茎节长圆形,肉质,鲜绿色,长4~6厘米,先端截形,边缘具4~8个锯齿状缺刻。花着生于叶状茎顶端,花被开张反卷,花色有深粉红色、红色、橙色、白色等,长8厘米。花期秋末至冬季。

💧浇水:较喜湿润。生长期、开花期每周浇水2次,花后保持干燥,其他时间每2周浇水1次。

☀光照:半阴。

🪴施肥:较喜肥。生长期每月施肥1次。

养护难度:★★

白斜子属

白斜子属（*Solisia*）仅 1 种，有的已并入乳突球属（*Mammillaria*），是一种矮生含白色乳汁的仙人掌。

原产地：墨西哥。

形态特征：球形至倒卵圆形，成年植株常群生，球体顶部中心凹陷，疣状突起密集，刺座长形，着生白刺，呈梳状排列。花侧生，钟状，黄色或粉红色。

习性与养护：喜温暖、稍湿润和阳光充足环境。不耐寒，冬季温度不低于 10℃。春季至秋季适度浇水，其余时间保持干燥。生长期每 4 周施 1 次低氮素肥。

繁殖：春季播种，发芽温度 21~24℃；或初夏取子球嫁接繁殖。

盆栽摆放：用于书桌或博古架点缀。

白斜子 ▶
(Solisia pectinata)

是仙人掌中的稀有种类之一，原产墨西哥中部，植株群生，球形至倒卵圆形。株高 5~6 厘米，株幅 3~5 厘米。茎含白色乳汁，表皮绿色，球体由密集的疣状突起组成，刺座长形，着生呈梳状排列的白刺。花侧生，钟状，黄色或粉红色，花径 2~2.5 厘米。花期春、夏季。

💧浇水：较喜水。春季至秋季适度浇水，其余时间保持干燥。

☀光照：全日照。

🏠施肥：较喜肥。生长期每 4 周施 1 次低氮素肥。

养护难度：★★★★

◀ 芙蓉峰
(Solisia pectinata f. cristata)

为白斜子的缀化品种，植株冠状。株高 3~4 厘米，株幅 6~7 厘米。茎扁化呈鸡冠状或骆驼峰，表皮绿色，球体被密集的疣突，疣突顶端的刺座上密生梳状短刺。花钟状，黄色或粉红色，花径 2~2.5 厘米。花期春、夏季。

💧浇水：较喜湿润。春季至秋季适度浇水，其余时间保持干燥。

☀光照：全日照。

🏠施肥：较喜肥。生长期每 4 周施 1 次低氮素肥。

养护难度：★★★★

菊水属

菊水属(*Strombocactus*)仅1种。是一种小型球形的濒危仙人掌。

原产地：墨西哥中部的岩石裂缝中。

形态特征：茎具8~13个棱，被扁平的菱形疣突所分解，疣突呈螺旋状排列，刺座上着生3~5枚灰白色纸刺，常脱落。花顶生，漏斗状，白色或淡黄色，花径2~4厘米。花期春、夏季。

习性与养护：喜温暖、干燥和阳光充足环境。不耐寒，冬季温度不低于10℃。春、夏季可正常浇水，其余时间保持干燥。春、夏季每3~4周施肥1次。

繁殖：春季播种，发芽温度21℃；或于春季或初夏分株或嫁接繁殖。

盆栽摆放：置于案头、书桌或博古架，有着很高的收藏价值。

菊水▶
(Strombocactus disciformis)

原产墨西哥中部，植株球形。株高12~15厘米，株幅12~15厘米。茎单生，肉质坚硬，表皮灰绿色，12~18棱，被菱状疣突所分割，每个疣突的中心有一个白色刺座，着生1~5枚白色毛状周围刺，没有中刺。花漏斗状，白色或淡黄色，花径3厘米。花期夏季。属名贵品种。

💧浇水：耐干旱。春季至夏季每2周浇水1次，冬季不需浇水。

☀光照：全日照，也耐半阴。

🏵施肥：较喜肥。生长期每月施肥1次。

养护难度：★★★★

瘤玉属

瘤玉属（*Thelocactus*）约有 11 种。灌木状，球形至短圆筒形，具棱或疣状突起。

原产地：美国西南部和墨西哥中部、东部和北部。

形态特征：花大，顶生，漏斗状或钟状，昼开夜闭。花期春、夏季。

习性与养护：喜温暖、低湿和阳光充足环境。不耐寒，冬季温度不低于 7℃。中春至初秋生长期充分浇水，其余时间保持稍干燥。生长期每月施肥 1 次。

繁殖：春季播种，发芽温度 21℃；或于春季或初夏分株或嫁接繁殖。

盆栽摆放：放于窗台或落地窗旁，美丽硕大的花朵，十分艳丽悦目。还可制作瓶景或框景观赏。

大统领▶
(*Thelocactus bicolor*)

原产美国、墨西哥，植株单生，有时群生，球形。株高 15~20 厘米，株幅 10~15 厘米。茎具 8~13 个疣状突起明显的棱，呈螺旋状排列，表皮淡蓝绿色。刺座着生周围刺 8~18 枚，中刺 4 枚，有红色、黄色或白色。花漏斗状，深紫红色，花径 4~8 厘米。花期夏季。

💧 浇水：耐干旱。生长期充分浇水；夏季保持稍湿润，可向球体喷水；冬季稍干燥。

☀ 光照：全日照。

🛒 施肥：较喜肥。生长期每月施肥 1 次。

养护难度：★★★

◀多色玉
(*Thelocactus heterochromus*)

又名红鹰，原产墨西哥，植株单生，扁球形至圆球形。株高 13~15 厘米，株幅 13~15 厘米。茎蓝灰绿色。具 8~11 个疣状突起组成的肥厚的棱，分隔成大的圆瘤块。刺座着生针状细刺，红褐色或黄褐色，周围刺 9~12 枚，中刺 4 枚，基部紫红色，顶端黄色。花钟状，紫色，花径 5~6 厘米，喉部色深。花期夏季。

💧 浇水：耐干旱。中春至初秋的生长期充分浇水，其余时间保持稍干燥。

☀ 光照：全日照。

🛒 施肥：较喜肥。生长期每月施肥 1 次。

养护难度：★★★

姣丽球属

姣丽球属(*Turbinicarpus*) 约有 7~8 种，为墨西哥特有的小型珍贵仙人掌，许多种类为濒危种。本属仙人掌是爱好者乐意收集和欣赏的名品之一。

原产地：墨西哥东北部的亚热带地区。

形态特征：扁球形，球形或长柱形，单生或群生。不分棱，球体上布满疣突，疣突顶端的刺座上着生卷曲的扁平刺，刺色通常较深。花单生或簇生顶端，漏斗状，有黄色、白色或粉红色。

习性与养护：喜温暖、干燥和阳光充足环境。不耐寒，生长适温 18~25℃，冬季温度不低于12℃。耐半阴和干旱，怕水湿和强光。宜肥沃、疏松、排水良好和富含石灰质的沙壤土。中春至初秋的生长期适度浇水，其余时间保持稍干燥。生长期每月施肥 1 次。

繁殖：春季播种，发芽温度 18~21℃；或于初夏取子球嫁接繁殖。

◀蔷薇球
(*Turbinicarpus valdezianus*)

原产墨西哥，植株球形或长球形。株高 2~4 厘米，株幅 1.5~3.5 厘米。具粗大直根。茎表皮蓝绿色，棱被四角形的疣突分割，呈螺旋状排列，疣突顶端刺座着生白色细发状软刺，呈放射状排列，十分美丽，几乎覆盖整个球体。花顶生，漏斗状，深粉红色，花径 2 厘米。花期春季。

💧浇水：耐干旱。中春至初秋的生长期适度浇水，其余时间保持稍干燥。

☀光照：全日照，也耐半阴。

🏺施肥：较喜肥。生长期每月施肥1次。

养护难度：★★★★

尤伯球属

尤伯球属（*Uebelmannia*）有 3~5 种。植株单生。

原产地：巴西东部山区的潮湿地带。

形态特征：大多数为球形或圆筒形，棱多，棱脊薄，多为直棱，也有分割成瘤突的，刺座密集，呈栉齿状排列。花单生，昼开夜闭，漏斗状，黄色。花期夏季。

习性与养护：喜温暖、干燥和阳光充足环境。不耐寒，生长适温 18~25℃，冬季温度不低于12℃。耐半阴和干旱，怕水湿和强光。宜肥沃、疏松和排水良好的酸性沙壤土。中春至初秋生长期充分浇水，冬季保持干燥，暖和天气适当补充水分。生长期每 6~8 周施低氮素肥 1 次。

繁殖：春季播种，发芽温度 24℃；或夏季用嫁接繁殖。

盆栽摆放：用于点缀客厅或走廊，具有很好的观赏性。全属种类均为濒危种，为一级保护植物。

贝极球▶
(Uebelmannia buiningii)

原产巴西东部，植株球形，有时稍伸长。株高10~12 厘米，株幅 8 厘米。茎约 18 棱，表皮淡红褐色至深巧克力色，每棱分割成锥状疣突，疣突顶端刺座着生白色绒毛和黄褐刺。花漏斗状，亮黄色，花径 2 厘米。花期夏季。

💧浇水：耐干旱。春季至秋季生长期每周浇水 1 次，冬季浇水 1~2 次。

☀️光照：全日照。

🪴施肥：较喜肥。生长期每 6~8 周施低氮素肥 1 次。

养护难度：★★★

◀金刺尤伯球
(Uebelmannia flavispina)

原产巴西东部，植株球形。株高 10~12 厘米，株幅 10~12 厘米。茎具 15~18 棱，表皮灰绿色，棱上刺座排列密集。刺座着生白色绒毛和鲜黄色刺，整齐排列在棱上。花漏斗状，黄色，花径2~3 厘米。花期夏季。

💧浇水：耐干旱。春季至秋季生长期每周浇水 1 次，冬季浇水 1~2 次。

☀️光照：全日照。

🪴施肥：较喜肥。生长期每 6~8 周施低氮素肥 1 次。

养护难度：★★★

◀树胶尤伯球
(Uebelmannia gummifera.)

原产巴西,植株球形。株高 15~25 厘米,株幅 15~25 厘米。茎具 30~32 棱,表面灰绿色。刺座密集,刺短 4 枚,其中 1 枚中刺向上,灰白色。花小,顶生,漏斗状,黄色。花期夏季。

💧浇水:耐干旱。春季至秋季生长期每周浇水 1 次,冬季浇水 1~2 次。

☀光照:全日照。

🏺施肥:较喜肥。生长期每 6~8 周施低氮素肥 1 次。

养护难度:★★★

栉刺尤伯球▶
(Uebelmannia pectinifera)

原产巴西东部,球形或圆筒形,体型大。株高 50~80 厘米,株幅 15 厘米。茎具 15~20 棱,表皮淡红绿色至淡红褐色。刺座密集具白毛,深褐色刺栉齿状排列,刺几乎等长,只有中刺,无周围刺。花顶生,漏斗状,黄色,花径 2 厘米。花期夏季。

💧浇水:耐干旱。春季至秋季生长期每周浇水 1 次,冬季浇水 1~2 次。

☀光照:全日照。

🏺施肥:较喜肥。生长期每 6~8 周施低氮素肥 1 次。

养护难度:★★★

◀类栉球
(Uebelmannia pectinifera var. *pseudopectinifera)*

为栉刺尤伯球的变种,原产巴西东部,球形或圆筒形。株高 30~50 厘米,株幅 15 厘米。茎具 12~18 棱,表皮绿色,刺座密集具白毛,刺黄褐色至红褐色较散乱,侧射,互相交叉而且长短不一。花漏斗状,黄色,花径 2 厘米。花期夏季。

💧浇水:耐干旱。春季至秋季生长期每周浇水 1 次,冬季浇水 1~2 次。

☀光照:全日照。生长期保持充足阳光。

🏺施肥:较喜肥。生长期每月施肥 1 次。

养护难度:★★★

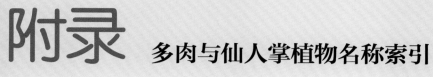

附录 多肉与仙人掌植物名称索引

图书在版编目（CIP）数据

700种多肉植物原色图鉴 / 王意成编著 . -- 2 版 . -- 南京：
江苏凤凰科学技术出版社，2019.8
（汉竹·健康爱家系列）
ISBN 978-7-5713-0254-2

Ⅰ . ① 7… Ⅱ . ① 王… Ⅲ . ① 多浆植物—观赏园艺—图谱
Ⅳ . ① S682.33-64

中国版本图书馆 CIP 数据核字 (2019) 第 068632 号

中国健康生活图书实力品牌

700 种多肉植物原色图鉴

编　　著	王意成
主　　编	汉　竹
责 任 编 辑	刘玉锋
特 邀 编 辑	孙　静
责 任 校 对	郝慧华
责 任 监 制	曹叶平　刘文洋
出 版 发 行	江苏凤凰科学技术出版社
出 版 社 地 址	南京市湖南路 1 号 A 楼，邮编：210009
出 版 社 网 址	http://www.pspress.cn
印　　刷	合肥精艺印刷有限公司
开　　本	787mm × 1 092mm　1/16
印　　张	22
插　　页	4
字　　数	450 000
版　　次	2019 年 8 月第 2 版
印　　次	2019 年 8 月第 1 次印刷
标 准 书 号	ISBN 978-7-5713-0254-2
定　　价	88.00 元

图书如有印装质量问题，可向我社出版科调换。